站在巨人的肩上
Standing on Shoulders of Giants

iTuring.cn

站在巨人的肩上
Standing on Shoulders of Giants

iTuring.cn

图灵交互
设计丛书

搞砸了的设计

[日] 中村聪史 著

邬佳笑 译

随处可见的BAD UI

人民邮电出版社
北　京

图书在版编目（CIP）数据

搞砸了的设计：随处可见的BAD UI /（日）中村聪
史著；邬佳笑译. -- 北京：人民邮电出版社，2016.7
（图灵交互设计丛书）
ISBN 978-7-115-42805-9

Ⅰ.①搞… Ⅱ.①中… ②邬… Ⅲ.①人机界面—程
序设计 Ⅳ.①TP311.1

中国版本图书馆CIP数据核字（2016）第139456号

内 容 提 要

从广义上讲，人想要达到某个目的时，人与目的之间的媒介都可以称为UI（用户界面）。生活中处处是UI，每个人都可能成为UI设计者和选择者。而BAD UI就是指那些不能帮助用户达到目的，有时甚至可能会阻碍目的达成的UI。本书是一本BAD UI案例集，作者经过了长期的积累，收集了近200个BAD UI案例，比如搞不清是推开还是拉开的大门、让人进错洗手间的男女标识、不得不一遍遍重新填写的表格、令人不知所措的自动售票机界面或Web页面等，旨在结合照片挖掘这些失败案例背后的原因，使读者以它们为参考，学习什么样的设计会造成用户不便，进而设计出或选择到更好的UI。本书适合所有领域的设计人员和对设计感兴趣的读者阅读。

◆ 著　　　　[日]中村聪史

　　译　　　　邬佳笑

　　责任编辑　乐　馨

　　执行编辑　高宇涵

　　责任印制　彭志环

◆ 人民邮电出版社出版发行　　北京市丰台区成寿寺路11号

　　邮编　100164　　电子邮件　315@ptpress.com.cn

　　网址　http://www.ptpress.com.cn

　　北京天宇星印刷厂印刷

◆ 开本：787×1092　1/16

　　印张：15.25

　　字数：462千字　　　　　　2016年7月第1版

　　印数：1-4 000册　　　　　2016年7月北京第1次印刷

　　著作权合同登记号　图字：01-2016-0524号

定价：79.00元

读者服务热线：(010)51095186转600　　印装质量热线：(010)81055316

反盗版热线：(010)81055315

广告经营许可证：京东工商广字第8052号

目录

第3章　对应关系 　　　　51

第4章　分类 73

第5章　使用习惯 93

前言：欢迎来到 BAD UI 的世界

欢迎来到有趣的 BAD UI 的世界！

不过，这里还只是这个世界的入口。在这扇厚重的门（图 0-1）的背后，就是广阔的有趣的 BAD UI 的世界。来吧，打开门，进来看看吧。

接下来，我们做个小测试。你会如何打开这扇通往"有趣的 BAD UI 的世界"的大门呢？请从以下选项中做出选择。

1. 握住黑环拉开

2. 推开

3. 握住黑环向左右两边推开

4. 其他

你可能会想："为什么要做这样的测试？肯定有什么陷阱吧？""这本书是关于'搞砸了的设计'，所以应该别有用意吧？"但是请不要把这件事情想得过于复杂，就按照你真实的想法回答即可。然后，请尽量深入地思考为什么会做出这样的选择，并在明确了选择的理由之后再翻至下一页。

在本书的各章节中，会不止一次出现这样的小测试。但是这些小测试并不是什么智力测验，不是说回答正确了就说明你很厉害或者你很聪明。所以请不要过度解读，只要单纯地思考一下在这样的情况下你会怎么做即可。请跟据你的第一感受，给出忠于你内心的回答。

图 0-1　欢迎来到有趣的 BAD UI 的世界。你会怎么打开这扇门呢

在这扇门的背后，是一望无垠的有趣的 BAD UI 的世界。打开门，进来看看吧

图 0-2　正确答案是：推开

正确答案是：2. **推开**（图 0-2）。

怎么样？你回答正确了吗？

选择了"1. 握住黑环拉开"的读者，不必气馁。我在这扇门前观察了一阵子，大多数人都试图拉开这扇门，但都没能成功。当然，我也不例外，也曾抓住黑环拼命往外拉。这么长时间以来，我在各地讲课时都会拿出这张照片，问听课者"你会怎么打开这扇门？"将近 9 成的听课者都回答说"握住黑环，向外拉"。和你、我一样，他们也没能一下子进入这个"有趣的 BAD UI 的世界"。所以，搞错这扇门的打开方式很正常，可以理解。

本书的目的，就是通过介绍类似于这扇门这样的——虽然不是所有人都会搞错，但是大部分人都会弄错或感到困惑的 BAD UI，使大家对 UI 产生兴趣。同时还有另外一个目的，那就是希望通过本书，可以让各位读者从"BAD UI 是怎么来的""如何改善 BAD UI""怎样才不会设计出 BAD UI"这样的观点出发，加深对人以及对 UI 的理解，进而再继续思考"何谓使用不便、不易理解""造成使用不便、不易理解的原因是什么"。除此之外，也希望能给专门从事 UI 相关工作、设计和生产的人士提供一份案例集以及一种思考方式。

相信你读完本书后，多少能对 UI 的各种问题有所了解，也可以发现身边的 BAD UI，并找出问题所在。而且，你也应该能够了解为了避免设计出 BAD UI 而需要注意什么，以及有哪些关键点一旦忽视就容易导致 BAD UI。

关于这扇门，我们会在第 1 章中再次介绍。即使你可能还是觉得很不可思议，想不通怎么会是推开的，现在也请暂时把疑惑放在一边，先进入这扇门，尽情享受这个"有趣的 BAD UI 的世界"。

在入场前，请你先在图 0-3 的入场申请表中填写出生年月日、家庭住址和联系方式等信息，提出申请。这份入场申请书经常有人会填错，真是让人头疼啊。备用的表格不多，所以填写时请注意不要填错。哦，对了，后面还有好多人在等着，所以请尽快填写后提交哦。

没有通过申请而无法进入"有趣的 BAD UI 的世界"的各位，真是不好意思，请从图 0-4 中的门回去。但是，要想回去，只有知道这扇门的正确打开方法才行。那么，这扇门应该怎么打开呢？

BAD UI 世界的入场申请书

所有信息都是必要的，所以请毫无遗漏地填写
※ 请使用圆珠笔填写

申请日期	年	月	日

姓名	假名			性别
	名		姓	1. F
				2. M

年龄（满）	

出生年月日	月	日	年

请注意填写时不要出错！

邮政编码 ［　　　－　　　］

假名 住址	

电话号码

手机号码

假名邮件地址

※ 邮件地址请用大写字母填写

※ 申请时间和出生年月日中的年份，请填写西历的后两位数字
※ 电话号码和手机号码请靠右填写
□ 如果不希望根据申请内容收到相应的 DM，请在方框里打钩

图 0-3 "有趣的 BAD UI 的世界"的入场申请书［详见第 9 章（P.196）］

图 0-4 请从这扇门回去。这扇门的打开方法参见第 1 章（P.2）

你有这样的经历吗？

图 0-5 （左）让人因不知怎样购买想要吃的拉面而倍感苦恼的自动售券机（详见 P.44）。（右）无法预约录像的 HDD 录像机（详见 P.27，提供者：奥野伸吾先生）

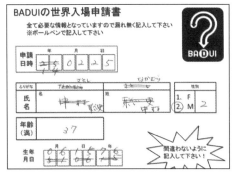 

图 0-6 （左）全是填写错误的表格。（右）某大学楼内的方向指示牌。想要去的地方在哪里？（详见 P.107）

"这台自动售券机要怎么使用啊？为什么不能下单？难道卖完了？还是没有投入足额的钱？哎呀，我动作太慢了，害后面排队的人越来越多，真是太不好意思了。"（图 0-5 左）

"诶？电视节目怎么录到一半就没了？！应该全录下来的啊！我居然连电视节目的预约录像都弄不来，果然是电器白痴啊……"（图 0-5 右）

"啊，又写错了。刚刚才新要的一份表格，现在又不得不再去要一份了。那个人要不耐烦了，真是太尴尬了……"（图 0-6 左）

"这儿是哪儿？我要去的地方在哪里？我又迷路了……"（图 0-6 右）

你有过类似的经历吗？

人们做某件事情失败时，往往容易有这样的想法："哎，我不适合干这个啊！""我连这个都不会，真是太没用了。"但是，是真的不适合做那件事吗？真的是一个没用的人吗？有没有可能不是使用者的问题，而是自动售券机、预约录像机、表格、方向指示牌等这些东西不好用，所以才会让人感到困惑，或者使用错误了呢？

世上到处都是不好用、不好懂、一不小心就用错的东西，比如"让人以为是开门、但按下后却是关门的电梯按钮""让人看不出控制的是哪盏灯而陷入混乱的照明开关"（图 0-7）、"让想从水龙头放水的人被淋浴花洒中喷出来的水浇了一身的出水口切换开关""让人分不清男女洗手间而在门口徘徊的洗手间标识"（图 0-8）、"让人不知道是按照什么顺序排列的，以至于花了很长时间才找到目标项目的 Web System""让人难以回答的安全提示问题"（图 0-9），本书将对这些内容进行介绍。也就是说，用户感到迷惑的原因不只出在用户本人身上，很多时候也在于物品本身有问题。

因为遇到不好用的自动售券机或预约录像机而深感不满，我想现实中应该有很多人都有过这样的经历吧。但是这时你是否想过，为什么这些东西这么难用？为什么会设计成这样？其实，这里面隐含着各种各样的原因。本书介绍的就是这些"让人们因搞不清或者搞错使用方法而无法顺利使用的物品（UI）"，并解释为什么人们会搞错，这些物品又为什么会让人困惑。

图 0-7　（左）电梯按钮。本想维持开门状态，结果按下该按钮后门却关上了（详见 P.78）。
（右）让人看不出每个开关分别控制哪盏灯而陷入混乱的照明开关（详见 P.52）

图 0-8　（左）出水口切换开关。本想在浴缸中蓄水，结果打开该开关后水却从淋浴花洒中喷出来，
吓人一跳（详见 P.62）。（右）哪边是男洗手间？（详见 P.94，提供者：绫塚祐二先生）

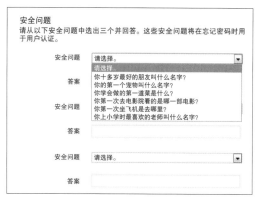

图 0-9　（左）这些项目是按照什么顺序排列的呢？（详见 P.126）。
（右）难以回答的安全提示问题（详见 P.189）

何谓 UI？

那么，到底什么是 UI（User Interface，用户界面）呢？

User（用户）即使用者，而 Interface（界面）则可以解释为边界、接触面，指的是 A 和 B（比如水和油）之间的边界，因此可用来表示 A、B 两物间连接的部分，或者 A、B 之间交互的步骤和规则等。比如，"计算机"和"鼠标"，"计算机"和"键盘"之间的界面就是 USB 接口和 USB 线等（图 0-10）。

由此可得，当 A 是用户（人）、B 是用户操作的对象时，存在于它们之间的媒介就是所谓的 UI。举例来说，以下这些就是 UI。

- "人"和"计算机"之间的 UI 包括：鼠标、键盘、显示器以及显示器上显示的内容等
- "人"和"自动售券机"之间的 UI 包括：硬币投入口、用于指定购买金额的按钮、显示器上显示的投币金额等信息
- "人"和"电视"之间的 UI 包括：遥控器、遥控器上的各种按钮和文字说明等（图 0-11 左）

- "人"和"照明"之间的 UI 包括：控制照明的开关以及开关周围的提示信息等（图 0-11 右）
- "人"和"门"之间的 UI 包括：用于开门的门把手或者拉手等
- "人"要进行"某种申请"时，介于其中的 UI 包括：申请书、用于填写的笔和接收申请书的窗口等

图 0-10 USB 的界面

这里顺便提一下，对于 USB 的 UI（接口），人们经常会不知道应该哪面朝上，哪面朝下。我就遇到过不少这样的情况，一开始以为是 A 面朝上，但是试着一插却插不进去，所以想那应该是反面（B 面）朝上吧，于是翻个面又试着插了下，结果还是插不进去，一边觉得奇怪一边仔细研究了下 USB 接口和端口，又翻了个面（此时 A 面朝上）插了下，结果居然顺利地插进去了。不过，现在已经有一种新的 USB 规格，叫作 USB Type-C，因为采用的是随便哪面都可以插入的设计，所以也就不用在意到底哪面朝上了[1]

图 0-11 （左）某会议室里的 3 个遥控器。（右）看不出当前状态（哪盏灯亮着哪盏灯关着）的照明开关

整理一下，我们可以得出这样的结论：UI 就是指处于用户（使用者）和他为了达到某种目的而使用的对象（计算机和照明等）之间的媒介，用户出于他的目的对媒介进行一些操作，而相应地媒介也会传递出一些对用户有帮助的信息。

但是，人们在达成某种目的的过程中所接触到的、能够带来帮助的物品或信息也是很重要的，所以出于这个考虑，本书中出现的 UI 的意义将会和这个词的本意稍有不同，而是更为广义，插图或者文字等和用户没有实际交互的如下静态提示也会被纳入 UI 的范畴。

- "人"和"洗手间入口"之间的提示男 / 女洗手间的标识（象形图）
- "人"和"目的地"之间的箭头和方向指示牌等

本书书名中的 BAD UI 是 Bad User Interface 的缩写，指的是那些不能帮助用户达到目的、有时甚至可能会阻碍目的达成的 UI。BAD UI 多种多样，比如看不懂的表格、不好用的遥控器、让人不知所措的自动售券机等。

本书将会依次介绍这些 BAD UI。不过为什么世上有这么多 BAD UI 呢？

这其中很大的一个原因就是，即使用户在使

① http://download.csdn.net/detail/baidu_24615489/8273471

用中遇到困难，UI 的设计者也无法及时出现，当面说明使用方法。

比如，不论给电视节目录像的遥控器有多么不好用，只要这个录像机和遥控器的设计者就在用户附近，一有什么问题就能来说明使用方法，那么用户肯定也能顺利使用。或者表格的设计者就坐在边上，随时可以给予指导，那么即使是一不小心就会写错的表格，应该也可以毫无差池、一气呵成地完成。再比如，洗手间的男女标识设计者和将标识贴到门上的人都等在洗手间门口，一有人来就引导"这边是男洗手间，那边是女洗手间"，那么标识再怎么混淆不清，也不会有人进错洗手间。但是在现实生活中不可能有那么多人力来做这些事，就算可以做到，成本也会无限上涨，而且用户本人可能也会不愿意吧。

如上所述，UI 是远离设计者（制作者）存在的，而且这些 UI 基本上都是直接面对用户，没有外力可以借助，所以设计者需要想象在自己无法给用户提供使用建议的情况下用户会怎么使用，

设身处地地进行设计。也正因如此，UI 设计并不是一件简单的事情。

而且，一般来说，设计者在这种 UI 的使用者中都是佼佼者。一旦掌握并习惯了使用方法，就很难发现问题，即使操作所需的信息不是那么充足，也能够使用。对于这样的设计者来说，从初次使用者的角度来设计 UI 并非易事。

另一方面，委托设计者制作 UI 的人不一定就是该 UI 的实际使用者，所以可能有不少人完全不考虑用户，全凭自己的喜好胡乱提出要求。这种情况下，即使设计者提出"这样做更便于用户使用"的建议，也很有可能不被采纳，导致设计出来的东西对用户来说很不好用。BAD UI 就是在类似于这样的环境下产生的。

接下来的几页会对前述内容做进一步的说明，如果你觉得无法理解或者过于冗长乏味，也可以跳过直接进入第 1 章，不过希望你在全部阅读完毕后可以再回来继续看完这部分内容。

"我又不是设计师，跟我没关系！"真的是这样吗？

读到这儿，可能大多数读者会这样想："我又不是设计师，跟我没关系！""我又不是制作者，跟我没关系！""我又不会编程，跟我没关系！"

同时，肯定也有不少人会这样想："做出 BAD UI 的人真是太糟糕了。他要是能多注意一点就不至于给我带来这样的麻烦了！""如果当时能好好设计的话，我就不用吃这些苦了！"但是，创造出 BAD UI 的就真是那些与我们无关的从事着设计师、制作者和工程师等工作的人吗？

的确，世界上正在出售的大多数商品都是由产品设计师设计出来的。Web 上知名的大部分商业服务也是由 Web 设计师设计，然后由程序员或者工程师根据设计开发出来的。但是，大家遇到的 UI 都是这样的吗？首先请观察一下图 0-12 ~ 图 0-14 中的这些照片。大家是否有过这样的经历呢？被学校、工作单位或者政府机关等机构要求填写相应表格时，因为不知道应该在哪里填入什么而百般纠结，发现写错后又重新去要一份新的表格，或者被指出有错误后又重写（图 0-12 左）；想扔掉手中的垃圾而来到了垃圾箱前，但却不知道应该往哪个垃圾箱里扔（图 0-12 右）；因为洗手间的备用卷纸放在了不正确的地方，导致正在用的卷纸一拉就断（图 0-13）；在租碟店里挑选 CD

时，发现标签挡住了收录曲目（图 0-14 左）；学校或者工作单位的公共书架没有人来整理，想要找本书却无从下手（图 0-14 右）。

在学校、公司、政府机关和商店等各种场所看到的表格或者垃圾箱上贴的标签等，难道都是设计师做出来的吗？随便走进一家小饭馆，里面的自动售券机上贴着的信息（菜单上各种菜品的名称和价格）难道也是设计师写的吗？宣传社团活动时张贴的海报难道也是设计师设计的吗？公司里管理公共书架的人难道必须要有图书馆管理员资格证书吗？

当然，肯定也有一些表格、售券机的提示信息是由专业的设计师设计的。但是随着计算机和打印机的普及，制作这样的表格和商品信息标签已经变成了一件很简单的事，任何人都可以完成，而且实际上大部分情况下都是由完全没有受过设计相关培训的人来制作的。比如本人就是这样一个活生生的例子，完全没有学习过设计相关的知识，但是却在从事软件开发、网站制作、海报设计的工作，还写下了这本书（所以，本书中介绍的知识都是来自于书本和实践经验）。

人想要达到某个目的时，人与目的之间的媒介就是 UI。因此，我们可以认为，如果一个人制

作过某物，而该物是为某人的某项行为提供帮助的，那么这个人就"有 UI 设计经验"。

想必大家应该也都有制作表格、设置指示牌或垃圾箱、整理书架等经验吧，这些都可以称为"UI 设计"。所以，其实可以认为很多人都已经在无意识中进行了 UI 设计，成为了 UI 设计师。其中重要的是，在进行 UI 设计时是否有从使用者（用户）的角度出发，不断问自己"这样是不是更好理解？""这样是不是不容易出错？"并反复探索尝试。

本书的目的并不是想让所有人都掌握 UI 设计的专业知识。但是就像刚才说的，这世界上的任何一个人都有可能制造出 BAD UI。我期待着有尽可能多的人在设计 UI 时可以考虑到使用者，这样

人们就可以少些烦恼，没有那么多不满了。因此，本书将通过介绍由于 UI 不够人性化而给人们带来不便、困惑或者导致错误使用的 BAD UI，多提供一些参考信息，让更多的人在面向大众设计时能够尽量多地为用户着想。同时，也希望通过阅读本书，各位读者都能认识到其实 UI 设计并不是什么遥不可及的事情，它就存在于我们身边，进而将整个社会的 UI 设计水平提高一个档次。

市面上有很多好书可以让你学到关于 UI 设计的专业知识，而本书充其量只不过是一块敲门砖，所以如果阅读完本书后想更进一步深入了解 UI 设计，可以去看看其他更专业的书。一些相关书籍在接下来的各章节中也会提到，同时在本书最后也会有所介绍。

图 0-12　（左）打工的学生填写的错误百出的报告。（右）研究室里的垃圾桶

（右）因为没有标识说明哪个垃圾桶是用来扔可燃垃圾的，哪个是用来扔不可燃垃圾的，所以经常出现扔错垃圾桶的情况。
虽然研究室里负责清倒垃圾桶的学生总是因此而抱怨，但是垃圾之所以没有被扔到正确的桶里也是有原因的吧

图 0-13　放置卷纸的地方还塞了备用卷纸，妨碍了卷纸的正常使用，导致一拉就断

图 0-14 （左）正在纠结借哪张 CD 时，发现 CD 盒上贴着的标签刚好遮住了收录曲目，不打开看就没法看到里面收录了哪些歌曲（提供者：远藤平先生）。（右）书架没有人整理，所以无法马上知道哪本书放在哪个位置

即使不进行设计也有需要选择的时候

读到这儿，可能还是会有这样的声音："反正我是不会制作 UI 给别人用的，就是跟我没关系。"但是，其实就算不直接制作 UI，也已经在不知不觉中从千万种 UI 中进行了选择哦。而事实上，人们也常常被自己选择的 UI 搞得头疼。

比如，买电视时，除了尺寸和价格以外，你有考虑过遥控器是不是好用吗？买空调时你有确认过遥控器是什么样的吗？你是否有因为买电视或空调时没有考虑到遥控器（图 0-15）是否好用，等到要用时才发现不知道该怎么用或太难用而感到郁闷的经历？又有多少人在找房子的时候会确认房子本身的便利性以及厨房洗手间用起来是否顺手？你是否遇到过搬到新家后因为各种东西不好用而烦恼的事情（图 0-16）？

当然，在对物品进行对比选购时，大多情况下还是会被价格和尺寸左右吧。但是因为买入的物品是以后要一直使用下去的，所以在购买时最好也能稍微考虑一下 UI，这样从精神层面来说，更有利于保持心情愉悦、心理健康。尤其是当功能性、价格、物品主体设计相差甚微时，从 UI 的角度进行选择也不失为一种好方法。

而在找房子的时候比较重视的大概是地段（交通和周边环境）、房租和房间是否宽敞吧。另外，可能也有很多人会考虑从窗户向外眺望时能够看到的景色是否漂亮、浴室和洗手间之间是否隔开等问题。那么有多少人会考虑到（哪怕只有一点点）房子的 UI 呢？当然，地段、价格、大小等因素的优先度可能更高一些，但是只要住在这个房子里就会一直和房子的 UI 打交道，UI 的不足之处很可能会导致在今后的生活中产生各种问题，所以我建议在选房子的时候也要关注一下整个房子的 UI，确认房间的设计是否存在不便之处。

图 0-15 小朋友淘气搞乱了设定后恢复起来很麻烦的空调遥控器

如果只是被打开制冷或者制热功能，那么只要按下停止或者其他按钮就可以了，但是如果是被按下了"定时开"按钮，设置成到指定时间后开始制冷 / 制热的话，就必须要按下 12 次"定时开"按钮，将开启时间从 1 小时后改为 12 小时后，然后再按一次"定时开"才将定时开启功能关闭，非常麻烦。有时候可能不是小朋友的恶作剧，而是自己在设定时间时一不小心按过了头，那就也只能再重来一遍了……

图 0-16　（左、中）打开门会碰到灯的橱柜。（右）顶到天花板的淋浴花洒
（左、中）想要从橱柜里拿东西时会碰到灯。而且这个房间还有其他问题，比如打开靠近玄关的壁橱的话，橱门会碰到电源总开关，导致整个房间的电源都断掉了（提供者：松田滉平先生），（右）这个淋浴器有一上一下两处可以安置花洒的地方，如果将花洒挂在较高处，就会顶到天花板，而且一放水花洒就会掉下来，所以只能将花洒固定在较低处，蹲着淋浴（提供者：荒木圭介先生）

而且，UI 的好坏，只有当身边没有人可以帮忙说明或者提供指导时才能分辨得出。就像前面所说的那样，只要有人（售货员、房产中介）能在旁边进行说明，即使是 BAD UI，也可以毫无障碍地使用。因此，我认为最好能在没有人可以帮忙说明的时候试着操作一下，看看只靠自己是否可以顺利使用。只要在购买商品时会充分考虑 UI 因素的顾客越来越多，我相信企业方面也会渐渐重视 UI，努力改善设计，那么家用电器等产品的可用性的全面提高将指日可待。同样，如果越来越多的人在找房子的时候会考虑到 UI，那么住宅 UI 的整体水准也有可能逐渐提高。

如上所述，就算我们在日常生活中没有设计 UI 的机会，也肯定有大把的机会去进行选择。而且你会意外地发现，我们其实有很多机会去修正生活空间中的 BAD UI，避免给自己或者他人带来麻烦（图 0-17 左）。关于这一点，本书在后面还会有一些介绍。在进行选择时，如果你在本书中学到的知识能够派上用场，那将是我的荣幸。

顺便说一句，既然是选择，那就意味着在被选择的一方中经常会有人利用 BAD UI 来迷惑、欺骗选择方（图 0-17 右）。本书将通过一些具体案例来说明在什么时候人们会犯什么样的错误，以此加深你对 UI 的理解，从而尽量避免被欺骗。

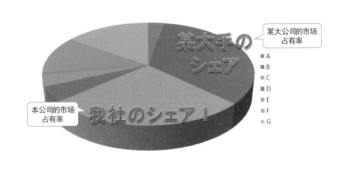

图 0-17　（左）门被楼梯扶手下面的混凝土挡住了而无法完全打开，所以把混凝土削掉了一部分（提供者：西条瞳小姐）。（右）"本公司的市场占有率"比"某大公司的市场占有率"多还是少（详见 P.206）

为什么是 BAD UI？

我在大学讲课或者演讲时多次提到过 BAD UI，于是就有人问"为什么要讲 BAD UI 而不是 GOOD UI？"大家会有这样的疑问不是没有道理的。我之所以要把 BAD UI 拿出来作为课题，是因为觉得在 UI 的学习中最重要的是"观察 - 发现 - 研究"。如果是不会给人带来麻烦的 GOOD UI（图 0-18 和图 0-19），那么几乎所有人都能顺利使用，所以除非是对 UI 拥有浓厚兴趣的人，否则很难会发现它的优点并对此留下深刻的印象（比如，除非是真的很有兴趣，一般人不会发现"啊，原来设计者在设计时有想到这些""原来他们为了不误导用户有下这些工夫"）。相反，BAD UI 会给人带来不便和烦恼，而这些不好的一面往往更容易被人发现并留下印象。

比如，如果可以在地铁票的自动售票机上流畅地进行"确认到目的地的车费，投入相应额度的钱币，按下购买车票的按钮，取票"这一连串动作的话，那么应该不会觉察到这个售票机的 UI 好在哪里。但如果不知道怎么查看到目的地的车费，不知道该往哪里投入钱币，不知道哪个按钮是用来购买车票的，或者不知道买到的车票会从哪里吐出来，那么就很容易发现这台售票机 UI 的问题所在，也能说清是什么样的问题。我们可以通过实际使用 BAD UI 来发现问题，从而进一步观察和研究，因此对于学习 UI 来说，BAD UI 是一本非常好的教材。俗话说得好，失败乃成功之母，人们会从失败中学到很多。本书封面上的"失败"，不仅仅是指设计者的失败，还包括了设计委托人、安装者、购买者、使用者等各种立场上的"失败"。对这些 BAD UI 的失败案例进行学习，我想应该能比从 GOOD UI 学到更多的东西。

而且，BAD UI 的好处在于可以引发人们思考"为什么这个是 BAD UI？""为什么会出现这样的 BAD UI？""是出于预算问题的考虑，还是委托人自身的失误？""如果要不花任何成本对某个 BAD UI 进行补救，该怎么做？"这类思考对于那些对 UI 有兴趣，并进行了这方面学习的人来说是一件好事。

出于这样的观点，我在讲课或者演讲中选择了 BAD UI，而不是不会给人们带来烦恼的 GOOD UI。本书中也会尽可能形象地介绍 BAD UI，让你有画面感，可以想象到那是什么样的情况，从而进行思考，加深对 UI 的了解。

还有一点要说明，这里介绍 BAD UI 的目的，并不是要吹毛求疵、鸡蛋里挑骨头，也不是要指责、抨击那些设计者。进行 UI 设计本身就需要有一定的勇气，并非易事。而造成 BAD UI 的原因不只是在设计者身上，其中还可能有经济上的考虑、交货时间上的考虑、突发的规格变更、安装者的失误、用户不合理的要求等各种各样的原因。即使完成的是一个 BAD UI，只要这次的失败对其他人来说是一种参考，也可以认为它对社会是有意义的（但是如果反复设计出同一种 BAD UI，那就有问题了）。对于今后会从事 UI 设计的人来说，如果要参考以往的失败案例，学习什么样的设计会造成用户不便，进而设计出更好的 UI，那么 BAD UI 可以说是一部优秀的失败案例集。如果可以这样来看待 BAD UI 并享受其中的话，那么 BAD UI 就会成为像"超艺术 Thomason"[①] 那样的存在，具有一种无法言喻的魅力。

但是，下面这些我们并不称之为 BAD UI。

- 本身操作系统就很复杂，需要使用者去学校参加系统培训等来掌握操作方法，熟练使用后会给使用者带来成就感或者一定收入的 UI。比如，汽车驾驶、计算机操作、乐器演奏等
- 出于安全和防护等方面的考虑，操作较为复杂的 UI。比如为了防止烫伤，需要经过多步操作才能放出热水的热水器；进入保管着重要物品的场所时需要使用的组合钥匙；幼童无法够到的按钮或门锁（图 0-19）等
- 难度可以增加乐趣的 UI。比如，难度较高的动作游戏和射击游戏等。但是，如果在和游戏本质无关的地方操作仍很复杂，那就属于 BAD UI 了

另外，如果只是出于个人兴趣做着玩的网站，不论操作性有多不好，基本上都不算是 BAD UI，而开放性或者商业性的网站如果不好用的话就属于 BAD UI 了。作为商品售卖或者放置在公共场所的物品，如果不好用的话也同样被认为是 BAD UI。

对于同一个 UI，它是否好用、是否好懂，每个人给出的回答可能都会不一样。本书中介绍的

[①] 这是一种从赤濑川原平等人的发现中引申出的艺术概念，通常用来表示建筑物上那些没有实际作用但是因为美观而被保留下来的部分。关于这方面，赤濑川原平著有『超芸術トマソン』（超艺术 Thomasson）一书（筑摩书房出版），遗憾的是该书尚未有中文译本。——译者注

BAD UI 是超过一定比例的用户都会搞错的案例，但是难免有些读者会认为"这个不算是 BAD UI 吧"。但是在得知自己不认为是 BAD UI 的东西在其他人眼里却是 BAD UI 后，就可以琢磨人们是怎么认识对象物的，从而了解对自己来说好用的东西对别人来说是不是可能不好用。这也是 BAD UI 有趣的地方。

浏览最近 App Store[①] 和 Android Market[②] 上的评论，经常可以看到有一些过分的言论，但这些言论针对的却是 APP 开发者根本没有任何过失的

———————————
① Apple 公司提供的面向 iOS 用户的 APP 下载服务。
② Google 公司提供的面向 Android 用户的 APP 下载服务。

事情。我不希望用户只是因为个人不喜欢就恶言相向并称之为 BAD UI。

本书中所介绍的 BAD UI 大多数都可以在"有趣的 BAD UI 的世界"（http://badui.org/）中看到。这个网站已经有一段历史了，我个人对 BAD UI 这个词的用法也发了变化，所以对于一些案例，尤其是对一些比较旧的案例，可能从文章中无法感受到我的感情。但是可以说这里刊登的全部都是我珍藏的 BAD UI。另外，BAD UI 论坛（http://up.badui.org/）也正在征集案例，衷心期待你的投稿。

图 0-18　荷兰史基浦机场的登机口指示牌。每个代表登机口的字母中都嵌入了步行至该口所需的时间信息

图 0-19　将门锁安装在比较高的位置，以免幼儿园里的小朋友擅自打开门出去后受伤。而且在小朋友手可以够到的高度范围内留出了一条缝隙，这样就不用担心夹到手了

本书的结构

本书采用了松散的阅读结构，你可以随便翻，看到某张照片觉得有兴趣了，就以这张照片为中心阅读相关内容也没问题。下面就简单介绍一下本书各章节的主题。

第 1 章
线索

通过门把手和水龙头把手等案例，介绍用户容易弄错或者容易感到困惑的地方，说明线索对用户的重要性。

第 2 章
反馈

以自动售券机、计算机系统、浴室的自动供水系统等为例，通过列举多个 BAD UI 来说明如果反馈给用户的信息不易懂，用户会有多困惑。

第 3 章
对应关系

通过房间里的开关和照明之间的对应关系、把手的扳倒方向和操作对象的关系、洗手间的标识和相应的门之间的关系等案例，来介绍容易让人弄错或者迷惑的内容，说明对应关系的重要性。

第 4 章
分类

以看不出对象和箭头之间关系的指示牌和容易让人误会的时间表为例，介绍用户在不知道哪些是同一类时会有什么样的困惑，说明分类的重要性。

第 5 章
使用习惯

以洗手间的标识和提示状态的灯光颜色等为例，介绍因为设计与用户之前的经验有差距而导致错误使用的情况，说明如果 UI 与用户使用习惯相去甚远会让用户混乱。

第 6 章
一致性

在某个生活空间中，明明代表的是同一个意思却使用了不同的颜色；注册表中不同项目的输入形式不同，导致用户产生困扰。通过介绍这样的事例来说明一致性的重要性。

第 7 章
制约

自动售券机的操作顺序、USB 的插入方向等，因为有多种可以操作的方式而让用户不知所措。通过介绍这样的事例来说明提示制约条件的重要性。

第 8 章
维护

通过介绍由于自然损耗或者文化变迁而导致变成 BAD UI 的事例，来说明 UI 并不是做出来、安装好放在那儿就可以的，而是需要定期维护的。

第 9 章
苛求用户的 BAD UI

前 8 章中没有提到的"考验记忆力的 BAD UI""折磨人的 BAD UI""具有欺骗性的 UI"等，在这一章中会稍加解说。

那么接下来就让我们一边欣赏逐一登场的 BAD UI，一边充满兴趣地学习 UI 吧。

第 1 章 线索

你是否有过这样的经历？想去推开一扇门，但是惊讶地发现门纹丝不动，没有被推开，甚至自己可能差点撞上去；或者想从水龙头取水，却不知该如何打开把手，为此困惑不已；抑或是想使用家用电器，却因无法从众多的按钮中找到电源开关而束手无策。

世间之大，充斥着各种各样的物品，它们都有各自的 UI。而且即使是同一种东西，它们的 UI 也不尽相同。比如，同样是门，有推门、拉门、滑动门；同样是水龙头把手，则有螺旋式、扳手式等。但是人们在大多数情况下还是可以不假思索地打开门或者打开水龙头。

对于门、把手以及电脑上的软件，我们之所以即使是第一次看到也能轻松正确地使用，是因为它们隐含着告知使用方法的"线索"。这里的"线索"包括"可以拧开""可以推""可以拉""可以滑动"等。

本章将围绕门拉手、水龙头把手、电脑软件等各种物品的"线索"来介绍 BAD UI。针对接下来提到的 BAD UI，思考问题出在哪儿，有助于锻炼你发现 UI 的问题的能力。

所以，在看解说之前，请务必先仔细观察照片并试着找出问题。

那么，接下来就让我们看看和线索相关的 BAD UI 吧。

导致错误行为的线索

门的线索：拉开？推开？

图 1-1　沉重的木门。应该从什么方向打开呢

图 1-1 就是在前言中已经提到的门，假设大家在去某家店时遇到了这样一扇沉重的木门，大家会怎么去打开它呢？

我在东京某家时尚餐厅遇到了照片中的这扇门。因为很少有机会能看到如此厚重的门，所以在进入之前就格外好奇店内会如何装饰，能够品尝到怎样的菜品，又能够受到何等的服务。

然而，就在要开门的时候发生了问题——门居然没有打开。如图所示，这扇门的中间有一道缝隙，所以我们可以知道这是扇双开门。缝隙两边的门扇（木板）上有看似可以抓住（让人想去抓）的黑色圆环，而且可以看到这个黑环的上端是被固定住的，剩下的部分可以被拉起来。在保持拉起黑环的状态下要想推开门是很困难的，所以我便自然而然地认为这是一扇需要拉开的门。

基于以上理由，我握住黑环，像图 1-2（左）那样猛力一拉，但是这扇门却岿然不动。我想如此厚重的门可能应该用更大的力气来拉开吧，但是加大了力气也还是没有打开。于是我又猜想，难道这种门必须要同时拉两边的门扇才能打开？可是双手分别往外拉了两边的门扇，也还是丝毫没有能打开的意思。别无他法，又试着横向推了一下，门还是一动不动。

但是，想我身经百战，遭遇过各种各样的 BAD UI，又怎会因此而陷于慌乱之中呢？"莫非这只是个幌子，看似是拉，实则该推？"抱着试试看的心理推了门一把，结果，门打开了（图 1-2 右）。

图 1-2　从店外看到的门。（左）拉不开。（右）推开了

图 1-3　从店内看到的门。（左）没有拉手，看似可以推开，但是推不开。（右）拉开了的门。这扇门非常重，又没有设计把手，所以很不容易打开

顺带一提，图 1-3 是从店外拍的。从背面看，它依然是一扇厚重的门。从店内看的话，貌似不能横向移动，也没有可以拉的把手，方形柱让人觉得可以推，于是就想采用推开的方式。但是不论多么用力都没能推开。因为这是刚刚那扇门的背面，所以很多人可能已经发现了，其实应该要像图 1-2（右）这样拉开。这扇门不仅外观具有迷惑性，而且照片中手握的部分，即使是成年男性的手也难以掌控，所以要单手握住并且用力其实是很困难的。再加上这扇门很重，我看到很多女性客人都没能独立打开，而是需要借助周围其他人的帮助。

因为这扇门实在太有趣了，所以我又在店里多观察了一阵子，发现有很多人都试图推开这扇门，结果差点撞到门上（可能因为喝了点酒，有一些人真的撞了上去）。真是有意思的 BAD UI 啊。

那么这扇门为什么会成为 BAD UI 呢？看到 BAD UI，我们不能仅仅觉得它有意思而一笑了之，重要的是要思考问题出在哪里，为什么会出现这样的问题。正因为可以从中学到各种知识，所以这是学习 UI 设计最棒的老师。

首先，为什么这扇门是 BAD UI 呢？因为想要开门的人（用户）在脑中想象的"这扇门应该这样打开"，和现实中的"实际上是这样打开的"之间是有差距的。

弄错这扇门打开方式的人的思考和行动过程如下所示。

1. **认知对象**：眼前这扇门是木制的。看上去不像是自动门，所以应该是要手动打开的。因为是双开门，所以应该是通过拉、推，或者向两边推中的一种方式来打开吧。
2. **判断施力点**：两扇大大的门板之间严丝合缝，

分别有把手状物。把手呈环形，上端被固定，因此应该是抓住该把手来开门的吧。

3. **判断施力方向**：把手上端被固定，看似可以抓住向上提起。要通过这个部位移动门的话，感觉应该是拉比较合理。
4. **判断施力强度**：这是一扇坚实的大门，看起来很重，所以应该需要用点力气。
5. **意识到问题并改正判断**：咦？动不了？不是拉开的吗？那就应该是推开的了？

如上所述，这是扇要推开的门，所以人们会操作失败。这扇门有可以抓住并提起的环，所以大多数人都以此为线索，认为应该要拉，但实际上却如图 1-2 所示，这是扇推门，判断失误。

另一方面，同一扇门从背面看的话（图 1-3），竖直的方形柱上没有可以抓的地方，而且又太大很难整个握住，通过这个线索，大多数人认为应该要推开，但是实际上却如图 1-3（右）所示，应该是拉开的。

世上有很多诸如此类的 UI，导致使用者的设想和实际行为不一致。这种 UI 就很容易成为 BAD UI。

接下来，我们来思考一下，为什么会出现这个 BAD UI 呢？我个人猜测，这扇门可能一开始是作为拉门下单、生产并发货的。实际上，这种类型的门在国外随处可见。但是出于餐厅门前的空间有限（变成了多家店共用的开放式咖啡角）等原因，最后不得不改成了推门，结果就出现了这个给很多人带来困惑的 BAD UI。虽然好似见证了餐厅老板的理想和不得不屈服于现实的无奈，略有些悲伤，但是想想这个 BAD UI 形成的过程，它也实在是一个很有意思的事例。

一样的线索：应该从哪边推开？

图 1-4 （左）从教室外面拍摄的门。（右）从教室里面拍摄的门。从哪边推才能打开这扇门呢

接下来，我们再看一个和门有关的 BAD UI 吧。图 1-4 是某大学教室的门。从教室外面看到的样子如图 1-4（左），从教室里面看到的样子如图 1-4（右）。从里面向外面推开，或者从外面向里面推开，要打开这扇门只能采用其中一种方法，那么应该是哪一种呢？如果你已经有答案了，那么也请想一想你选择的理由是什么。

答案如图 1-5（左）所示，应该是从教室外向里面推开。也就是说对于这扇门，如果是站在图 1-4（左）的角度，那么应该要推开，而站在图 1-4（右）的角度，则应该要拉开。前几页介绍的那扇门，从外面和里面看到的线索是不一样的（虽然线索起到了误导的反作用）。而这扇门，两面都装有可拉亦可推的门把手，线索完全一样。而且门上也没有贴"PUSH（推）""PULL（拉）"这样的标识，所以让人完全无法判断应该是推开还是拉开，经常会采用错误的方法去开门。我采访了经常在这间教室里上课的学生，他说虽然有一年多了，但还是没有习惯，现在也还时不时地搞错打开方式。

假如这扇门外侧（推开的那一边）的 UI 被设计成没有把手、只能推开的平板型（图 1-5 中），至少它就不会被误认为是拉开的门，这样外侧就不会发生问题了。相信从这个例子中，你也能够认识到在门的开关（行为可能性）上线索的重要性。

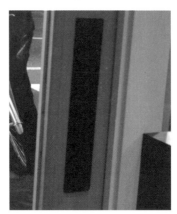

图 1-5 （左）往教室里推开的门。（中）打开方式非常明确的门。因为没有可以握住的地方，所以可以进行的操作只有"推开"。（右）乍一看也搞不清应该是拉开还是推开，但是因为门把手的内侧有一个凹槽，所以可以推测拉开的可能性更大

浴室的 UI：要怎么放出热水？

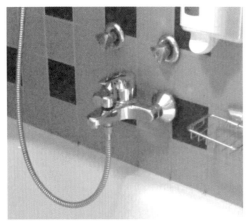

图 1-6 酒店浴室里的水龙头。要怎么操作才会放出热水呢

这是在匈牙利某家酒店住宿时发现的案例。这家酒店浴室里的水龙头如图 1-6 所示。请问，你知道要怎样从这个水龙头放出热水吗？同时也请思考你这样判断的理由。

首先要说声抱歉，当时也没想到会写这样一本书，所以照片拍得不是很清晰，请你将就着看。在照片的上半部分可以看到有两个三角形的类似于水龙头把手的东西，上面分别有一个红色圆点和一个蓝色圆点，所以看上去感觉只要拧开这个红色把手就会有热水出来。而且实际上，在课上讲到这个案例时，所有人的回答都是操作这个类似把手的东西。我当时也是试着去拧这个红色的把手，但是完全拧不动。然后我又试着按下、拉起这个红色把手，还是纹丝不动。水龙头中间有一个手柄，向上抬起后放出了冷水，但是还是没有热水。我想这可能是国外酒店里常有的故障，于是给酒店前台打了个电话，用蹩脚的英语问："怎么水龙头里放不出热水呢？"前台的回答是："你有试过抬起手柄后向左转吗？"我一边惊讶于

还有这样的操作方法，一边按照前台说的方法试了一下，结果真的放出了热水。

后来有一次有事去酒店前台，顺便就问了一下："请问浴缸上的那两个红蓝把手到底是什么？""啊，那个是用来提示将手柄转向左边会出热水，转向右边会出冷水的标识哦！"

当然，因为有红色和蓝色的图标，所以人们可以明白红色表示的是热水，蓝色表示的是冷水。但是与其这样，直接在手柄上贴上红蓝标识不就行了么？通常当人们看到这种三角形的 UI 时，就会想起之前见过的把手，从而发现"握住并顺时针方向或者逆时针方向旋转"的行为可能性。为什么会觉得可以这样操作呢？因为从墙壁上突起的把手看起来就很好握，而且可握住的部位上有凹凸状，感觉很适合使劲去拧。然后上面又有红色的图标，所以会让人猜测旋转带有红色图标的把手应该就可以放出热水。这也是一个有趣的 BAD UI，只是想提示手柄的转向，但是却采用了一个会让人感受到行为可能性的标识物，进而导致了不当操作。

洗手池的 UI：要怎么放水？

图 1-7 洗手池上让人不知道要怎么放出水的水龙头
很多人在试过旋转、按下但都没能放出水后就放弃了。那么，到底应该怎么操作才能放出水呢

有一次因为要参加国际会议而去了新西兰，在那里的某个洗手间里遇到了如图 1-7 所示的水龙头。对我来说，从这个水龙头放出水来是件非常困难的事情，当时很是抓耳挠腮了一番。请各位也猜测一下，要怎么样才能从这个水龙头里放

出水来呢？

可以想到的方法有很多种，之前授课时也介绍过这个案例，在学生们的回答中，猜测最多的方法是"顺时针方向或者逆时针方向旋转"，第

二多的是"按下"。另外还有"将把手向上提起""按下蓝色圆点处""在正当中的洞里插一根棍子"等各种各样的推测，但是没有一个猜中的。

我当时也进行了各种尝试，但是屡试屡败，终于在奋斗了两三分钟之后找到了正确答案，成功地放出了水。而正确答案却是我之前完全没有想到的，那就是"朝着蓝色标记的方向扳倒把手"。所以这是个有点类似于操纵杆（Joy Stick）的UI，会根据扳倒的方向放出冷水或者热水。到目前为止，我曾向将近300人展示了这张照片，但是最终猜到这个操作方法的只有3人（这其中还包括了在猜错多次之后好不容易才想到的人），可见这个UI的操作难度极高。如果这个把手能再细长一些，那么可能会有更多的人察觉到它的正确使用方法。但是它既不长也不细，所以很难猜到。顺便提一下，这个把手的中间有一个六角形的空

洞，很有可能这里曾经有一个便于扳倒的部件（仔细观察的话，可以发现六角形空洞的周围有一些操作痕迹）。如果你能帮忙解开这个水龙头的谜团，请一定要联系我。

后来我又多次来到这个洗手间观察使用者的情况，发现大多数男性大概都认为这个水龙头坏了，所以没洗手直接就走了，顿时觉得心里有一种说不出的滋味。虽然这是一个有趣的BAD UI，极具启发性，但是我从来没有像那个时候那样不想去碰洗手间的门把手。

这个水龙头的案例，正说明了最好不要提供奇怪的线索去影响用户对行为可能性的判断。和门一样，洗手间中也充满了各种BAD UI，接下来还会多次提到。各位去洗手间时，也请务必留意一下，是否有BAD UI在等着你。

车票的插入口：请不要插入交通卡！！

图1-8 （左）请不要插入交通卡!!（右）妻子误将PASMO[①]插进去后取不出来时的样子。拍摄于等待车站工作人员前来处理的期间

图1-8（左）是名古屋某车站的自动检票机的UI。自动检票机上贴了一张警示语"请不要插入交通卡！！"

交通卡（日本国内根据运营公司不同，分为Suica、ICOCA、PASMO和manaca等）是一种非接触式IC卡，具有只要靠近读取机器就可以完成支付的电子货币功能。这种非接触式IC卡只要靠近自动检票机的感应部分，就可以自动支付车费，所以不仅对使用者来说很方便，对轨道交通公司来说，因为可以迅速应对庞大数量的乘客，所以也是一种极佳的装置。这张照片中没完全拍出来，上面有个地方写着"请刷卡"，那里就是感

应交通卡的地方。

接下来，我们来看看警示语"请不要插入交通卡!!"所提示的用黄色胶带框起来的部分，这里就是插入车票的地方。车站的自动检票机在不断地升级，市面上存在的单程票、定期票[②]、预付卡[③]和非接触式IC卡等都可以用同一台机器来处理。虽然这是一种可以即时处理各种车票和交通卡的优秀设备，但是因为单程票、定期票、预付卡的插入口和IC卡的宽度差不多，所以对乘客来说这个插入口具有一种魔力，会让人想把IC卡插进去，

---

① 日本交通卡的一种。——译者注

② 一种可以在指定区间、指定期间内无限次使用的车票。——译者注

③ 一种类似于交通卡的需要提前充值的磁性卡。
　　　　　　　　　　　　　　　　——译者注

于是时不时地就会发生这样的小麻烦：一不小心误将 IC 卡插了进去，结果导致卡片塞住了（两者之所以设计得差不多大小，大概主要是因为考虑到了钱包、卡包等的尺寸吧）。实际上，我妻子就曾经两次把 IC 卡插入自动检票机里，导致卡被塞住（图 1-8 右）。我妻子在京都生活时由于工作关系经常使用预付卡，所以可能是已经养成了插卡的习惯。

使用这种 IC 卡只要靠近读取机器就可以了，不需要直接接触，所以只要不从钱包里拿出来直接刷卡的话，应该就不会搞错，误将 IC 卡插进去。但是有时候隔着钱包不容易识别，或者因为钱包里有很多张 IC 卡而识别不出来，所以会从钱包中拿出来使用，结果就发生了把 IC 卡插进去的情况。

如果所有人都使用 IC 卡，那么直接就不需要插入口了，也就不会发生这样的麻烦了。或者将

插入口的大小调整成只能插入单程票和预付卡，也能防止这个问题的发生，但是因为 IC 卡和预付卡几乎是一样的尺寸，所以这个方法貌似不可行。也可以考虑将检票机分成 IC 卡专用和其他车票专用，但是考虑到成本和一次可以处理的乘客数量，实施起来也不是那么容易。显而易见，这是个 BAD UI 的好案例，充分说明了要想能够应对各种情况，UI 就很容易有照顾不到的地方，而要解决这个问题是相当有难度的。现在肯定在某个地方也有人往检票机里插入了 IC 卡，所以请一起来想想有没有好的解决方法吧。如果能想到既廉价又有效的解决方法，或许还能赚一桶金哦。

说到 IC 卡的感应部分，参与设计感应角度的山中俊治老师很是下了一番工夫，设计的过程很有意思。在《设计之髓》[①] 一书中有关于这部分的介绍，有兴趣的读者可以找来看看。

---

① 原书名为『デザインの骨格』，山中俊治著，日经 BP 社出版。目前该书尚无中文版。——译者注

自动售票机的语言切换：要怎么切换语言？

图 1-9 （左）德国的一台自动售票机。（右）位于自动售票机显示屏下方数十厘米处的 UI
（左）要怎么将显示语言切换成英语呢？因为不是触摸屏，所以不能通过触摸显示屏来切换语言。（右）那要怎样切换语言呢

虽然在日本也经常能看到有人在自动售票机前手足无措的样子，但是不知道是不是因为我是日本人，我觉得国外很多售票机都比日本的更难用。这里要介绍的是我在德国国际机场遇到的自动售票机（图 1-9）。这台自动售票机是用来出售从国际机场去市中心的车票的，所以可以在各种语言（德语、英语、法语、意大利语、西班牙语、土耳其语）之间切换（图片上列出了与各种语言相应的国旗）。虽然我想切换成日语，但是上面没有日本的国旗，所以看到有英国国旗就选择了英语。请推测一下我是进行了什么操作才切换成英语模式的，还有请考虑这样推测的理由。

这是一台老式的自动售票机，直接操作屏幕没有任何反应，所以显然这不是触摸屏。于是我试图找出一些线索，结果在显示屏下方数十厘米处发现了图 1-9（右）这样的暗示可以切换语言的 UI。"原来如此，这个国旗是可以按的吗？"我试着按了下英国国旗，但是没有反应。也试着找了找有没有其他可能性，但是就是没有找到切换语言的地方。后面开始有人排队，所以我干脆决定先看看别人是怎么操作的，就排到了其他自动售票机后面的队伍里去了。

但是看了一会儿，发现其他人也同样不知道该怎么弄，其中有的人放弃了，有的人则直接就用德语买了，最终没有收获到任何关于切换语言操作的

信息。很快又轮到我了，于是再次挑战，但是也只是确认了一下屏幕下方的国旗是不可按的。最终我实在是受不了后面有一堆人在排队等着的压力（虽然这只是我自己的感觉），还是放弃买票了。

后来，我专门在人少了的时候发起了第三次挑战，经过多次试错，终于发现那些国旗边上的黑色旗子其实就是切换按钮（图 1-10）。和那些立体（所以会觉得是个按钮）的国旗不同，这个旗子一看之下并不觉得是个按钮。但实际上它是一种内嵌式的按钮，每按一次这个旗子，显示语言就会按照从左到右的顺序依次切换：从德语切换成英语，然后再从英语切换成法语……

切换语言后顺利买到了车票，但是只是切换个语言而已，为什么包括我在内的那么多人都搞了半天还搞不定呢？这里的问题在于，那一排国旗的立体设计释放出超强的存在感，会让人产生这是一排按钮的错觉，而相比之下，边上的小黑旗子则完全不像是一个按钮。再加上有大量的人误以为国旗就是按钮并进行了按压操作，致使国旗图标已经磨损得模糊不清，后面的人就愈加误会这里就是操作对象。假设这排国旗稍微再小一点并且没那么立体，而右边的小黑旗子则设计得更立体一些，看起来更像按钮一些，或者将图标改成可以看出其具有切换语言的功能，而不是一面旗子，或者贴上有适当说明文字的标签，那么应该就不至于像现在这样给大家带来混乱了。

我之所以觉得这个 BAD UI 很有意思，是因为这个 UI 中不仅没有提示线索，而且因为用户的行为导致 UI 发生了改变，出现（或者强化）了提示错误行为可能性的线索。我们经常可以看到这样的现象，多数人的行为会导致另一些人也做出同样的行为。图 1-11 就是人为产生的线索：人们在积雪上踩出来的一条路，以及因为有很多人抚摸而导致某些部位显得格外光滑锃亮的浮雕。

ted
z)

这个是按钮

只是突起的标识

图 1-10　国旗右边的旗子图标就是按钮
每按下一次右边的按钮，显示语言就会按照从左到右的顺序依次切换：德语→英语→法语→……
英国国旗磨损得特别厉害，大概是因为有很多人都想切换成英语而误按了这个标识吧

图 1-11　（左）积雪中由于无数人的来来往往而形成的一条路。（右）浮雕由于有很多人抚摸而变得锃亮，这又导致有更多的人来摸

图 1-12（左）是放在餐厅收银台上用来回收问卷调查的箱子，但是有人误以为是募捐箱而投入了一些零钱，导致不断地有其他人也往里面放零钱，于是后来就贴上了"问卷调查回收箱"字样的纸条。我之所以拍下这张照片，是因为在贴上这张纸条之后，尽管已经过了一段时间，但还是有人往里面扔钱，反之问卷调查一张都没有，真是悲哀。图 1-12（右）原本是展示淘金的展品，但是却有人扔硬币进去，不知道他是以为这样可以实现愿望还是只是闹着玩。而之后来参观的人们看到被扔进去的硬币也仿效起来，于是越来越多的人往里面扔硬币。这是在泰国看到的展品，但是里面却是各个国家的各种硬币。

由此可见，人们会把其他人的行为痕迹作为

线索，行为痕迹造成的错误线索会影响到后来者的行为。最理想的当然是在留下行为痕迹之前就阻止错误的发生，但是如果错误行为的痕迹已经产生

并开始影响其他人的行为，此时重要的则是迅速采取对策，阻止该趋势的发展。

图 1-12　（左）问卷调查回收箱。（右）往里面扔硬币可以实现愿望吗

（左）由于多人的行为，问卷调查回收箱变成了募捐箱。（右）展示淘金的展品里被扔进了很多硬币，于是人们也期待通过这样做来实现自己的愿望

可怜的烘手机：由于他人的行为而变成了……

图 1-13　国际机场候机室洗手间里的烘手机

图 1-13 是某国际机场候机室里的烘手机。烘手机是指在洗手间等场所洗完手后不需要用到手帕也能烘干手的机器，非常方便、卫生。请仔细观察照片，这里发生了一件很不幸的事，你发现了吗？

是的，有人将擦手纸扔在了烘手机里，而且不止一张。因为是国际机场候机室里的洗手间，所以应该没人恶劣到会做出这样的恶作剧。而且用来扔擦手纸的垃圾箱就在擦手纸抽取口的正下方，也就是说取出纸并擦完手后直接扔在下面就可以了。那么为什么会有人将纸扔在烘手机里呢？

我推测可能有像我这样不太注意的人，在洗手池洗完手后取了张纸擦手，然后没有注意到下面就是垃圾箱，而是误把烘手机当成垃圾箱，于是就往里面扔了吧。

如果在目能所及的地方就有一个明显的垃圾

箱，当然就会往里面扔擦手纸，但是在这个案例中貌似有不少人没有注意到垃圾箱的存在。而且，一旦有一个人往烘手机里扔了垃圾，后面的人就很容易把烘手机当成垃圾箱，结果那里面就扔了好多张擦手纸。这也是一个由于其他人的行为而导致 BAD UI 被放大的好例子。

再来说一下这个烘手机。后来我又去了同一家航空公司的另一个候机室，发现在擦手纸抽取口的前面放置了一个新的垃圾箱，在原来垃圾箱的位置贴了一张"请使用前面的垃圾箱"的说明（图 1-14 左）。可能是因为不断有人没注意到抽取口正下方的垃圾箱而将纸扔进了烘手机，所以只好放置一个一眼就能看到的垃圾箱。图 1-14（右）也是一个同样的案例，贴了张"请不要往烘手机里放东西"的提示。可以说，从各种角度来看，这都是一个极具启发性的事例。

图 1-14 （左）请使用前面的垃圾箱。（右）请不要往烘手机里放东西（提供者：小渕丰先生）

机场的指示牌：3 号和 18 号哪个更近？

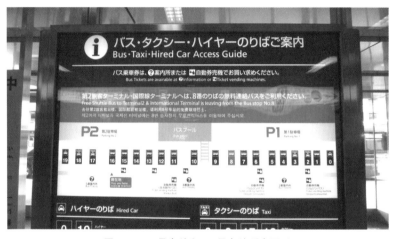

图 1-15　3 号车站和 18 号车站哪个更近

在女儿未满 1 岁时，因为不方便乘坐地铁，所以每次乘坐飞机时都会选择定额出租车[①]往返机场。这里想介绍一下在使用定额出租车时遇到的 BAD UI，它的线索非常有意思。

假设你在机场和前来接机的出租车联系时，被司机问道"我可以在 3 号车站或者 18 号车站等你，你觉得哪个方便呀？"看着图 1-15 中的指示牌，你会告诉司机是 3 号车站还是 18 号车站近呢？为什么？

针对上述问题，超过一半的人会回答 3 号车站更近。实际上当时我也觉得是 3 号车站更近，所以就跟出租车司机说"请在 3 号车站等我"，但是其实真正近的不是 3 号车站而是 18 号车站，所以我和妻子、女儿走了相当长的一段距离。那么为什么会判断失误呢？请和我一样认为 3 号车站

比较近的读者思考一下为什么其实 18 号车站更近，请认为 18 号车站比较近的读者想想为什么有人会误认为 3 号车站更近。

我和妻子认为 3 号车站更近的理由是，我们误以为当时的所在地是在 8 号车站。指示牌的左下方有表示"当前所在地"的小红三角，说明当时其实是在 16 号车站附近。但是看到从 0 号到 19 号的车站信息中只有"8 号车站"是红色的，特别醒目，所以就忽略了"当前所在地"的信息，一心以为自己是在 8 号车站。顺便说一下，不仅仅是那次，后来有其他事约了人在那里碰头的时候，也重复犯了同样的错误。

仔细看了一下，这块指示牌的上方有一块红色背景用白色文字写着"去往第 2 旅客航站楼、国际航班航站楼的旅客，请利用 8 号车站的免费联络巴士"，所以 8 号车站的红色对应的就是这块红色背景的说明。但是当被问到在第几个车站上车时，目光不自觉地就会飘向写有数字的地方。

① 在一定区间内，不论人数，不论时间，一律收取固定费用的出租车服务。——译者注

而且，真的很难看出那块红色背景的提示和 8 号车站用红色标出之间的关系，导致出现了误会。在这次的案例中，如果能从上方的红色背景拉个箭头出来指向 8 号车站，也许就不容易致使人犯错了。当用醒目的颜色进行提示或者强调什么的时候，最好事先考虑清楚会出现什么样的效果。

线索过于薄弱

淋浴花洒和水龙头之间的切换：要怎么从淋浴花洒放出热水？

图 1-16　怎样在淋浴花洒和水龙头之间切换出水口（提供者：铃木优先生）

图 1-16 是美国某家酒店浴室的照片。最左边的照片里有浴缸、水龙头、把手和淋浴花洒。正中间是放大后的水龙头的照片，右边是放大后的把手的照片。现在热水是从水龙头中放出的，如果要切换成从淋浴花洒出水，应该怎么做呢？这样判断的理由又是什么呢？

大家最先注意到的应该会是把手吧。这个把手有很多种可以操作的方法。"顺时针方向旋转""逆时针方向旋转""按进去""拔出来""像操纵杆那样扳倒"等操作都是有可能的。但是，以上列举的操作方法都不能将热水的出口切换到淋浴花洒（顺便说一下，这个把手向左转放出的是热水，向右转放出的是冷水）。

正确答案是：将图 1-17 中箭头指向的部分（略微凸起部分）向下拔出。这个水龙头下端的凸起部分是可以拔出来或按进去的，通过这样的操作就可以在水龙头和淋浴花洒之间切换出水口。如果想要淋浴就要操作水龙头，这个 UI 是相当难使用的。我当时有过这样的猜测：如果不是操作把手的话，那就应该是操作图 1-16（中）中水龙头下面的手柄吧。不过实际上这个是用来控制浴缸排水口的开关的。如果让我在这样的浴室里洗澡的话，我应该会百般纠结一番。

而且，图 1-16（中）的手柄明明只可以进行顺时针方向旋转和逆时针方向旋转这样简单的操作，但是却松动得厉害，这大概是因为有不少人像对待操纵杆一样对它进行了扳倒拉起的操作吧。

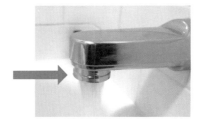

图 1-17　在水龙头和淋浴花洒之间换切出水口，需要将箭头所指的部位向下拉。除非是经常住宿酒店的人或者是习惯了 BAD UI 的人，否则很难发现（提供者：铃木优先生）

在淋浴花洒和水龙头之间切换出水口真是一件经常让人头疼的事呢。图 1-18 是我在美国见到的浴室。那么在这个浴室里，如果要在淋浴花洒和水龙头之间切换出水口，应该对什么进行怎样的操作呢？

这个可能比前面介绍的那个要好一点，不过关于在淋浴花洒和水龙头之间切换出水口操作的线索还是很少，所以自然而然地，我又试着将把手朝各个方向旋转了一遍（这个把手和前面的案例一样，可能是误操作的人多了，也有一些松动）。

操作方法如图 1-19 所示。水龙头上面有一个抓手，拉起来的话就会从淋浴花洒里出（热）水，

按下去的话就会从水龙头出（热）水。一般水龙头上面的抓手多是用来控制排水口的开关的，所以还是稍微摸索了一会儿。不过因为这个浴室里也没有其他线索了，所以就试着操作了水龙头上面的抓手，结果终于发现了淋浴花洒和水龙头之间的切换方法。

这里介绍了两个案例，想必你已经能够据此体会到线索过于薄弱（或者甚至相当于没有）时用户会有多么头疼。除了这里介绍的案例，还有很多其他浴室让人不知道该怎么在淋浴花洒和水龙头之间切换。请大家在外出住宿时也注意留意是否有不方便使用的物品。如果找到了，请务必在评论区里发布。

图 1-18　要怎么样在淋浴花洒和水龙头之间切换出水口

图 1-19　（左）按下抓手就能从水龙头里放出热水。（右）拉起抓手就能从淋浴花洒放出热水

计算机的电源按钮：要怎么启动？

图 1-20　要怎么启动计算机？用于启动的电源按钮在哪里

有一次我去网咖时，一时半会儿没找到计算机的启动方法，有些着急。

图 1-20 就是在那个网咖中使用的计算机。大家知道要怎么启动么？我当时试了各种方法，比如移动了下鼠标，在键盘上寻找有没有电源按钮，按下键盘上的按键，也查看了侧面和背面，但是这些操作都没能启动计算机。

在试了十多分钟之后，我终于找到了成功启动计算机的方法：按下主机右边的银色长条状按钮（图 1-21）。实际上这个就是电源按钮。不过左边也有一个同样的按钮，按下后前面的 LED 灯会变换颜色。只要操作过一次，之后就知道该怎么启动了，所以如果是在自己家里使用这个计算机，

那没什么问题，但如果是放在网咖这种人员流动性大的公共场所，这个设计并不是很合适。

当时我在多次失败之后终于成功启动了计算机，后来在问答网站"Yahoo! 知惠袋"[①] 上，我发现也有人针对同一款计算机发布了"不知道怎么开启电源"的问题[②]。都到了要在网上求助的程度了，可见当时有多无助。从这个角度来说，这是一个非常有意思的 BAD UI。

---

① 日本国内知名的网站，类似于中国的"百度知道"。——译者注
② "找不到 GTUNE（制造商？）的电源开关（˙・ω・˙）整个都是黑色的……" http://detail.chiebukuro.yahoo.co.jp/qa/question_detail/q1191609456。

启动按钮

图 1-21　（左）右边银色的部件就是启动按钮。（右）实际上隐约可以看见有一个表示电源的图标

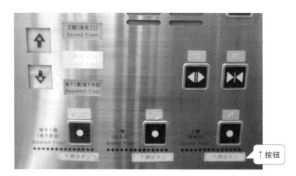

图 1-22　让人不知道该按下哪个按钮的 UI。特意贴上了"↑ 按钮"的说明

接下来，我们继续看看让人因不知道哪个是按钮而倍感不便的案例吧。图 1-22 是某地铁站电梯的操作面板。如果要去楼上的检票口，应该按下哪个按钮呢？

答案是：下面 3 个并排的黑底白点按钮中右边的那个。多亏这 3 个按钮下面贴了写有"↑ 按钮"字样的黄色标签，我们还能知道这些是按钮，否则就只是并排的 3 个圆点而已，完全看不出来它们可以用来指定去哪一层，而且很有可能就会去按左上角那个向上的箭头了。大概是因为太多人反映找不到按钮，所以就贴了这么个标签，但是如果能够再多提示一点信息，表明分别是干什

么的按钮，就更好了。

图 1-23 也是电梯的操作面板。要去 1 楼的话应该怎么操作呢？

在这张图中，有若干个箭头，反而搞不清哪个是按钮了。有些地方加了箭头，有些地方修改了说明文字，之所以会花时间做这些事，大概是因为总有人反映不知道该按哪里吧。哦，对了，这个问题的答案是照片中间以及下方的黑色按钮。

综上所述，在给用户提供线索时要注意线索是否醒目。请考虑一下在本案例中，怎么做才能提供明确清晰的线索呢？

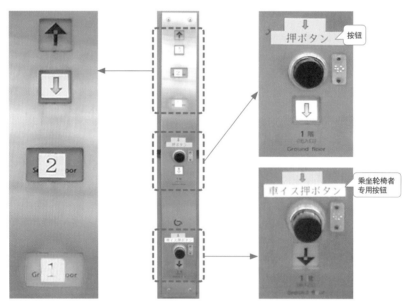

图 1-23　要去 1 楼的话应该按哪个按钮呢

无线 LAN 的开 / 关：要怎么打开？

图 1-24　如何打开无线 LAN 呢

无线 LAN 的指示灯是橙色的，所以可以知道现在是关闭状态，但是周围没有按钮，不知道该怎么打开（提供者：MK 先生）

图 1-24 是某学生购买的笔记本电脑。如果想开关这台电脑的无线 LAN 的话，应该怎么操作呢？请开动脑筋想一想。

该学生想要连接无线 LAN 时，首先在电脑上找了下有没有可以开关无线 LAN 的硬键，但是没有找到。他想既然没有硬键，那就应该是通过软件控制的吧，于是又在电脑的控制面板里找了下网络设置相关的地方，不过还是没有找到，只好暂时放弃使用无线 LAN 了。

但是有一天他突然发现可以用无线 LAN 了。一开始还不知道是什么原因，后来发现一碰照片中间的无线 LAN 图标，指示灯的颜色就会在橙色和绿色之间切换，这才知道无线 LAN 的开关是这样操作的。也就是说，原来以为是提示当前状态的标识，其实就是开关本身。如果是我的话，估计也无法马上发现吧。

如果要表现这是个开关，可以有很多种方法，比如将图标表面设计得比周围高出一点或者凹进去一点。但是就因为在设计时没有多加考虑，所以才会导致其不易被用户发现，出现了 BAD UI。

随着技术的进步，不需要物理按键，可以通过碰触来操作的触摸式按键越来越普遍。相比以前的物理按键而言，触摸式的 UI 外观更简约美观，并且方便清洁，有不少优点。制造商可能也可以据此控制生产成本。但是另一方面，因为触摸式 UI 的线索会比较不明显，如果不多下点功夫

的话，就很容易导致操作方法不明。所以，为了不制造出 BAD UI，对于可以进行按押操作的地方，需要用尽可能简单易懂的方式给出提示。

我最近买了一台显示器，它的操作面板也是触摸式的，所以 UI 不是很好（图 1-25 左）。相信大家可以很快从照片中看出，右边有一个控制电源开关的按钮。不过该电源按钮边上还有正方形里的数字 1 和 2，以及分别朝上和朝下的三角箭头，这些其实也都是触摸式按钮。但是因为太不醒目了，而且这种触摸式按键的感应也不太灵敏，所以一开始并没有意识到这些是按钮。

说句题外话，这个凹进去的电源按钮其实也是触摸式的，前提是要裸手操作，不能用笔等物品来操作。所以冬天时戴着手套操作是没有反应的，当时我还以为它坏掉了，郁闷了一阵子。所以即使有凹凸设计来突出按钮，也可能会因为没有反应而意识不到这是个按钮。

图 1-25（右）是摆放在某家面包店里的咖啡机以及相应的使用说明。照片右下角有"咖啡"字样，文字左边有一个圆。人们会很自然地去按下写有"咖啡"的地方，但其实这个不是按钮，左边的白色圆圈才是真正的按钮，只要按下（碰触）这个圆圈，就会流出咖啡。但是，这样的设计实在无法让人看出这是个按钮，所以才会贴上这张使用说明的吧。而且因为并不是一按下按钮咖啡马上就能出来，所以有些人在按下按钮后，看到

没有咖啡出来，以为是机器没有感应到，又按了好几次。所以后来才会有这样一张带着箭头、写有"请按一次该按钮"的使用说明吧。

从以上案例中，想必你已经能体会到要让用户按下按钮就需要有些线索，让用户有按下的欲望。我相信今后会有越来越多的 UI 是使用触摸式按键的，不过正如前面所说，这种按键的线索相当不明显，所以希望设计者可以在这上面多花点心思。关于无法分辨本次按下是否有效的问题，

只要能够马上提示操作反馈（Feedback）就可以解决，也希望设计者至少做到这种程度（关于反馈，会在第 2 章中具体说明）。

顺便提一下，我女儿 9 个月大的时候，看到有立体按钮的东西就会很开心地拿起来玩，结果就可能会弄乱设置，但她对触摸式的东西则没有什么兴趣，也无法正确使用。从这个角度来说，如果是不想让小朋友乱碰的系统的 UI，也许可以采用触摸式。不过，可能对成人来说也不是那么好用……

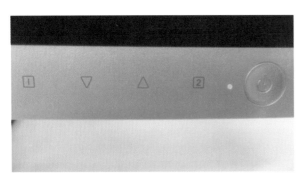 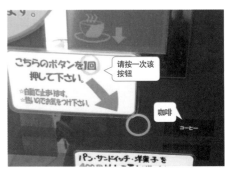

图 1-25　（左）显示器的操作面板。（右）因为操作方法不好掌握所以贴了张使用说明的咖啡机

（左）正方形里的数字 1、2，上下颠倒的两个三角形，以及略微凹进去的圆形都是按钮。因为按不下去，所以我会担心是否进行了有效操作。而且实际的反应也不是那么迅速，导致进行了重复操作。基于以上这些问题，在对显示器进行设置时很是头疼了一番。话说到现在都没弄明白数字 1、2 代表了什么。（右）白色圆圈是流出咖啡的按钮，没有使用说明的话可能根本注意不到

提示页面可以滚动：其他信息在哪里？

图 1-26　（左）KOTOERI[1] 的使用设置。
（右）没想到滚动了一下显示出了其他信息（当时是 2014 年 8 月）

计算机上的软件也经常会因为缺少线索而导致使用者不知道该怎么使用（题外话，很早之前我

还在开发 Windows 平台的软件时，总觉得平面按钮和平面输入框之类的 UI 充满了魅力，于是开发了一个运用了很多平面按钮、平面输入框的软件并公开了，但是收到了用户的差评——"都找不

---

① MacOS 上安装的一种日文输入法。——译者注

到按钮在哪里")。

图 1-26（左）是安装在 Mac OS X 10.9 上的一款叫作 KOTOERI 的日文输入系统的设定页面（信息提供者：福地 AYUMI 小姐）。按理说如果要将该输入系统下的标点"、""。"改成"，""．"，只要在这个页面进行设置就可以了，但是没有找到相应的设定项。即使切换顶端的 TAB 也没有找到。实际上，只要滚动一下页面，就可以在下面看到该设定项（图 1-26 右）。这里请再次仔细观察左边的图，有提示该页面可以滚动的线索吗？你会想到对这个页面进行滚动操作吗？

如果还有信息需要滚动才会显示，那么就需要像图 1-27 这样，有一些可以提示用户还有其他信息没有显示的设计。对于计算机来说，只要配置类似于滚动条的元素，用户就能理解该画面是可以滚动的，这样也就能正确引导用户查看下面的信息。对用户进行简单易懂的提示，告知当前所处位置以及下面还有多少信息，真的是一件非常重要的事（从这个角度来说，自古以来就存在于世的卷轴就是这样一种优秀的 UI，可以告诉用户前后的信息量）。这里介绍的 KOETORI 的设定页面由于没有线索提示页面可以滚动，所以导致用户找不到设定项，也是一个 BAD UI。

图 1-27　滚动条可以提示用户当前页面的上下还有内容

本案例是信息提供者在偶然之间发现的一个叫作 Apple Support Community 的问答网站[①]里看到的。提问者在描述中表现出了对于自己没有发现可以滚动而感到惭愧的意思。但是我认为，这个责任在于 UI 不好，用户没有发现是理所当然的。如果不配置滚动条的话，那就将图 1-26（左）中的"入力方法"（输入法）一行文字只显示一半，通过这类方法来提示用户下面还有其他内容。现在这样的 UI 的确很难看出该页面是可以滚动的。

但是有时候，即使有"滚动条"这个线索，也不容易发现还有其他没有显示出来的信息。图 1-28 是装有 Windows 系统的笔记本电脑中电池使用时间的设定页面。为了不让笔记本电脑自动进入睡眠状态，我将电源接通状态下"使计算机进

入睡眠状态"这一项设为了"从不"，如图 1-28（左）。但是若干个小时之后发现计算机已经进入睡眠状态了。难道是我设错了？于是检查了一下设定项，果然恢复成了设定前的内容。

后来又再次设定了一下，但是设定内容还是没有被保存，就这样重复了几次之后，终于发现修改设定后应该要在本窗口内向下滚动，这时可以看到有一个"保存修改"按钮，必须点击该按钮后本次设定才会保存（图 1-28 右）。看到左图中的页面时，因为滚动条的长度和窗口本身的长度几乎一样（此时的窗口大小是默认的标准尺寸），就一心以为下面不会有什么有用的信息了，所以没有尝试向下滚动，也就没有发现"保存修改"按钮，这就是之前一直失败的原因。如果把这个也叫作 BAD UI 的话，未免有些苛刻，而且猜测下面不会有什么信息的责任也在于我自己，不过这个案例实在是在耐人寻味。

---

① Apple Support Community。https://discussionsjapan.apple.com/message/100811262

可能有一些啰嗦，但我还是要强调，简单清晰地提示后面还有多少信息，并且提供线索来告知获取那些信息所需要做的操作，真的非常重要。如果今后各位有制作软件的机会，请务必要注意这方面的设计。

图1-28 （左）电池使用时间的设定。（右）滚动后发现"保存修改"和"取消"按钮（当时是2009年11月）
窗口的初始尺寸就是这么大，所以完全没有想到滚动后还会有"保存修改"等按钮左

平板电脑的操作：切换成摄像模式的方法是？

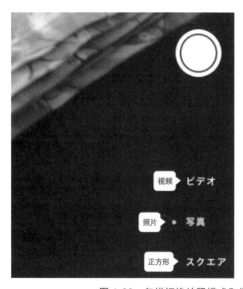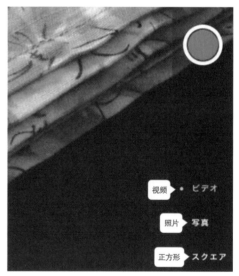

图1-29 怎样切换拍照模式和摄像模式（当时是2014年1月）

需要通过笔尖或者手指的触摸来操作的UI，比如平板电脑，其操作方法和我们一直惯用的使用计算机上的鼠标进行操作的方法（左击、右击、单击、双击）差异巨大，因为没有物理按钮，画面上也没有光标这样明显的UI，所以用户经常会不知道该怎么操作。这里要介绍的就是平板电脑的BAD UI。

给父母买了台iPad mini作为礼物，二老当时非常开心。但是过了一阵子，当母亲想用摄影应用拍摄视频时，她发现自己不知道如何从拍照模式切换成摄像模式，并为此一筹莫展（图1-29）。各位知道怎么从拍照模式切换成摄像模式么？请思考一下。

我观察了一下母亲的操作，她一直拼命点击画面上的"视频"字样，但是这样做并没能切换成摄像模式。然后母亲就来问我，可是我也不知道该怎么操作，于是进入了屡试屡败、屡败屡试的循环。首先，我也是试着点击了一下"视频"字样，依然没有反应。然后我又试了长按、双击（快速点击同一个地方2次）等操作方法，还是都失败了。这时我突然灵光一闪，按住"照片"字样不松手并向下滑动（拖动操作），结果终于成功切换到摄像模式了。习惯这种操作方式的人也许能够马上猜到该怎么操作，但是因为画面上没有提示这种操作方法的线索，所以对于没有用惯的人来说还是很难想到的。事实上，直到现在，母亲有时也还是困扰于如何从"视频"切换成"照片"。

另外，在观察母亲的操作时，我发现不习惯这种操作界面的用户想不到拖动操作还有其他的理由。使用这个应用拍照时要按下图 1-29 中右上

角的圆形按钮，但有时拍照的人会因为想确保真的按下了这个按钮而持续地按着，这时应用就会伴随着"咔嚓咔嚓咔嚓"的声音开始连拍。于是母亲开始对摄影应用的长按操作有一些恐惧，会尽量避免需要在一定时间内持续触摸画面的操作，比如拖动操作。而且在 iPad mini（iOS）的主画面（图标排列着的画面）长按某一个图标就会进入删除 / 移动应用的模式，这大概也是母亲对长按操作产生恐惧心理的原因之一吧。这还真是恼人的 UI 啊。

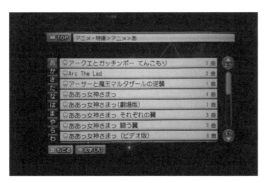 

图 1-30 怎样筛选出以"い"（i）或者"き"（ki）开头的歌曲？（左）卡拉 OK 选歌用的遥控器的 UI。（右）选中"あ"（a）的状态下滚动到最底端时的样子（提供者：Kuramoto Itaru 先生）
（左）最左边有一列"あかさたなはまやらわ"[1]，看起来是用来选择行的。（右）选中"あ"行，滚动到最底端，最后一首歌是"あんみつ姫"，无法选择以"い"开头的歌曲

这里再介绍一个和平板电脑类似的 UI，触摸面板也同样不容易操作。图 1-30 是卡拉 OK 店里点歌用的遥控器。这是通过手指操作的触摸面板式遥控器，应该怎么用这个遥控器来选择"い"或者"き"开头的歌曲呢？顺便说一下，选中"あ"，滚动到最底端，最后一首歌是"あんみつ姫"，再怎么滚动也没有出现以"い"开头的歌曲。

答案是，长按（按下一定时间不松手）"あ"或者"か"后会出现相应的"いうえお"或者"きくけこ"这样的候补菜单，然后从中选择"い"或者"き"（图 1-31）。其他选择操作都只要

点击就可以了，只有在选择"い"或者"き"等时才需要长按，这个操作难度非常高，即使是平时已经习惯使用平板电脑等各种触摸操作的用户，也不容易想到吧。

需要用户进行长按操作却很难给出醒目的提示告知其可以长按（操作的线索），得靠用户自己下一番功夫。如果要提供这样的 UI，在设计时就必须深思熟虑。当然，最好还是避免采用这种操作。比如在本案例中，可以考虑在按下"あ"或者"か"的瞬间开始显示相应的"いうえお"或者"きくけこ"，只要不松手就一直显示，按住一定时间后这个显示就会固定下来，接着就可以选择具体的字符了。再或者通过动画显示"长按可以选择其他字符"这样的提示来说明操作方法等。但不管是哪种方法，对用户来说可能都是不简单的。

请考虑一下如何才能将这个 UI 设计得更好呢？

① 日语中的五十音图（类似于汉语拼音）总共 10 行，每行 5 个字符，"あかさたなはまやらわ"（a、ka、sa、ta、na、ha、ma、ya、ra、wa）就是每行的开头字符。后文的"いうえお"（i、u、e、o）是第 1 行后 4 个字符，"きくけこ"（ki、ku、ke、ko）是第 2 行后 4 个字符。——译者注

图 1-31 长按"か"就会显示出候补字符"きくけこ"（提供者：Kuramoto Itaru 先生）
这里选择"き"的话，就会显示以"き"开头的歌曲，可以从中选歌

悲剧的咖啡机：杯子应该放在哪里？

图 1-32 （左）在美国时经常使用的半自动售货机。（中）旁边有一叠一次性纸杯，
于是就放了一个到半自动售货机的正当中。（右）放好杯子的样子

　　我在美国的大学中看到了图 1-32 这样的卖咖啡的半自动售货机。从照片上可能看不清楚，但是咖啡、意式浓缩咖啡、牛奶咖啡和热巧克力的售价是 25 美分，其他饮料的售价为 50 美分。而且没有纸币的插入口，只能使用硬币。我第一次见到这台半自动售货机时，身上带了三十几美分的硬币，于是决定买杯牛奶咖啡喝，就往半自动售货机里投了 25 美分。

　　如图 1-32（中）所示，投币后我看到旁边堆了很多一次性纸杯，心里想"原来这个半自动售货机是要放好杯子后再买咖啡的啊"，于是就如图 1-32（右）那样在正当中放了个杯子，然后按下牛奶咖啡的按钮。

　　结果如图 1-33（左）所示。牛奶咖啡的牛奶射到了杯子的外侧，完全没有进到杯子里。我当时没有想太多就直接把杯子放在了正当中，但是实际上应该把杯子放到右边。由于杯子放错地方了，好好的饮料就全洒在外面了。那天手头的零钱就只剩几美分了，所以只能打消喝点热饮的念头，郁闷地回去工作。

　　我之所以会把杯子放在正当中，是因为没有很明确的线索提示杯子应该放在哪里（后来又仔细观察了一下，看到右边有一个不明显的凹下去的地方。但是因为那个地方藏在阴影之下，所以不容易被发现）。这台卖咖啡的半自动售货机上的按钮都并成一排，看不出有两个饮料出口，所以以为只要放在中间就可以了，结果却搞错了。

　　另外再提一件事。我在那所大学里认识的一个德国人，一开始以为杯子是内置的，会自动出来，就没有放杯子直接按下了咖啡按钮。结果当然就是只能眼睁睁地看着咖啡哗哗地流出来而无能为力，真是令人伤心的经历呢。我至少意识到应该要放个杯子，他为什么会以为不用放杯子呢？我觉得很奇怪，于是跑到售货机那儿一看，发现了如图 1-33（右）所示的情景——那一堆一次性杯子不见了。那个德国人没有看到"杯子"这个线索，就认为杯子是会自动出来的，结果浪费了 25 美分。

通过以上案例，我们也可以认识到线索的重要性，恰当的线索可以给用户带来很大的帮助。

所以各位在设计 UI 时，请注意要在适当的地方提供清晰易懂的线索。

图 1-33　（左）牛奶咖啡没能流进杯子，全都洒出来了。（右）过了几天杯子用完了

（左）牛奶咖啡没能流进杯子，全都洒出来了。心里好难过，不过觉得必须把这次失败经历记录下来，于是边哭边拍下了这张照片。这里会先出咖啡，然后出牛奶。（右）因为周围没有杯子（都被用完了），所以那个德国人以为不用自己放杯子，直接按下了购买按钮。结果可想而知……

线索和标识

本章围绕线索介绍了各种各样的 UI。

比如有不知道是该拉开还是该推开的门，不知道怎么放出（热）水的水龙头把手，浴室里看不出和出水口（在水龙头和淋浴花洒之间）切换操作有什么关系的切换开关，一不小心就会插入 IC 卡的车票插入口，不知道按钮在哪儿的自动售票机和计算机机箱，被扔入了垃圾的烘手机，不容易被发现页面可以滚动的软件，不知道无线 LAN 开 / 关如何切换的笔记本电脑、咖啡全洒出来的咖啡机等。哪怕只观察这些案例中的一部分，也会发现它们千差万别。

本章中介绍的 BAD UI 之所以会成为 BAD UI，是因为这些 UI 都没有和用户应该要做的"推开""拉开""拧开""滑动""扳倒""放入""触摸""拖动""长按"等实际操作对应起来。

唐纳德·A.诺曼将人类可以感知的行为可能性（设计上的线索）称为"被感知的可供性"或者"标识"（Signifier）[1]（最初，诺曼是使用"可供性"（Affordance）一词来表示这个概念的[2]，但是这并不符合詹姆斯·吉布森创造"可供性"这个词时的

本意，所以就改成了上述说法[3]）。

这里我们还以前言中介绍过的门（图 1-34 左）为例进行说明。从这扇门以及门上装的东西的形状和影子等可以发现有两个略微突出的黑环装在了门上。其次，圆环的上面是通过另一个圆环被固定住的，不会掉下来，因此可以想象该圆环应该可以以上面被固定的部分为中心进行旋转。然后，可以感受到能够抓住该黑环的下半部分向上提起，并把门拉开。也就是说，我们可以认为这里存在"可以将门拉开"的标识。

图 1-34（右）是我 11 个月大的女儿操作窗户开关时的样子。她当然不知道这个棒状物体是什么，但是对她来说这里有"可以握住并扳倒"的标识。而且可能是因为她觉得这个行为很有趣，所以一直在玩这个开关。

本书中提到了很多 BAD UI，其中大部分都是缺少这种标识，或者是标识的提示性太弱，又或者是标识起到了误导性的作用。我们不需要勉强去记住标识或 Signifier 这个单词，不过在观察 UI，特别是发现 BAD UI 时，请注意看一下其中是否有与行为可能性有关的线索。

---

① 设计心理学 2：如何管理复杂 . 唐纳德·A.诺曼著，梅琼译 . 中信出版社，2011。

② *The Design of Everyday Things*. Donald Norman. Currency, 1990。

③ 『ギブソン心理学の核心』（吉布森心理学的核心）. 境敦史，曾我重司，小松英海著 . 劲草书房，2002。

图 1-34 （左）这里有什么样的标识呢?（右）11 个月大的女儿操作窗户开关时的样子。
虽然她不知道那是什么，但是很享受操作本身

总结

本章围绕线索(特别是与行为可能性有关的线索)介绍了各种各样的 BAD UI。与线索有关的 BAD UI 涉及很多方面，比如因线索起了误导作用而让用户搞错开关方法的门，因为没有线索而让用户不知道怎么用的洗手间的水龙头，线索太难懂的平板型 UI 等。

即使是提供恰当线索时能顺利使用的东西，一旦没有了线索会给用户带来巨大的烦恼。而错误的线索更是会让用户陷入混乱。有时他人的行为也会导致错误线索的产生，致使 UI 发生变化。

如果大家有机会设计 UI，请一定要谨记线索的重要性，尽可能地提供简单易懂的线索，而不要加入错误的线索。另外，如果发现了某些人留下的错误的行为痕迹会误导其他用户，就需要尽快采取补救措施。

本章介绍的"线索"这个思考方式，与本书接下来要说的其他主题有着极大的关联。从下一章开始，我会继续根据各章的主题依次介绍一些相关的案例。对于之后的每个案例，希望你也能同时思考一下其中是不是有线索方面的问题。

练习

☞请收集一下门把手的案例。然后根据是推门、拉门、还是滑动门等做一下分类，调查一下开门所需做的操作和设计上提供的线索是否匹配。

☞请收集一下各种带有行为可能性(比如推、拉、放入、拧开)的 UI。讨论该 UI 是否有引发其他行为的可能性。

☞请收集一下浴室或者洗手间里水龙头把手的案例，调查它们的操作方法，并根据操作方法分类。另外，请讨论这些案例中的 UI 哪里好懂、哪里难懂，并说明理由。

☞请收集一下各种 UI 中的各种线索，然后根据线索找出用户没有按照原本意图使用的或者乱用的物品。

☞请对各种 UI 进行详细分类，然后整理出它们分别都有什么问题。

第 2 章

反馈

你是否有过下面这样的经历？按下电视遥控器上的电源按钮，但是电视却没有任何反应，觉得奇怪于是再次按了下遥控器，结果电视在打开的瞬间又立刻关上了；往自动售货机里投币后按下想要喝的饮料所对应的按钮，但是机器却没有反应，不禁疑惑是出故障了还是卖光了；碰到计算机出故障，虽然有出错提示，但是显示的是"4649 ERROR"这样一串看不懂的数字，还是不知道哪里出问题了，很是头疼。

我们将系统针对用户操作做出的反应称为"反馈"。当用户对系统进行了某些操作时，会希望系统可以在适当的时机给出适当的反馈。如果像上面那样没有什么反应或者给出看不懂的反馈，用户就会觉得困扰。所以，不会进行适当反馈的系统瞬间就变成了不好用的 BAD UI。

本章中将会围绕反馈介绍各种各样的 BAD UI，同时说明反馈的重要性，另外也会对因反馈不恰当而产生的问题进行说明。

那么就让我们继续在 BAD UI 的世界里畅游吧。

无法传达信息的反馈

自动售票机的 Error：为什么不能买票？

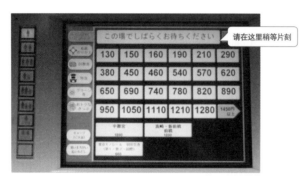

图 2-1　让人感到困惑的自动售票机的 UI。为什么会困惑呢（当时是 2013 年 3 月）

这是在某个车站的自动售票机前发生的事情。一位年轻的女性不停地往自动售票机里塞纸币，但是纸币不停地被吐出来，这让她十分焦急。大该是快到列车的发车时间了吧。但是不管塞了多少次，纸币都原样从插入口被吐了出来。她做了很多尝试，比如纸币正反面分别朝上塞入，展平纸币上有折角的地方，还试过换成其他纸币。到最后她有些焦躁，在塞入纸币后到纸币被吐出来这一很短的时间之内，就去点击金额按钮。

当时我在隔壁的售票机前排队，从旁边看了一会儿，发现了那台自动售票机的问题所在，就告诉那位女性那台售票机有问题，让她赶快别的售票机买票。图 2-1 就是售票机的照片，各位能看出哪里有问题吗？

只要冷静观察，很多人都能发现屏幕上显示着"请在这里稍等片刻"。那位女性就与这个 UI 面对面，却怎么也没有发现这个出错提示。但如果我是当事人，可能也不会发现吧。理由如下。

- **反馈没有带来太多变化：** 乍一看这个 UI 和正常使用时的几乎一模一样，所以直接面对 UI 的用户，看不出这台机器发生了问题
- **反馈太小：** 出错提示太小了，太不显眼了，所以很难注意到发生问题了

- **该反馈会导致误解：** 作为提示发生问题的反馈，塞入的纸币被退回，但是大多数情况下，退回纸币表示读取失败，所以用户会认为大概是纸币有问题

用户很难注意到自己不感兴趣的信息（不在自己关注的地方提示的信息）。用心理学的专业术语来说，这个叫作"选择性关注"。例如，在一个有很多人并且很热闹的地方，周围人所讨论的与自己没有关系的内容虽然能够听见，但是完全可以忽略掉。而另一方面，正在与自己说话的人所说的内容则能够正常听见，自己的名字被叫到也马上就能做出反应（这个现象叫作"鸡尾酒会效应"）。正因为人类的感官会根据自己的兴趣点选择性地做出反应，所以为了防止出现 BAD UI，给出适当的能够吸引用户注意的反馈是很重要的。

在上述案例中，如果可以提供易懂的反馈，比如"将金额部分显示成灰色，给人以无法选择的印象""在屏幕正当中显示一个大大的出错提示""语音提示'系统发生故障。请找车站工作人员解决'"等，那位女性估计就能注意到机器发生问题了（但是如果只有语音提示，听力障碍人士则无法接收到反馈，所以需要和其他反馈方式结合起来）。不过很遗憾，没有这样的反馈造成了用户很难发现问题。

数码相机的 Error：为什么一张照片也保存不了？

以前我常用的数码相机可以用自动模式（自动调整焦距和光圈等设定）拍出好看的照片，而且对焦时间短，所以我非常喜欢。在某次重要的活动上，我用这部数码相机拍摄了数百张活动现场的照片，但回家后去查看的时候却发现不知道为什么只能显示最后拍摄的那一张照片。焦急之下进行了各种确认，"难道数码相机出现重大故障了？还是 SD 卡（用于保存照片的卡）坏了？"最后发现并不是相机发生了故障，也不是 SD 卡坏了，在要取出 SD 卡时我才发现了真正的原因——原来只是单纯忘记插入 SD 卡了。近 10 年以来，我每天都使用相机记录日常生活，每年累计拍摄 3 万张以上，属于频繁使用者。但是不知道为什么，居然犯了这么低级的错误，没有插入 SD 卡就拍照了。

图 2-2（左）是用插图的形式重现了当初拍照时相机的 UI。仔细观察的话，可以看到显示屏左上角的确显示了"NO CARD"，但是是用不显眼的小字显示在了画面的一角，所以很不容易注意到。其实那天不只我一个人用了这台相机，还有很多活动参加者也都轮流使用过，但是没有一个人注意到相机没有插入 SD 卡。

拍摄者一般都将注意力放在画面中间（本图中的白色背景部分），因为那里显示着被拍摄的物体，所以都不会看到左上角的"NO CARD"。如果能像图 2-2（右）那样，在画面中间显示"NO CARD"，那么用户肯定可以看到，也就不会发生这样的问题了吧。实际上到目前为止我也用过很多数码相机，大部分相机都会像右图那样，用较大的文字来提示没有插卡，或者通过闪烁显示的

方式吸引用户的注意力，所以从来都没有发生过如此失败的情况。

这个数码相机最大的问题其实在于：在没有插入 SD 卡的情况下不仅允许拍照，还可以在数码相机的显示屏上显示刚刚拍摄的照片，甚至还可以进行放大缩小等操作。正因为即使不插卡也能正常拍照和查看照片，所以才会让人误认为当时是在正常拍照。一般来说，这种类型的数码相机也会自带一定容量的内存，可以保存数十张照片（比如松下 LUMIX DMC-TZ7 的内存有 40 MB，根据每张照片像素的不同可以保存的照片数量也略有不同，一般在 40~50 张左右）。但是，这台数码相机却被设计成如果没有插卡，新拍的照片会覆盖掉之前的照片，而且最后剩下的那张照片还不能复制出来。

我不确定为什么会设计出这样的功能，但个人猜测是这样的：相机放在店里展示时，对于有购买意愿的用户来说，试着拍摄后能够确认拍摄效果是比较人性化的，而且或许还能有助于提高销售额；但另一方面，如果在用于展示的相机里插入 SD 卡的话，因为任何人都可以试用，所以有被偷卡的风险。也就是说，对于考虑购买的客户和销售商家来说，这种"可以临时拍摄一张照片并且可以马上确认效果"的功能是有用的。但是，这个功能的作用仅限于购买前，购买后就完全没有意义了（反而会引发麻烦）。

这个 BAD UI 会让人产生各种思考，比如"这台相机的开发者是为了满足销售需求而加上这个功能的吗？"虽然不知道真正的原因是什么，不过还是希望设计出来的 UI 不会给实际购买了商品并且经常使用的用户带来困扰。

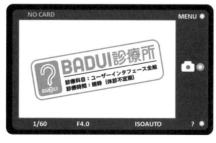

图 2-2 （左）数码相机的显示屏部分（重现当时状况的插图）。（右）希望可以这样提示错误

Web 服务的营业时间：马上就要到停止营业的时间了，但是……

①首页

②输入包裹的相关信息

③输入收件人的相关信息

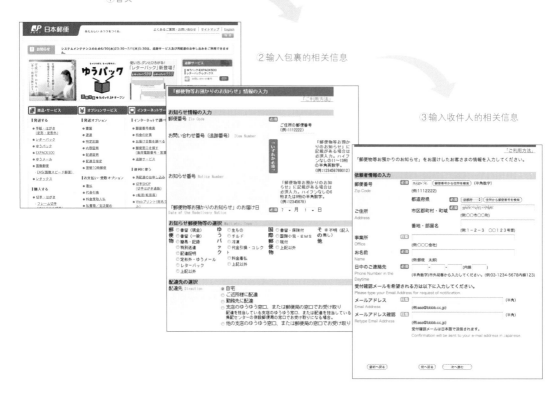

⑤系统维护中……

④输入希望重新配送的时间

图 2-3　重新配送包裹的申请书（当时是 2010 年 6 月）

输入需要重新配送的包裹单号、收到通知单的时间、邮政编码和地址、姓名和电话号码以及希望配送的日期后，显示了如下提示：系统维护中，无法使用物流追踪服务

图 2-3 展示了在日本邮政的官网上申请重新配送包裹的流程。由于我经常出差不在家，所以会在网上指定日期和时间要求重新配送，这个服务真的非常方便。有一天，我又收到了货物送达无人签收的通知单，于是和以前一样打算在网上申请重新配送。

首先，根据通知单上的信息访问邮局的网站，然后选择申请重新配送，画面就会跳转到申请重新配送的页面（①）。在该页面中填写通知单编号以及收到通知单的日期和种类（②），然后填写邮政编码、地址、姓名、电话号码（③），并且从候选日期列表中选择希望重新配送的时间（④）。但是完成后则显示⑤的页面，上面提示着"系统维护中，无法使用物流追踪服务。预计于 7 月 1 日（星期四）5:30 完成维护，届时可以重新使用该服务。"

网站的确需要维护，这一点上我并不认为有什么问题，没什么好抱怨的，但还是会觉得"如果是在维护中的话，那么在一开始的时候就不应该允许填写申请重新配送的信息啊，或者提示一下马上要开始维护了也好啊……"

不过后来为了写这本书，我盯着图 2-3 中的①看了半天，这才第一次发现页面上显示了如图 2-4 这样的系统维护通知：由于系统维护，6/30（星期三）23:30 ~ 7/1（星期四）5:30 无法使用物流追踪服务以及申请重新配送服务。由于没有保存完整图片，所以已经无法确认访问每个页面时的准确时间（截屏的时间）了。但至少有一点是肯定的，那就是访问①的页面时是在 23:30 之前，也就是说网站在维护开始前就已经通知用户了。但是一直以来，我在上课时都有用到过这张图片，却从来没有注意到这条通知。这是为什么呢？

在这个日本邮政的网站上，显示 LOGO 的页面顶端以及菜单栏等地方都大面积使用了红色，而通知栏的背景是黄色的。和黄色相比，红色更为显眼，所以通知就不那么醒目了，所以不容易被注意到。如果要比红色背景＋白字的组合更加突出的话，可以考虑动画形式，不过这样可能又会因页面杂乱而让用户厌烦。

将系统当前的状况以及接下来的计划告知用户是非常重要的，但是根据时间给出适当的提示来告知这些内容又是非常困难的，而且开发成本也不可小觑。这次还只是浪费了些时间，没有造成什么重大问题，但如果是在汇款或者收发商品订单这种突然开始系统维护会导致发生纠纷的情况下，或者是会频繁发生维护的情况下，就需要好好考虑这个问题了。

お知らせ システムメンテナンスのため6/30(水)23:30～7/1(木)5:30は、追跡サービス及び再配達のお申し込みをご利用できません。

图 2-4 由于系统维护，6/30（星期三）23:30 ~ 7/1（星期四）5:30 期间无法使用物流追踪服务以及申请重新配送服务

HDD 录像机的陷阱：为什么预约录像会失败？

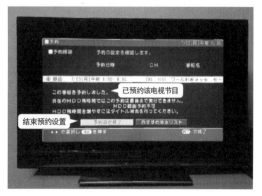

图 2-5 HDD 录像机的录像预约界面

（左）只要从节目表中选择想要录下来的节目，节目相关信息会自动输入。

（右）提示了"已预约"，但是……（提供者：奥野伸吾先生）

随着 HDD 录像机（Hard Disk Recorder）的出现，相比以前使用录像带的录像机，人们可以更长时间、更加轻松地录制电视节目。而且预约录像的操作也方便了很多，比如可以从电子节目表（将报纸上的节目表电子化，使用户可以直接对其进行操作）直接指定想要录下来的电视节目等。但是，即使是用 HDD 录像机来预约录像也还是会出现各种问题。可能因为预约录像是对将来的时间进行的操作，所以无论如何都很容易变成 BAD UI。

图 2-5 是某学生家里的 HDD 录像机的 UI。只要从电子节目表中指定了想要录下来的电视节目，就会变成图 2-5（左）的状态（照片里的字比较小，可能看不太清）。录像日期、开始时间、结束时间、保存地址、录像模式、是否延长等设定都已经自动输入了。然后只要按下遥控器上的"确定"按钮，画面中已经处于选中状态（显示成黄色）的"完成"按钮就会被点击，也就完成预约录像了。如果是以前，还需要先去查播放电视节目的频道编号、开始时间、播放时长等，然后再把这些信息输入进去，相比之下现在真是太方便了。但是，这个系统里存在一个陷阱。

仔细看图 2-5（左），可以看到在画面中间有一行白字"HDD 剩余时间：0 小时 07 分钟""本次预约时长：0 小时 50 分钟"。也就是说，剩余时间小于预约时长。但是这时点击"完成"按钮的话，也会像图 2-5（右）那样提示完成预约。图 2-5（右）中显示了一段警告："已预约该电视节目。目前的 HDD 剩余时间不足以将本次预约全部录完。无法预约录像。请通过删除标题来增加 HDD 剩余时间。"这说明节目无法全部录完。可是用户只看到了开头的那句"已预约该电视节目"，以及处于选中状态的"结束预约设置"的按钮，所以没有发现问题。

如果在这样的状态下通过遥控器点击"结束预约设置"进行录像预约的话，只会录下最开始的 7 分钟。很期待看到这个电视节目的用户发现只看了 7 分钟就结束了，应该会相当失望吧。

像这种发生了某些问题的情况下，需要向用户进行反馈，明确告知发生了什么问题。尤其在本案例中，即使录下了最开始的几分钟也没有任何意义，所以通过简单易懂的反馈将问题内容正确传达给用户是很重要的。比如，可以使用不同颜色的文字来显示警告内容，而不是采用和其他内容同样的颜色；或者提示"是否接受无法录制到最后？"这样的问句，必须要用户按下"接受"按钮后才能录制。另外，如果剩余时间不充足，在显示"已预约该电视节目"的状态下（图 2-5右），即使只是将处于选中状态的按钮改成"建议删除列表"，而不是"结束预约设置"，也能更容易引导用户注意到问题吧（因为这样如果用户想要结束预约设置就需要改变选中按钮）。

人们通常都只会将目光停留在自己感兴趣的地方。因此为了保证用户能够正确使用，需要让他们对原本不感兴趣的内容产生兴趣，唤起他们的注意。

▎让人发慌的自动取票机：不处理两张卡！

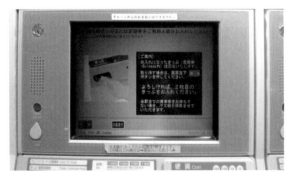

图 2-6　不能插入两张 IC 卡的自动取票机（左）操作界面。（右）插入口

这是我和妻子使用 Express 预约服务（新干线的一种会员制预约服务）预约了两个人的新干线座位，在品川站的自动取票机（图 2-6）上取票时发生的事情。我和妻子是乘坐在来线[①]到品

---

① 日本除新干线以外的所有铁道路线的总称。

——译者注

川站的，为了核算车费需要出示到品川站的车票、定期票或者在来线 IC 卡（Suica、ICOCA 或者 PASMO 等）。我和妻子用的都是 IC 卡，所以妻子将 IC 卡给了我，我试图将两张 IC 卡一起插进去。但是，插入一张 IC 卡后，插入口就关闭了，无法继续插入第二张卡。发车时间马上就要到了，所以我开始有点慌张，心里一直在想"出故障了？""我搞错插卡的地方了？"

我先取消了操作，确认了插入口后再次尝试，不过第二张卡还是不能插进去。没办法，只能去服务窗口，才在最后时刻拿到了票。当时因为要赶新干线，所以没有特别注意，后来我又另找机会仔细观察了一下这个取票机，发现如图 2-7（左）所示，在屏幕下方贴了一张说明："在来线 IC 卡只能处理一张，如果是两位以及两位以上的乘客，请到有工作人员的服务窗口办理。"而且，从图 2-7（右）中可以看到在屏幕上方还有这样一句提示："Suica 只能处理一张。"也就是说，这两个注

意事项我都没有看到。

前文已反复说明过，当用户满脑子想着某件事时，很容易忽略这种提示。尤其是在用户已经习惯于该操作或者比较着急时更加容易注意不到。可以说在这种情况下是否能够给用户提供简单明了的反馈，正是考验 UI 设计者能力的地方。

而且，从系统的角度来说，"插入一张 IC 卡后插入口就关闭了"本身就已经在提示用户无法插入第二张卡了。但是画面上的提示文字"Suica 只能处理一张"实在太小，不容易被发现，用户怎么也想不到还有这种限制，所以该反馈没有达到预期的效果，还是让用户陷入了困扰之中。

如果要不花什么钱来改善这个问题，我认为可以在 IC 卡插入口的边上像图 2-7（左）这样贴一张说明。该案例非常适合用来锻炼思考如何告知用户发生了问题，请各位思考一下有什么改善方案吧。

图 2-7 （左）虽然贴了一张"在来线 IC 卡只能处理一张，如果是两位以及两位以上的乘客，请到有工作人员的服务窗口办理"的说明，但是用户在操作过程中很难注意到它。（右）用小字提示的"Suica 只能处理一张"

自动售票机的注意事项：买错票就会被罚款，但是却……

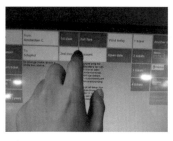

图 2-8 如果在这台自动售票机上买错了票就会被罚款（当时是 2007 年 7 月）
（左）应该按下 Full fare（全价金额），却按下了 Discount（打折金额）。
（中）手掌下面显示了注意事项。但是用的是黑色字体，没有任何强调性。
（右）没有选择 Discount 的时候并不会显示注意事项

荷兰和日本不同，在乘坐轨道交通时，不管是多么大的车站，都不会有检票这个环节（不仅仅是荷兰，欧洲很多国家都可以自由进入站内，除了远距离的特快列车等，在上车之前都不会检票。

而在日本，像我的老家，有些无人车站不用检票，但是有工作人员的车站都需要检票）。但是另一方面，逃票或者购买错误车票的行为会被严格处理，在列车上偶尔会有人来检票，这时如果被抓到了，

就会当场受到重罚。也就是说，他们采用的方针是"通过高额罚款制度来抑制逃票行为"。

图 2-8 是和我在荷兰国际机场站看到的自动售票机同款的机器（后来在别的车站看到后拍下来的）。在这台售票机上买错了价值数百日元（约合人民币数十元）的票，导致我在到达荷兰的当天就支付了相当于 8000 日元（约合人民币 437 元）的罚款。图 2-8（左）中所有菜单都已经打开了，实际操作时是从左边开始选择，然后就会在右边依次显示出下一层菜单。在这里我输入 From（上车车站）、To（下车车站）和 2nd class（座位类型）后，选择了 Discount。

其实这里需要选择 Full fare（全价金额），但是我却错误地选择了 Discount（打折金额）。按下 Discount 后，该列下方、被手掌挡住的地方会马上显示出一排小字提示。图 2-8（中）是为了阅读这段信息而挪开手后的样子。像素比较低可能看不清，这段提示写的是"打折票只有专卡持有人在乘客较少的时间段才能使用"（Discount only for cardholders for off-peak travel with：Voordeelurenabo. Jaartrajectabon. OV-studentenkaart. Samenreiskorting）。但是没有提到会被罚款这件事。

这个提示的问题在于用很小的黑色字体显示，而且在显示出来的瞬间就会被手遮挡住。所以在移开手去选择下一项时，会误以为这是原来就显示着的内容，而没有注意到提示信息的出现。顺便说一下，当选择的是 Full fare 时，什么提示都不会显示，如图 2-8（右）。

因为买错票是要支付罚款的，所以最好能显示一个很大的 WARNING，或者用红色字体提示"无卡乘车，必罚重金"，以便唤起人们的注意。一不小心买错票了是我的责任，但是罚款制度的目的是惩罚逃票行为，希望不要为难并不打算做坏事的人。比如游客，都已经花钱来这儿了，还干逃票这档子事几乎是不可能的，所以有必要在用户进行错误操作时就给出简明易懂的提示。目前这个 UI 对游客来说实在是一个 BAD UI。

当我将这件事告诉常住荷兰的日本人时，他说"即使是当地人，也用不好那个自动售票机，我以前也被迫支付过罚款"。所以对游客以外的人来说，这可能也是个 BAD UI。相信大家可以从本案例中明白，为了不让用户因为错误的判断或者操作而蒙受损失，在张贴注意事项时需要多多考虑用户的实际使用情况，贴在目所能及的地方。

iPhone 的电子计算器：2500 ÷ 50 ＝？

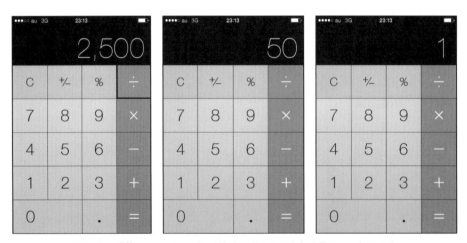

图 2-9　计算 2500÷50 后得到的结果是 1！？（当时是 2014 年 7 月）

拥有 iPhone 或 iPad 等设备（iOS 7）的各位请打开电子计算器应用，试一下 2500÷50 的计算结果是什么（图 2-9）[1]（没有 iPhone 和 iPad 的读者可以参考我准备的一段视频[2]）。在以前的授课中也介绍过这个案例，很多人都惊呼"算出来是 1！"这是为什么呢？当然，这不是计算器应用的 Bug。

---

① 使用 iPhone 的计算器计算 2500÷50 的结果"wwwwww"。http://hayabusa.2ch.net/test/read.cgi/news4vip/1390299779/

② http://badui.info/

如果要使用 iPhone 的计算器应用计算 2500 ÷ 50，首先要输入 2500 这个数字，然后按下 ÷，此时画面上并没有什么变化。接下来再输入 50，于是原来显示着的 2500 消失，改为显示 50。最后要显示计算结果时按下 =，但是按下后画面完全没有变化。心想"好奇怪啊？难道没有按中？"于是又按了一次 =，结果就显示成了 1。

这是因为第一次按下 = 时显示的 50 就是 2500 ÷ 50 的计算结果，但是因为输入 50 这个数字后的状态和得出计算结果 50 的状态，在显示上完全没有有变化，所以用户没有想到显示的就是计算结果，而是误以为之前的按下操作没有被识别，于是再次按下了 =，结果就又进行了一次 50 ÷ 50 的运算，显示出了 1 这个结果（一般的计算器上，按下 = 会重复进行最后一次的运算，在本例中就

是重复进行了"÷ 50"的运算）。而且对智能手机（平板终端）来说，无法识别触摸操作恰恰也不是什么罕见的事。这一点真是引人深思呢。

按下 = 时，如果有肉眼可以辨认的画面变化（比如 50 这个数字先消失，过数十毫秒后再显示出来），就不容易发生这样的问题了。反馈的提示要在充分考虑人类的能力，太慢会让人焦躁，不行；太快则用户反应不过来，也不行。

由于某些操作导致显示内容有变化时（在本案例中，即输入的 50 和计算结果的 50），希望可以通过某种提示告知用户。本案例十分有趣，说明了快速处理不一定是件好事。今后计算机的性能无疑会越来越好，但是希望大家在设计 UI 时注意不要出现本案例中这样的 BAD UI。

自动售券机上的灯：为什么会误以为餐券都卖完了？

图 2-10 投入 500 日元后的自动售券机。餐券都卖完了？（当时是 2013 年 3 月）

在某大学的食堂里，朋友往自动售券机里投币后选择食物时，发现不知如何下手，看起来不仅是想吃的那种，几乎所有食物的餐券都已经卖完了（图 2-10）。不过实际上并非如此，那么为什么我朋友会误以为餐券已经卖完了呢？

通常往自动售券机里投币后，可以购买的餐券所对应的按钮里就会亮灯。这个售券机的按钮上也有黑色的区域，以前投币后这里就会亮起红色的灯。但是那天明明投入了 500 日元，400 日元的"H&V 平衡"、430 日元的"炸鸡块套餐"和 300 日元的"咖喱饭套餐"等按钮上的灯都没有点亮，所以才会让人以为是不是卖完了或者出故障了。

图 2-11（左）是以仰视角度拍摄的自动售票机。从这张图中可以看到表示"可以购买"的红

色小灯被标签遮盖住了。这些标签本来是没有的，应该是出于某种理由才贴上去的。为什么贴标签的时候把"红色小灯"遮得那么严呢……本案例中，贴上的标签导致系统的反馈被遮住了，结果就出现了 BAD UI。现在我有时候也会去使用这台自动售票机，但还是会遇到问题，无法习惯。因为这个标签看似没有什么意义，所以我认为可以通过撕掉或者缩小标签的方法来改善这种状况。

顺便提一下，如果真的卖完了，会如图 2-11（右）这样显示 ×。这个标记没有被标签挡住，所以是可以正常看到的。对用户来说反馈是很重要的，如果出于某种目的需要贴一些标签，那也希望在贴的时候能够注意不要和反馈重叠。这个 BAD UI 告诉我们要注意贴标签的地方。

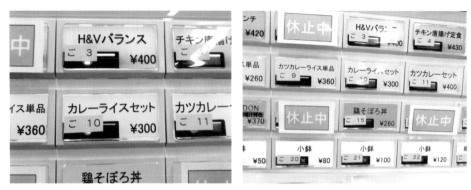

图 2-11 （左）被标签挡住了。（右）可以看出已卖完（当时是 2013 年 3 月）

关掉声音的按钮：怎样解除呼叫？

图 2-12 （左）洗手间的呼叫按钮。（右）起居室的操作面板（提供者：山本黎先生）

图 2-12（左）是某学生家的洗手间里安装的呼叫按钮。如果发现厕纸用完了，或者在上洗手间时突感身体不适，按下该按钮后，家里各个角落都能听到呼叫铃声，家里人就能及时赶到洗手间提供帮助。

而图 2-12（右）则是同一个家庭的起居室里安装的控制系统，管理着全家的各种信息（客人来访、火灾、煤气泄漏等）。前文中提到的洗手间的呼叫按钮就与该控制面板是同一系统，一旦按下呼叫按钮，显示器上的"通报"图标就会显示为橙色，整个家里都能听到呼叫铃声。不过这个按钮安装的位置不太好，刚好在手一不小心就会碰到的地方，所以经常会发生误按的情况。

那么问题来了，要怎么通过图 2-12（右）里的控制系统来解除该通知（呼叫铃声）呢？

一定有很多人都注意到"关闭警报声"这个按钮了吧，是不是觉得只要按下这个按钮就可以关闭呼叫铃声了呢？实际上我当时就是这样认为的，就连提供该案例的学生本人一开始也以为是这样的。会这样考虑的原因是，按下呼叫按钮后的反馈是"通报"图标显示为橙色以及播放呼叫铃声，而要解除这种状态，按下"关闭警报声"

按钮看起来是一个比较合适的做法。

但是实际上要关闭呼叫铃声，应该按下的是"恢复"按钮，而不是"关闭警报声"按钮。不过由于系统反馈的提示信息（"通报"图标显示为橙色以及播放呼叫铃声）和操作线索（"恢复"这个标签）之间的关联性很弱，所以大家都没能一下子就掌握操作方法。

"警报声"大概只是指火灾或者煤气泄漏等紧急时刻发出的声音，洗手间的呼叫铃声并不包含在内。但是出于"通报"这个词平时给人的印象[1]，人们就会自然而然地认为由"通报"发出的声音，可以通过"关闭警报声"来关闭。一开始就会选择使用"恢复"按钮的人应该很少吧。

这个案例说明，在给用户提示信息时一定要选择适当的表达。这一类安全监管系统简直就是 BAD UI 的宝库。因为这是用于防止外部入侵、保护机密信息的重要设备，所以希望能尽量提高其可用性（图 2-13）。

---

[1] "通报"在日语中的本意是告知他人信息或信息本身，较常用于"通报警察"（警察に通報する）这样的短语中，而"报警"这个词也常用于紧急时刻，所以两个词给人的感觉很接近。——译者注

图 2-13　这是我每天都要使用的开锁／上锁系统。根据房间的"开锁／上锁"这两种状态以及"持续开锁／解除持续开锁"这两种状态的组合，一共有 2×2 = 4 种模式，不过由于操作顺序的限制以及反馈不清晰，我始终都无法熟练操作

提示信息内容的重要性

输入格式的 Error：所谓的无法识别的字符是指什么？

图 2-14　输入转寄地址信息的页面（左）显示了出错提示。（右）确认输入内容的页面（当时是 2013 年 4 月）
（左）显示了一个出错提示："＊＊ 门牌号・单位名称中输入了无法识别的字符。请确认并改正。"所谓的无法识别的字符到底指的是什么呢？"（右）这次没有显示出错提示，说明无法识别的字符应该是指半角英文数字和半角空格

最能体现出反馈重要性的，应该是各种系统中显示的出错提示。这里首先要介绍的就是这种与出错提示相关的 BAD UI。

上图是日本邮政旗下一个受理包裹转寄服务申请的网站。该网站系统在前文中就有提到过，可以在线申请重新配送或者修改配送地址等，十分方便。

之前有一次我因为无法签收寄往家里的包裹，而且之后也要忙于工作，就想让他们把包裹转寄到大学研究室。登录该网站后，我开始输入相关信息。首先指定了邮政编码，然后依次填写了配

送地址所在的都道府县以及市区町村①的名字、门牌号、单位名称、收件人姓名和电话号码等必填项目。多亏该网站上可以通过是否带有红色标记来区分哪些项目是必填的，哪些项目是可以不填的，一目了然，所以没有出现由于漏填而导致被要求重新填写的情况。全都填完后我就点击了"下一步"，结果却变成了图 2-14（左）的状态。虽然可能不是那么容易被发现，不过可以看到在画

---

① 日本的行政区划。都道府县相当于中国的省、自治区和直辖市；市区町村相当于中国的市或区。
——译者注

面上方有一段出错提示："** 门牌号・单位名称中输入了无法识别的字符。请确认并改正。"我在该处输入的内容是"4-21-1 明治大学中野校区 1007 室"。这里面哪个字符不能被识别呢？请大家思考一下。

我一开始以为是自己输入了显示效果取决于机型的字符[①]。但是查了一下输入的字符，并没有发现有这样的字符混在里面，而且这个是日本的网站，所以不可能是日语字符的部分出问题。

在进行了各种各样的尝试均告失败之后，终于发现只要将数字和破折号（减号）等所有字符都用全角输入，并且删除半角空格，输入的内容就可以被正常识别了，如图 2-14（右）所示。这样看来，无法识别是因为输入内容含有半角字符（这只是我根据反复尝试的结果进行的推测，并不一定是真正的原因）。比如，输入数字时必须要输入全角的"１ ２ ３ － ４ ５ ６"，而不可以是半角的"123-456"。半角的数字、破折号和空格等不是前文中提到的"显示效果取决于机型的字符"，所以即使是经常使用计算机的人也无法马上意识到原来是这些字符没有被识别。而且针对这一栏中要填写的字符类型并没有明确指定需要用全角字符。在输入配送地址的邮政编码和电话号码时有明确要求使用半角字符，在输入配送地址时却没有这种要求，而结果正是这里输入的半角字符导致出错了，这个 UI 真的很难掌握呢。

在本书第 6 章关于一致性的说明中也会讲到，这个世界上有很多 UI 都存在类似的问题。不仅仅

① 只有在特定的计算机环境（比如 iOS 等）下才能使用的字符。如果在其他环境下使用会导致产生乱码（字符无法正确显示，会显示成一串看不懂的字符）。比如在英文网站上输入日语里的汉字就可能会出现乱码，还有在 Windows 下输入的半角片假名到了 MacOS 上可能就显示成乱码了。

是全角半角的问题，还有是否带破折号、片假名平假名混在一起等情况。由系统来进行全角半角的转换应该没有什么难度，希望系统有能力完成的事能尽量由系统来处理。如果必须要输入全角，最起码也应该在显示出错提示时明确告知用户哪个字符有问题。

图 2-15（左）是在填写澳大利亚入境申请资料中个人信息的部分时出现的出错提示："姓里含有不恰当的字符。"我先是一惊，转念一想马上明白了，"哦，是因为不能识别日语这类全角字符吧"，不过没有这方面知识的人遇到这种情况还是会一头雾水，不知道到底哪里出问题了。当然，因为有提示"请确保您输入的内容和您所持有的护照保持一致"，所以只要按照护照上的英文字母输入就可以了。姓名和颁发机关之类的信息不一样，是不会被忘记的，所以不用拿出护照就可以直接输入。不过，输入框的左侧有用日语写着"姓""名"，所以当时不自觉地就用日语输入了。不管怎么说，希望 UI 设计者能在出错提示上下点功夫，比如不仅要告诉用户有错误，还要明确地提示"请使用半角英文数字"。

下图 2-15（右）是我在 Twitter 上发私信时弹出的出错提示："该私信无法发送。"因为没有说明无法发送的理由，所以为了弄清楚原因我费了九牛二虎之力，最终了解到 Twitter 上在发送的私信内容中不能含有 URL。为了给用户减少这些原本不需要耗费的精力，希望 UI 能够在提示出错时明确告知理由（现在（2014 年 11 月）好像已经没有这样的限制了）。

通过以上案例，相信你已经能够理解，作为反馈信息提示的内容是很重要的，如果提示得不清不楚，就会给用户带来不必要的麻烦。

图 2-15 （左）"姓里含有不恰当的字符"（当时是 2011 年 9 月）。（右）"该私信无法发送"（当时是 2014 年 10 月）

确认类型的提示信息：真的可以按下"OK"吗？

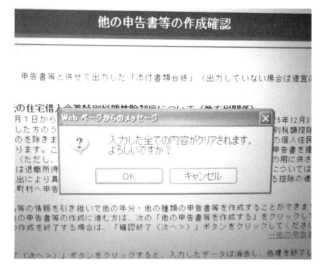

图 2-16　让人感到不安的提示信息（当时是 2014 年 3 月）

接下来要介绍的案例也能说明提示信息的内容何其重要。图 2-16 是我在申报税金时使用的申请系统的页面。因为没怎么用过这个系统，所以我是在工作人员的帮助下进行操作的。花了十几分钟的时间输入了各种信息后，点击按钮要进行下一步操作时弹出了一个很有冲击性的提示信息："所有输入信息将被清空，确定要继续吗？"如果是你，会有勇气按下对话框中的"OK"按钮吗？

此时我必须在"OK"和"取消"中二选一，但是既没有看到其他补充说明，又不愿意承担十几分钟的劳动成果就这样消失的风险，所以很是纠结了一番。那里的工作人员一个人要应对十几个申请人，已经忙得不可开交，我也不太好意思找他们帮忙。但是由于一直没有找到其他的解决方法，所以最后还是找工作人员帮忙看了一下，工作人员看了一眼说"如果没有要修改的地方就按下 OK 吧"。"果然就是要按下 OK 的啊"我一边想一边按下了"OK"按钮。在这个对话框中按下"OK"表示所有操作都已完成，页面会回到初始菜单的状态，所以才会出现"所有输入信息将被清空"这样的提示。如果是这样的话，直接提示"按下 OK 按钮后，将完成本次操作。之前输入的内容将被清空，确定要继续吗？"岂不是更清楚明了？

这个案例可以充分说明，提示警告时应该使用易懂的语言，消除用户的不安。而且，当时坐在我隔壁的人后来也提出了相同的问题，可见整个日本应该已经有无数人有过同样的疑惑了（实际上，在该提示弹出之前，页面上有显示"按下'完成确认'（下一步）按钮后，输入的信息都会清空，完成处理"这样一段话，不过很少会有人能耐心读完页面上所有内容的）。

相信大家在使用计算机的过程中都遇到过"发生了严重错误""404 Error"这样的出错提示吧。这样难懂的提示比比皆是。研发系统的人很少会进行错误的操作，即使发生了问题当事人也知道原因，所以可能无法体会到其他人看到这些提示时的感受（我对自己开发的软件里的提示信息也是如此，基本每条信息的意思都知道）。不过有时候很难想象什么样的用户会来使用该产品，所以还是会使用专业用语，导致用户一头雾水。当有一些信息需要提示用户时，希望可以注意一下用语，尽可能做到准确表达。这就跟人与人之间的交流一样，需要注意措辞。

取消按钮的意思："要取消吗?""取消 /OK?"

图 2-17 （左）"要取消下载 machichara[①] 吗?""取消 /OK"（提供者：铃木凉太先生）。（右）申请的最终确认

图 2-17（左）是某智能手机软件在要取消下载时弹出的对话框。该对话框在询问是否要取消下载 machichara 的同时，还有两个按钮："取消"和"OK"。那么如果想要取消下载，应该按下"取消"还是"OK"呢？理由是什么？

该案例的麻烦之处在于一般 UI 里使用的"OK"和"取消"这两个按钮名称，和该软件的提示信息中提到的"取消"这个动作混淆在了一起。这里如果想要取消下载，应该按下"OK"按钮。这个 BAD UI 告诉我们，需要注意结合提示信息的内容来理解每个按钮的意义。

怎样修改用户才不会混乱呢？在该 BAD UI 中，我想到的改善方案有将按钮上的文字从"OK""取消"改成"是""否"，或者将提示内容

改成"您要中止下载 machichara 吗?"大家也一起来想想妥善的解决方案吧。

其实图 2-17（左）中的情况倒是不会出什么大问题，但是这种提示信息内容和按钮的组合会导致用户感到混乱，让一些诈骗网站有机可乘。图 2-17（右）是某服务的申请确认页面。在申请过程中关于使用该服务的费用完全没有明确说明（采用的文字描述甚至让人觉得服务是免费的），但是到这个最后的确认页面时突然提示了如图所示的内容。看到这样的提示，用户很容易按下"取消"按钮。但是提示内容中明确写了一句"如果要取消的话请按 OK"，所以如果要取消需要按下的是"OK"按钮。这显然是想钻空子，利用用户的粗心大意来进行诈骗。请各位一定要小心这种具有欺骗性的 UI（关于具有欺骗性的 UI，会在第 9 章中详细说明）。

① 手机待机画面上的动画角色，会一直动来动去，并且在有邮件或者未接来电时发出通知。——译者注

店铺门前的提示板：今天的营业结束了？

图 2-18 "不好意思，已经休息了。"今天的营业结束了吗

这是有一次我想去工作单位附近的一家咖喱店吃咖喱时看到的。如 2-18 图所示，店铺门上挂着一块牌子，写着"不好意思，已经休息了。"我一边想"真遗憾啊，本来想吃咖喱的"，一边走向其他餐厅解决了那顿饭。但是回来的路上却发现上图的咖喱店是营业中的。那天特别想吃咖喱，所以有些懊恼："原来这家店没有休息啊？"（这家店在不同的日子营业时间会有所不同，这也是我会误会的原因之一……）还有一次，在一家店前看到门上挂了块"今日已售罄"的牌子，于是放弃了想要吃的食物，结果后来经过时却发现这家店也在正常营业中。前一天结束营业时或者售空后挂出的"不好意思，已经休息了""今日已售罄"这样的牌子，直到第二天开始营业前都一直挂着，于是就产生了上面这些误会。

类似的情况并不少见，餐饮店门前的"今日营业已结束"或者"今天休息"这些提示牌没有及时摘掉，导致客人在店铺开始营业前看到这些牌子，产生误会而转身离去。

还有一次，我想去打个病毒性流感的预防针，于是打电话到某诊所咨询，结果被转到了语音电话"今天的工作时间已经结束，请明天 11 点以后再来电"。我下意识的想法是今天诊所不开门吗？但看了一眼时间发现才上午 10 点半，猜想这个语音电话可能是昨天设置的，于是过了 11 点后又试着打了个电话，此时诊所已经开始上班，所以有工作人员受理了我的电话。

像这种店铺门口的提示牌和语音电话等都是很细节的东西，但是不注意的话可能会导致商家错失一些商机，所以也是需要注意的。提示牌上写些什么内容，语音电话应该录成什么样，都需要深思熟虑一番。

在这种情况下也有自己设计 UI 的机会。此时，为了保证营业额，需要各方面都考虑到，包括会有用户在预计外的时间点或者情况下接触到 UI 的可能性。

信息发送错误：超过字数限制了！

 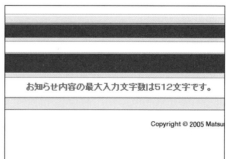

图 2-19 （左）新建通知页面。（右）出错提示"通知内容最多允许输入 512 字"（当时是 2009 年 6 月）

这是某大学的教学辅助系统。由于需要联系所有听课的学生，所以就在该系统中输入了通知内容，并进行了一番推敲，确认无误之后按下了"发送"按钮，结果系统却提示"通知内容最多允许输入 512 字"（图 2-19）。"好不容易才写好的内容，如果有字数限制的话一开始就应该提示的啊"我一边这样想着一边使用 Microsoft Word 的字数统计功能将通知删减到了 500 字，再次尝试发送，结果还是提示"通知内容最多允许输入 512 字"。"难道在计算字数时是按照半角字符来算的，所以才超过字数限制？"于是又大幅度删减了一把，终于发出去了。

因为没有进行各种尝试，所以不太确定实际上是什么样的，估计在这个系统里半角字符需要控制在 512 字符以内，而全角字符则需要控制在 256 字符以内[①]。如果字数有限制的话，最好可以

① 因为在日语的字符编码常用的 Shift-JIS 中，全角字符为 2 字节，半角字符为 1 字节。

提示是什么样的限制（半角还是全角）以及当前已输入的字数，这样用户就不会感到混乱了（比如，Twitter 上的发言有字数限制，所以就会实时显示还可以输入的字数）。

顺便再说一个案例，其他大学的教学辅助系统里虽然有提示"输入内容请控制在 1300 字以内"，但也还是会有一些问题（图 2-20）。进行各种验证后我发现，该系统中不区分半角字符和全角字符，一共允许输入 1300 字。但是，问题是如果输入了 URL，该 URL 会被系统擅自转换成 Link（比如，输入 http://badui.org/ 后系统会自动将其转换成字符串 <a href="http://badui.org">http://badui.org/</a>），导致实际统计字数大于表面上看到的字数。我一开始完全没有发现有这样的设计，吃了不少苦头。

大家在设计 UI 时，一定要注意别做出这样的 BAD UI 哦。

图 2-20 "输入内容请控制在 1300 字以内"（当时是 2014 年 1 月）

信息传达时机的重要性

恼人的 ATM 搜索系统：先选择町再选择丁目再选择番地[②]……

某日，妻子要我帮忙查一下冲绳的首里城附近是否有新生银行的 ATM，于是我访问了新生银行的官网，看到了图 2-21 这样的搜索方式——按照 ATM 的地址搜索。

一边感叹现在真是方便啊，一边输入"那霸市"开始搜索。此时作为候选提示，显示出了冲绳县那霸市的所有町名。一边想着这个搜索引擎好厉害一边选择了"首里金城町"，接着就出现了选择丁目的界面。不可能每个丁目都有新生银行，"难道便利店或者邮局里的 ATM 机也能被搜到？"

带着这种疑惑我选择了丁目，然后又出现了选择番地的界面。到这儿我就有了不好的预感，不过还是随便选了一个，结果显示指定地址的 5 km 范围内都没有找到相应信息（顺便提一下，首里金城町里没有号，如果地址里有号的话后面还会继续显示选择号的界面）。既然 5 km 范围内都没有的话，当初还继续让我选择丁目和番地有什么意义啊？我一边抱怨一边回到了最初的页面，在"那霸市"周边进行搜索，但是即使是在这么大的范围内（那霸的 5 km 范围内）依然还是显示"没有

② 日本的行政区划。町相当于中国的市或区；丁目是街道的单位；番地则是比丁目小一级的单位，通常指某一建筑物群或区域；比番地更小的单位是号，一般就是指具体的建筑物了。也有市或区中番地就是具体的建筑物，下面没有号的划分。——译者注

找到相应的信息"。后来我做了很多调查，才知道　那霸市就是没有新生银行的 ATM。

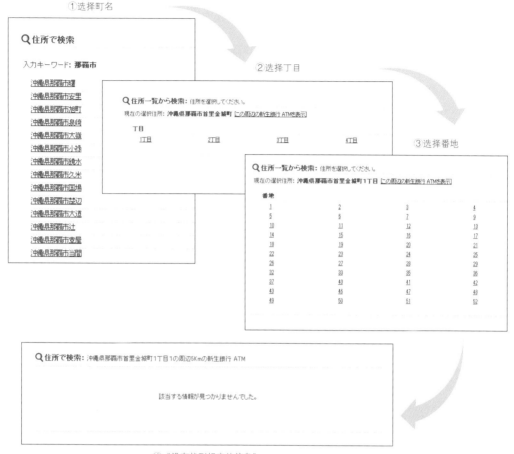

④ "没有找到相应的信息"

图 2-21　新生银行的搜索界面以及交互（当时是 2014 年 1 月）

如果本来就一家都没有的话，从一开始就不应该显示候选列表。从这个意义上来说，很难理解为什么设计者会做出这样的 BAD UI。也许只是掌握了日本全国范围的地址列表和经纬度的对应关系，并将之应用在搜索系统中。我能理解有资源就想用起来的心情，而且思考为何称之为 BAD UI 也是件有意思的事，但是作为大型企业来说，

在给用户提供服务时，希望能多站在用户的角度来考虑事情。

在该 UI 上搜索信息时，如果可以像图 2-22 这样，在提供关键字的同时也提供当前的搜索结果数量，以及缩小范围后的搜索结果数量，并且只可以搜索实际存在的信息，那么就可以减少给用户带来的麻烦吧。

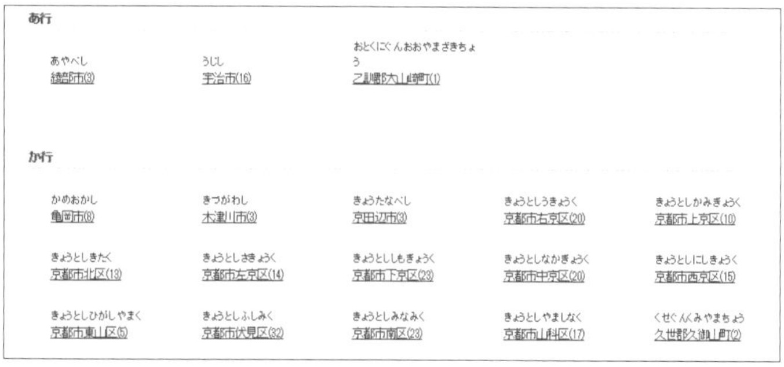

图 2-22　在 SEVEN 银行的 ATM 搜索系统中，搜索结果是以 "地名（数量）" 的形式显示的（当时是 2014 年 11 月）

另外，新生银行 ATM 搜索系统的初始页面如图 2-23 所示，会显示"例）东京都中央区日本桥室町""例）东京站"。如果这里直接按下搜索按钮的话，会提示"没有找到该车站 / 机场"（图 2-24）。稍加研究了一会儿，我发现貌似是因为在搜索时将"例）东京站"中的"例）"也作为关键字的一部分了。这里希望可以做些改善，比如在实际检索时可以自动无视"例）"的部分（2014 年 11 月 1 日再次登录该网站时，发现初始值已经从"例）东京站"改成"东京站"了，所以本问题已

经得到了改善）。

当今世界，几乎什么都可以在网上查到。除了以往的搜索引擎可以做到的网页搜索和图片搜索，菜谱、餐厅、各种产品信息、自助式证件照摄影机、洗手间位置等各种各样的搜索服务也越来越多了，对于能熟练使用的人们来说真的是非常方便呢。从这个角度来说，能够有这样的搜索系统是一件好事，不过从上面的案例中，我们可以学习到这些系统如果在 UI 设计上稍有疏忽，反而会给用户带来困扰。

图 2-23　ATM 搜索的初始页面（当时是 2014 年 8 月）

图 2-24　"例）东京站"的搜索结果（当时是 2014 年 8 月）

恼人的预约系统：满座！满座！那个也满座！

由于工作上的关系，我经常乘坐新干线出差，一直使用 JR 东海的 Express 预约服务，该服务可以在上车前一刻更改班次和座位。下面要说的是有一次使用 Express 预约服务买票时发生的事。我先依次选择出发地、目的地和日期进行搜索，然后从提示的新干线列表（图 2-25 ①）中选择合适的新干线，按下"下一步"进入指定预约条件的页面后，选择了"普通车厢禁烟""成人 1 名"，以及自己可以选择座位的"自由选择座位号"，然后按下了"下一步"（②）。

根据页面左边显示的流程提示（可以从这里了解到当前处于哪一步、下一步是什么、之后还有哪些步骤），下一步应该就是完成预约。但是流程提示突然发生了变化，进入了"费用种类选择"的页面，在这里需要选择是使用"EX-IC 服务"还是"IC 早特"[①]（③）。因为没有关于价格的说明，所以不知道哪个更便宜，于是在网上搜了

一下。根据价格标准，选择了比较便宜的"IC 早特"，然后按下了"下一步"。心想这下应该要选择座位了吧，但是却出现了以下提示："您所选择的车次（商品），由于剩余座位量少或者已经满座，无法选择。如要预约，请将座位设定为'不指定'来扩大条件范围，或者更改车次（商品）。"也就是说还是没能选择座位（④）。

我预约的是 1 月 4 日的车次，可能由于那天刚好是大家集中返乡的时间，所以出现了这种结果。无奈之下只能按下"返回"按钮 2 次，回到指定预约条件的页面，选择"不指定座位"，然后又进行了一样的费用种类选择。但是却仍然出现了和刚才完全一样的提示信息。"如果没有座位的话就不应该允许选择相应车次啊"，我一边默默抱怨着一边选择了其他新干线，同样选择了不指定座位，但是结果还是提示满座。后来又对时间进行了各种更改，早班车、晚班车等。总之我尝试了十多辆新干线，可是依然没有找到一辆新干线可以自由选择座位的。

---

① 提前预约可获取一定折扣的服务，有时间、车次、区间和座位等方面的限制。——译者注

①选择新干线

②输入预约条件

③选择折扣服务

⑤过了可以预约的时间

④满座了……

图 2-25　和新干线在线预约系统的交互（当时是 2012 年 12 月）

"可能是因为系统无法实时获取剩余座位数的信息，所以才会这么难用？但是明明只要告知指定座位的大致预约情况（比如用"〇""△""×"来显示）就可以了嘛"，我一边这样想着一边继续搜索其他车次，这时突然弹出了⑤的提示，通知我"已进入夜间服务时间，本处理中止"。由于之前的搜索过程实在太折腾人了，再加上又受到了这突如其来的打击，感觉有点受伤，于是第二天我直接去绿色窗口买票了。

在绿色窗口咨询后，工作人员的回答是"始发车、第二班车、最后一班、倒数第二班以及傍晚的那班新干线还有位子。您要乘坐哪一辆？"因为可以看到接待员操作的电脑屏幕，所以我观察

了一阵子，发现绿色窗口使用的系统的 UI 上就是实时显示剩余座位数的，只要看到这个马上就能知道有哪些新干线是可选的。

我感到有些可惜，如果有可以实时获得座位数的技术的话，怎么不运用在在线预约系统上呢？当然，在线预约系统因为会出现访问量突然暴增的情况，所以可能很难准确显示剩余座位数（比如肯定会有这样的情况：显示有 1 个剩余座位时，10 个人一起预约）。也许当空座在一定数量以下时就只能到窗口办理了。但是如果能在网站的 UI 上提示"〇""△""×"这样的大概信息，不仅用户不用耽误那么多功夫，而且系统的访问量也会减少，可以达到双赢的效果。而且，在已经没有

多余的座位时，希望就不要再提示已经完全没有意义的商品选择（费用种类选择）画面了。

另外，在考虑服务的使用效率时，可以如

图 2-26 所示将页面间的跳转次数图表化，就可以一眼看到该导航的成本，并发现哪里存在问题。各位在制作类似网站时可以试试这种方法。

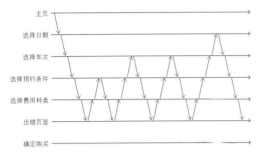
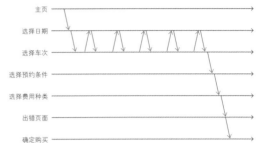

图 2-26 （左）在出错页面和其他页面之间毫无意义地反复跳转。
（右）如果可以在选择车次的页面提示剩余座位数的话，页面间的跳转就会少很多

状态 / 状况的可视化

暖炉的开关：为什么会忘记关掉暖炉？

图 2-27　哪一个是暖炉开着的状态（提供者：西村优里女士）

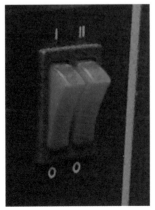

图 2-28　从侧面拍摄并放大按钮后的样子。哪个是暖炉开着的状态（提供者：西村优里女士）

图 2-27 和图 2-28 是学生家里一直在使用的暖炉的 UI，以及放大开关部分后的照片。每组图都有三张照片，能看出差别么？每张照片中间偏右的地方有红色的开关。在中间那张照片中，开关里亮起了红灯，其他两张照片中则没有亮灯。而且左边照片中的开关是下半部分被按下，中间和右边的照片中的开关则是上半部分被按下。这三张照片中，你认为哪个是暖炉打开时的状态呢？理由是什么呢？

正确答案是中间那一张。几乎不会有人猜错吧。接下来，我们来比较一下中间照片和右边照片这两种状态的差别吧。两个都是开关上半部分被按下，但是右边的开关没有亮灯。这表示什么呢？

根据照片提供者的描述，按下开关的上半部分后开关会亮红灯，暖炉就会开始工作（打开状态），房间内开始变暖。当房间内达到一定温度以后，暖炉就会自动停止加热（关闭状态），开关上的灯就会灭掉。在该状态下，当房间内温度降到

一定程度后，暖炉会再次自动开始工作（打开状态），并且开关再次亮灯。也就是说，两组照片中右侧那张是某种特定条件下的打开（休眠）状态。

学生说这个暖炉的 UI 从远处看过去很难分辨出它是打开还是关闭的状态。如果外出时灯没有亮着，就会忘记关掉暖炉，直到回家时发现房间里很暖和才发现忘记关闭电源了。为了让用户知道即使暖炉是打开状态，也会有暂时停止工作的情况，需要有一种针对该状态的特殊的表现方式。最近比较常用的方法有采用不同颜色的 LED 灯来表示，或者用闪烁的方式来表示。该案例可以很好地体现出，如果系统不能清楚地告诉用户当前的状态，就会给用户带来不便。

接下来再介绍一个由于看不出是打开状态还是关闭状态而导致用户困扰的案例吧。图 2-29 是充电式的电动剃刀，一个是打开状态，另一个是关闭状态。A 和 B 哪个是打开哪个是关闭呢？中间偏左的蓝色按钮就是开关。

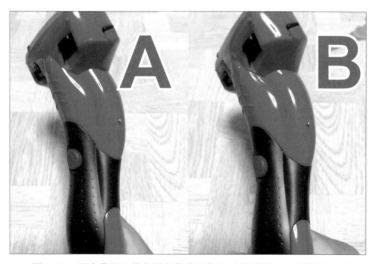

图 2-29　哪个是打开状态哪个是关闭状态？(提供者 : 山田道洋先生)

正确答案是，B 是打开状态，A 是关闭状态。由于摄影角度的问题，两个按钮看上去貌似有点差别，一个被按下了一个没有被按下，但是实际上是一样的。

因为是电动剃刀，所以打开的时候刀头应该会运转起来，关闭的时候则是停止状态，两种状态下的动作明显是有差异的，所以乍一看觉得不会有什么问题。但是，一旦没电了，问题就会突显出来。该电动剃刀必须在充电到一定程度后才能使用，一旦没电了，开始充电后一段时间内是

暂时不能使用的。然而因为无法从外观上分辨当前是打开状态还是关闭状态，所以有时候会在充电一段时间后突然开始运转，这时才发现原来电动剃刀是处于打开状态的。因此，有时回家后会看到电动剃刀正对着空气刮胡子。

如果可以通过按钮的按下程度来提示当前状态是打开还是关闭，就不容易发生类似的问题了。但正因为现在无法区分，所以这是个 BAD UI。我再次强调一下，让用户了解所用物品的当前状态真的非常重要。

自动售券机的操作顺序：购买拉面应该如何操作？

图 2-30 往拉面的自动售券机里塞入 1000 日元后的状态。要怎么买溏心蛋蘸汁荞麦面

有一次去餐券制的拉面店吃饭，当时想要买溏心蛋蘸汁荞麦面，结果往自动售券机里塞入纸币后却不知道怎么买，着实令我一筹莫展。图 2-30 是往自动售券机中塞入 1000 日元后的状态（在塞入纸币之前，只有表示已经卖完了的"售罄"图标是亮灯的）。请思考一下如何使用这台自动售券机购买想吃的拉面。同时，也请推测一下我不知所措的理由。

从照片中可以看到，叉烧、葱、笋干等按钮上的红灯都亮了，所以这些是可以购买的。但是我想吃的中华荞麦面或者蘸汁荞麦面所对应的按

钮都是暗的，貌似不能购买。当然，按下按钮也没有反应。一开始我还以为塞进去的钱没有被自动售券机识别所以被吐出来了，或者是拉面都卖光了，不过后来发现不是这些原因。过了一会儿，后面开始有其他顾客来排队，于是我有点着急。就在这时，看起来像是拉面店店长的人跟我说"啊，请先选择拉面的量"。根据这个提示，我选择了"中碗"，选择后的状态请参见图 2-31。此时终于可以选择"溏心蛋蘸汁荞麦面"了。也就是说，使用这台自动售券机购买拉面时，必须先按下"普通""中碗""大碗"中的一个按钮来指定面量。

图 2-31 拉面的自动售券机（已经选择了"普通""中碗""大碗"中的某一个时的状态）

世间有很多很多这类需要按照一定顺序来操作的 UI。本案例中是要求先选择大小，也有一些

是要求先选择种类然后再选大小，还有一些是必须选好后再投币，操作顺序各种各样。如果有顺

序要求的话，那么如何通过简单易懂的反馈让用户了解这个顺序就非常重要了。

在本案例中，每一行中红色小灯的含义都是不同的，按下后的动作也是不一样的，这就是我不知道该怎么办的原因。这里我们将每一行的动作整理如下。

- **第一行：** 塞入钱，按下"普通""中碗""大碗"中的一个后，相应的按钮会亮灯。每按下一次，亮灯的按钮就会发生变化，这是一道单选题，只有最新按下的按钮会亮灯。当选择了要购买的菜品后，第一行的灯就会灭掉
- **第二行：** 已塞入钱并且第一行选择的是"普通"或者"大碗"时，这一行中价格比塞入金额便宜（可以购买）的菜品所对应的按钮就会亮灯。按下这样的按钮后，机器就会吐出一张餐券。当选择了要购买的菜品后，这一行的灯就会灭掉
- **第三行：** 已塞入钱并且已经在第一行进行了选择时，动作同第二行（当第一行中选择的是"中碗"时，亮灯的菜品会和第二行的不一样）
- **第四～六行：** 塞入钱后，这几行中价格比塞入金额便宜（可以购买）的菜品所对应的按钮就

会亮灯。按下这样的按钮后，机器就会吐出相应菜品的餐券

你理解各行红色小灯所代表的含义的不同之处了么？如果能在塞入钱的那一刻，将"普通""中碗""大碗"按钮上的红灯点亮来说明这些按钮是可以选择的，那么用户就可能相对容易理解要在选择这一项之后再选择要吃的拉面。或者也可以考虑将"普通""中碗""大碗"的按钮改成更显眼的颜色。一般情况下，人们都是会去找自己想吃的料理的名称，也不一定会按照从上到下的顺序去看界面，这是我一开始没有注意到要先选择面量的原因之一。而且，人们的视线往往会被红色的灯给吸引，所以下面几行的配料和米饭等的按钮更夺人眼球，于是也就忽略了第一行的"普通""中碗""大碗"按钮。

相信看到这儿，你应该能够理解给用户提供适当的反馈有多么重要。请各位也思考一下这台自动售券机该如何改善。

另外，说到自动售券机，图 2-32 中的这台也是让人发愁的 BAD UI。请你也想一下针对这台的改善方法吧。

图 2-32 依次选择堂吃→类型→分量后，出现了"请投币"的提示，并同时回到了初始状态
（提供者：八木康辅先生）

而且，这台自动售券机的反应很迟钝，即使点击了屏幕，页面也没有跳转，所以有时会以为自己没有点中，于是再次点击，结果就在此时页面突然跳转，导致又点了其他菜品（信息提供者：山浦祐明先生）

洗手间的门锁：上厕所时会被人看到的洗手间

图 2-33 "只按下按钮是无法上锁的"

在洗手间的隔间里，摆好了姿势要上大号，这个样子要是被人看到了那真是异常羞耻。当然，就是为了这种样子不被人看到，所以洗手间隔间的门上都是带锁的，但还是时常会担心，这个私密空间真的能保证是私密的吗？

图 2-33 是某列车内的洗手间里张贴的说明："只按下按钮是无法上锁的。"该洗手间的门是通过按下"关（close）"按钮关闭的，打开则要按下"开（open）"按钮。这里按下"关（close）"按钮的话，门就会自动关上并发出"咔嚓"的声音。这声"咔嚓"会让人误以为在关门的同时也自动上锁了，从而没有注意到照片右上方的锁，也就没有上锁，于是才会贴上这样一份说明吧。而洗手间外面的人看到没有上锁，完全没想到里面会有人，一打开门，双方都吓了一跳。

实际上我就曾经遇到过这种情况。打开洗手间的门后，发现里面居然有人，于是赶紧道歉（还好对方也是男的，而且已经上完厕所了……）在洗手间里有人的状态下打开门，不论是对开门的人来说，还是对在洗手间里的人来说，都是一件很尴尬的事。在本案例中，反馈的一声"咔嚓"很容易误导用户，让用户以为门已上锁，所以最好不要发出这种声音，或者干脆就自动锁上。不过，这样设计也有可能是为了防止小朋友玩闹时进去后按下关闭按钮就被锁在里面的情况发生。不管怎么说，本案例很好地说明了在设计 UI 的自动化时需要从多方面去考虑。

再介绍一个洗手间的事例吧。图 2-34 是我在美国遇到的洗手间门把手以及门锁。请问，要怎么上锁呢？

图 2-34 （左）在美国遇到的洗手间门把手。（中）上锁的状态。（右）没有上锁的状态
门把手的底盖圆环上有凸出来的部分，让人想要去拨动它，但实际上无法拨动

门把手的底盖圆环上有一个凸起的部分，感觉可以拨动，我以为把这个往上拨动就能锁上门，所以就试了下，结果拨动不了。怀疑是方法不对，于是又进行了各种尝试，但还是动不了。正在想着是不是锁坏掉了，突然发现该凸起部分是可以按下的，这时才知道原来这个门把手可能是通过按下操作来上锁的。

图 2-34（中）是已上锁的状态，图 2-34（右）

是没有上锁的状态。从照片上很难看出来二者的区别，其实在现实中也几乎看不出来。而且为了确认这个门是不是确实锁上了，我还拧了一下门把手，结果解锁了。也就是说我无法确保门是否真的锁上了，所以感到非常不安，只好在上厕所期间一直用手紧紧握住这个门把手。

图 2-35 也是某个洗手间的门把手。把手上带有一个按钮，感觉这个应该就是上锁的地方。但是尝试了一下发现按钮只是很轻松地被按进去了而已，不知道门是不是真的锁上了。从里面旋转把手的话门就解锁了，所以也无法确认，于是那次上厕所时也是一直用手紧紧握着把手。

为了确保私密空间，洗手间的门应该像图 2-36

这样，一眼就能看出是否是锁着的，并且能通过试着开门但是打不开来亲自确认已经上锁了，这两点是非常重要的。世界上很多洗手间的门，似乎都是让人因无法确认是否真的锁上了而感到不安的 BAD UI。

最后再介绍一个小例子。这个例子纯属见闻分享，是我在美国住了多个晚上的酒店的洗手间（图 2-37）。这个洗手间的门居然关不起来，只能说这是设计风格的迥异了，不算是 BAD UI，不过我还是感受到了文化冲击。

不论如何，通过以上这些案例，各位应该都可以体会到清晰易懂地传达信息何其重要了吧？

图 2-35　哪个是已上锁的状态呢

图 2-36　一眼就能看出上锁状态的门，这样的设计就比较简单易懂

图 2-37　门关不起来的洗手间

浴室自动放水系统：以为浴缸里已经放满水了，但是……

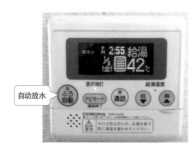

图 2-38　浴室自动放水系统的遥控面板

当操作对象和操作用的 UI 不在同一个地方的时候，经常会发生由于不能及时确认情况而导致操作失败或者操作起来很麻烦的情况。

图 2-38 是安装在我老家厨房里的热水器的遥控面板，可以通过远程操作给浴缸里放水或者调节温度。比如，按下"自动放水"按钮，就会播放一段"开始放水"的语音，并自动给浴缸里放水。当水深达到指定位置时，就会发出"哔哔"声，然后语音提示"放水结束"，并停止放水。

本书读到这里，相信大家也都发现了，我是一个粗心大意的人。之前有好几次都忘记了浴缸里的水正在加热，导致浴缸里的水都沸腾了，造成了很严重的后果。所以对我来说，这个开始和结束时的语音提示是非常有帮助的。

但是，对于那些粗心大意，会做下面这些事情的人来说，这个系统还是有不足之处。

1. 打开浴缸里的水塞，开始洗浴缸。
2. 清洗完浴缸后不马上放水，到了晚上才通过遥控面板上的"自动放水"按钮来放水。
3. 为了打发时间，在放水期间看电视或看书。

4. 一直没有听到语音提示，觉得很奇怪，去浴室一看发现浴缸里的水塞忘记塞回去了，放的水都直接从排水口流出去了。

我是大约过了 20～30 分钟才想起来这事，所以浪费了不少水。我母亲也曾经做过同样的事情。

这个自动放水系统可以设定放水的深度（图 2-39），正常情况下系统会根据设定自动停止放水，但是没有塞水塞的话就会一直放下去。也就是说，这个浴缸有检测当前水深的功能。这样的话就希望可以追加一个功能：当达到一定放水量时，如果水深还是没有变化就发出相应的语音提示，引起用户注意。或者哪怕只是在按下"自动放水"按钮后的语音提示"开始放水"后面再加一句"是否已塞好水塞"，结果就可能不同了吧。不过，每天都使用的话用户可能就会嫌烦，所以这也是个两难的地方（如果每天都听到同一个提示，用户就会开始无视这个提示）。总之，对于进行远程操作的 UI 来说，由于不知道操作对象当前处于什么状态，所以就需要尽量给用户提示反馈信息，这一点很重要。

图 2-39　可以通过遥控面板调整放水量（水深）。顺便提一下，红色的横条表示当前浴缸中的水深

心理模型和无力感

在前文中我们介绍了各种各样的 BAD UI，同时也说明了反馈的重要性。之所以需要反馈，是为了向用户传达系统信息。接下来我们就针对这一点，再深入了解一下吧。

用户在操作系统时，总是期待系统进行的动作能够符合自己的预期。这种用户针对某系统在脑中构建起来的并且深信不疑的认知（动作模型），我们称之为心理模型。

比如，请回忆一下在图 2-1（P.24）中介绍的自动售票机的案例。因为在大多数用户的认知（心理模型）中，自动售票机会把塞入的纸币吐出来是因为纸币识别失败了，所以只要没有特别注意到系统页面的变化，遇到退回纸币的情况时就会按照自己的认知来解释原因。这种认知在不同的用户之间也会存在细微的差别，那么和系统的实际动作，即"因为自动售票机本身发生了问题，所以纸币被退回"出现不一致的情况也就更不稀奇了。这时，用户的心理模型和实际动作差得越远，用户就越会觉得该系统不好用，不知道该怎么用，这个系统也就容易成为 BAD UI。

用户是根据以前接触过的系统和 UI 构建心理模型的。比如，图 2-1 的案例中出现的心理模型"自动售票机会把塞入的纸币吐出来是因为纸币识别失败了"，有可能就是从饮料自动售卖机和银行 ATM 等的动作中学习到的。

世上有各种各样的门把手和水龙头把手，其中大部分都能被用户正常使用。这是因为第 1 章中介绍的"提示行为可能性的线索"发挥了作用。如果是比较简单的 UI（比如，推开 / 拉开、打开 / 关闭、按下哪里等），只要有线索，基本上用户使用起来都不会有什么问题。但如果是稍微复杂一点的系统（如何购买、如何输入等），只有单纯的线索操作起来就会比较困难。这时，如果不知道系统内部的设计，就会感到不安，不断被"现在是什么情况?""系统在做什么处理?""我的操作正确吗?"等问题困扰。

因此，本章中提到的"通过反馈适时地向用户提示当前状态"就很重要。即使用户想象的系统动作和系统设计者设想并实现的效果不一致，只要能通过反馈提示用户，那么用户就能更改该动作相关的心理模型，从而正常使用系统。本章中介绍的反馈不恰当的 UI 之所以会成为 BAD UI，有很大一部分就是因为在这一点上有所不足。

大家在设计系统时，请务必站在用户的角度去考虑。当遇到不太好用的 UI 时，请研究一下自己对该系统所构建的动作模型是什么样的，实际上系统的动作又是什么样的。这对学习 UI 设计来说是非常不错的练习。

当人们遇到 BAD UI，不能熟练使用时，容易认为是自己的问题，得出"我不适合干这个""我真是太蠢了"的结论。唐纳德·A. 诺曼把这种现象称为"习得性无助"（Learned Helplessness）[1]。我希望自己设计出的 UI 不会让人有这种无助感。

---

[1] *The Design of Everyday Things*.Donald Norman. Currency,1990。

总结

本章介绍了通过反馈向用户正确传达系统状态的重要性，以及这方面一旦疏忽就会导致系统成为什么样的 BAD UI。没有反馈就会造成 BAD UI，但过犹不及，多余的反馈也会造成 BAD UI。关于反馈，有如下几点需要注意。

- 要考虑到用户所处的环境，提示适当的反馈
- 用户会有选择性地去注意周围的事物，所以反馈要够醒目（警告等重要反馈要通过语音、颜色、动画等形式强调）
- 使用用户能够理解的用词、变化来提示反馈

大家在设计 UI 时，请务必认真考虑这几点。另外，大家在购买各种产品时，如果能研究一下该商品是否有恰当的反馈，那么就可能减少使用失败的概率。如果想要详细了解计算机上的反馈，推荐大家看看《微交互：细节设计成就卓越产品》[1] 这本书。

另外，本章中多次提到了"人的注意力是有选择性的"这个现象，在我的网站上有几个视频可以供大家感受体验[2]。每一个视频里都用比较简单的英语进行了清楚的解说，希望大家可以试听一下。《看不见的大猩猩》[3]《设计师要懂心理学》[4]这两本书中也都对该现象进行了介绍，很有意思，大家可以阅读一下。

① Dan Saffer 著，李松峰译．人民邮电出版社，2013。
② http://badui.info
③ 克里斯托弗·查布里斯（Christopher F.Chabris）、丹尼尔·西蒙斯（Daniel J.Simons）著，段然译．中国人民大学出版社，2011。
④ Susan Weinschenk 著，徐佳、马迪、余盈亿译．人民邮电出版社，2013。

▌练习

☞请观察身边的自动售票机和自动售货机，调查一下它们向用户提示了什么样的反馈。另外，当感到那些机器因为反馈不太好用时，请考虑一下应该如何改善反馈。

☞针对各式各样的 UI，请调查一下它们都使用了什么样的声音作为反馈。通过声音反馈的，除了"哔哔"或者"噗——"这样的机械音，还有会说话的语音提示。请讨论一下这些声音是否简单易懂并且有效。也请分别考虑一下哪些声音容易引起人们的注意、哪些不容易引起，以及哪些声音让人感到不舒服、哪些又让人感到愉悦等。

☞针对各式各样的 UI，请调查一下它们都使用了什么样的颜色作为反馈。然后整理一下各种颜色分别常用于哪方面，并讨论什么样的颜色反馈易于理解，什么样的不好理解。

☞针对各式各样的 UI，请调查一下系统发生错误时都显示了什么样的出错提示。如果该提示信息不易理解的话，请考虑一下应该如何改善。

第 3 章 对应关系

你是否有过这样的经历？在像教室或者会议室这样的大房间里，被要求把前面的灯关掉，结果一不小心把后面的灯给关了；在使用三眼炉灶时，想要给第一个灶眼点火，结果却给第二个灶眼点上了，导致空锅烧了半天；在酒店或朋友家时，想要洗把脸，于是打开了水龙头，结果水却从淋浴花洒里喷了出来，搞得全身都湿透了。

当同一个地方有多个操作对象以及对该对象进行操作的界面（数量和操作对象相同）时，能一眼看出哪个操作对象对应哪个操作界面，这种情况叫作"对应（映射）关系明确"；反之则叫作"对应关系不明确"。比如，有多个开关和多盏灯，如果可以看出哪个开关控制哪盏灯，就可以说"对应关系明确"，但如果看不出来，就是"对应关系不明确"。

如果对应关系不明确，UI 就很容易成为 BAD UI。本章中，我们就将以对应关系为主题，介绍若干个 BAD UI，思考为什么用户会搞错操作方法、为什么会出现这样的 BAD UI 以及怎么样才能改善这些 BAD UI。

那么，接下来就让我们看看与对应关系有关的 BAD UI 吧。

一对一的对应关系

开关和灯之间的对应关系：为什么会关错灯？

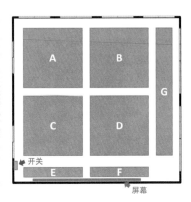

图 3-1　哪个开关是控制哪盏灯的
（左）每个开关上面都贴着标签，写有"照明 1""照明 2""照明 3"……（右）房间里的照明分布图

在家里、工作单位、学校或者酒店等地方，大家是否遇到过由于分不清哪个开关控制哪盏灯而烦恼的情况？这里就介绍一个这种关于开关和灯的 BAD UI。

图 3-1 是我在某高中看到的照明开关以及说明照明分布情况的示意图。开关从右上角开始依次贴着"照明 1""照明 2""照明 3""照明 4""照明 5""照明 6""照明 7"，但是这些开关分别对应示意图里 A～G 中的哪个呢？请猜猜看。我在讲课时，为了能让大家看清屏幕上的内容，或者为了便于大家记笔记，多次操作过这个教室里的照明，但是每次都会开错灯或者关错灯。

现在揭晓答案。应该是"照明 1 → E、照明 2 → F、照明 3 → C、照明 4 → D、照明 5 → A、照明 6 → B、照明 7 → G"。有多少人答对了呢？

上完课后，我和在这所高中里教书的老师聊了会儿，他说虽然他在这儿工作了很久，但也还是经常会搞错开关。之所以会搞错，首先是因为照明的物理位置分布和开关不是一一对应的。正面面对开关，想对屏幕前面的灯（E、F）进行操作时，E、F 是在自己身体的左后方，所以很自然地以为左边的开关（5、6、7）是控制 E 或者 F 的，但是结果却错误地操作了其他地方的灯。

再介绍一个案例吧。图 3-2 是我住过的泰国某酒店房间里的照明开关以及照明分布示意图。A～D 的照明开关和房间示意图中的 1～4 号灯是一一对应的，但是各开关分别对应的是哪盏灯呢？请猜想一下。

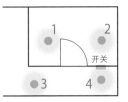

图 3-2　开关 A～D 分别和灯 1～4 中的哪个对应呢

答案是"A → 1、B → 2、C → 3、D → 4"。有多少人答对了呢？我在这个酒店里住了 4 天，

但是每次都会操作错误，直到退房时几乎都没有一次操作正确过（尤其是想要打开 3 号灯时操作

的却是浴室（1、2）的照明，想要进浴室（洗手间）时则操作了 4 号灯的开关）。那么，到底为什么会弄错呢？

对我来说这个开关不是很好用的原因有以下几点。

- 明明是 2 个房间里各有 2 盏灯，但是开关却分别是 3 个和 1 个
- 站在开关前面的时候，从空间上来说从左边开始灯的序号依次是 3、1、2，于是就让人感觉这个顺序和 A、B、C 是一一对应的
- 关于 1 和 2，门关着的时候无法确认灯是开着的还是关着的。而且即使在门开着的时候，1 号灯也被门挡住了看不见，始终无法确认到当前状态，所以很难判断到底和哪个开关是对应的

1、2 和 3、4 分别在两个房间，所以如果开关也能分成 A 和 B 在一块面板上，C 和 D 在另一块面板上，对应关系可能就会稍微好懂一些。

那么为什么会出现这样的 BAD UI 呢？

大家可能会觉得设计者考虑不足是理由之一。不过就算全面考虑了，要向用户明确提示开关和照明之间的对应关系也是一件很困难的事。首先，灯所在的面（天花板等）和开关所在的面（墙壁等）大部分不是平行关系，而是垂直关系，也就是说在空间布局上是扭转的。另外，大部分开关都安装在墙壁的一侧，所以如果要操作开关就会背对灯。操作对象（灯）在身后，操作界面（开关）在身前，所以这里也出现了空间上的扭转。比如，如果可以从房间外面透过玻璃窗一边观察房间里的明暗一边操作开关，那么空间上的扭转较少，就不容易出现操作失误了，但是这样的例子并不多见吧。

图 3-3 中的每个开关边上都带有说明，看上去是在帮助用户明确对应关系。虽然有文字说明，但开关和灯之间的对应关系依然不是很清楚。不过相比什么都没有，这样确实可以大幅度减少用户的疑惑。因此当有多个开关安装在一个地方时，请务必附上类似的说明。另外，在图 3-1 的例子中希望可以贴上适当的标签（比如，照明 1、2 改成前方右侧、前方左侧，照明 3、4 改成中间右侧、中间左侧等）。

通过以上介绍的几个开关和灯的例子，大家应该能够了解对应关系也是一个难题了吧。请大家也观察一下家里、工作单位或者学校的开关和灯，并思考它们在空间上处于怎样的关系，是怎么布局的，贴上什么样的标签能让用户了解它们之间的对应关系。

图 3-3　使用文字说明开关和照明之间的对应关系。即使只有这样的提示，在一定程度上也能解决对应关系的问题（红色的线和红色的标签是给常用的人的提示？）但是还是有不足之处

有难度的记忆游戏：为什么会选择错误的对象？

图 3-4　墓碑造型的记忆游戏机（左）操作对象——墓碑。（右）操作用的 UI（提供者：今城直纪先生）

图 3-4 是一台游乐园里模拟墓碑造型的记忆游戏机。游戏的操作对象是墓碑，操作方法是通过面前的 UI 选择墓碑。在玩这台记忆游戏机时，总是会选择错误的墓碑，这是为什么呢？

照片有点暗，可能看不太清。仔细观察墓碑的话，可以看到里面那一行写着"一、二、三、四"，前面那一行写着"五、六、七、八"。而在操作界面上，上面那一行（里面那一行）有"一、二、三"这样的 3 个按钮，下面那一行（外面那一行）有"四、五、六、七、八"这样的 5 个按钮（图 3-5）。也就是说墓碑的排列是里外两行分别4 个，而操作界面的排列是上面 3 个、下面 5 个。

看到这里，相信大多数人都已经明白了。一般情况下，用户都会认为是以行为单位一一对应的。但是在这个案例中，操作对象和操作界面中行的组成是不完全一样的。因此，如果看着操作对象进行操作的话就容易混乱，从而出现操作失误，比如想要选择 4 号墓碑结果却按下了 3 号按钮，或者要选择 5 号墓碑结果却按下了 4 号按钮。当然，如果只有这几个按钮的话可能还不至于太混乱，但如果数量增加的话，出现操作失误的可能性也会随之增加。

操作界面的左上方还有一些空间，所以只要将操作界面重新布局一下，改造成上面那一行是"一、二、三、四"，下面那一行是"五、六、七、八"，使之和操作对象在空间上一一对应，就不会出现操作失误了。不过这毕竟是台游戏机，所以也有可能是故意这样设计来提高操作难度的。本案例简单明了地说明了对应关系的重要性，十分有意思。

操作对象　　　　　　　　　　　　　　　　　　用户界面

图 3-5　操作对象和 UI 的关系
操作对象是里外两行各分布了 4 个，UI 却是上面 3 个、下面 5 个，导致用户容易出现操作失误

菜品和按钮的对应关系：那道菜对应的是哪个按钮？

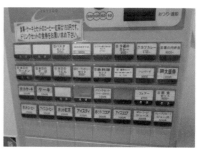

图 3-6　菜品的展示台和自动售券机的按钮。哪道菜对应的是哪个按钮

我经常去的一家餐厅会在自动售券机的前面展示菜品，顾客决定吃什么之后就可以去售券机前排队。但是我经常会看到有人在售券机前踌躇，寻求店员的帮助。有时候我也会因在售券机上找不到想要吃的菜品所对应的按钮而求助于店员。

图 3-6 就是那家餐厅的菜品展示台和自动售券机。通过菜品展示台顾客可以了解每道菜里都放了些什么材料，而且售券机看上去也没什么太大的问题。但是由于某个理由，这台自动售券机在使用上有点问题。

和本章其他案例一样，这个理由就是对应关系不清晰。图 3-7 是通过示意图的方式来说明某一天的菜品以及售券机上按钮的排列顺序。可以看出菜品的排列和自动售券机上按钮的排列是完全不一样的，所以才会出现当顾客想吃汉堡肉时，

却无法在售券机上马上找到"汉堡肉"按钮而感到十分着急的情况。

菜品的展示排序和售券机上的按钮排序如果能保持一致，那么就不会有那么多人在售券机前发愁了。另外，售券机上还有一些未使用的按钮。如果这类按钮也可以整理一下，明确显示各按钮的对应关系，那么用户就可以毫无困难地使用机器了。而且，现在菜品展示中各菜品的说明标签的颜色和售券机上按钮的颜色也没有对应起来。如果可以给各种颜色赋予一定的意义，并统一使用，那么在明确对应关系上应该也能取得一定效果。不过售券机上的按钮之所以是现在这种参差不齐的状态，很有可能是因为系统限制，比如按钮无法更改排列顺序等。不管怎么说，这都是一个有趣的案例。

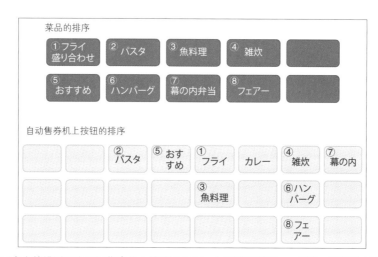

图 3-7　展示台上的排列顺序以及售券机上的按钮分布。由于排序没有一一对应，所以相应按钮不太好找

外包装和独立包装的对应关系：为什么会选择错误的味道？

图 3-8 从这个外包装中拿出来的却不是想吃的那个口味。这是为什么呢

图 3-9 独立包装的照片。卷心菜是紫色，荷兰豆是黄绿色，白葱是水蓝色，白菜是黄色，小松菜是粉色

某日，我和妻子都不想做饭，于是打算买个便当，再冲个家里备着的速溶味增汤来喝。图 3-8 就是速溶味增汤的外包装以及里面的独立包装。可以从外包装的图片和文字上看出里面一共有 5 种口味。而且独立包装上也通过图画表明了各自是什么口味。然而，我和妻子看了外包装后选中了想喝的口味，结果冲泡出来的却是另一种口味，为什么会搞错呢？

在外包装上有用白色文字注明口味、份量，并且 5 种口味的文字背景是用不同颜色区分开来的。另一方面，独立包装上也有用文字来说明口味，而且每种口味的颜色也不一样。所以看上去只要事先认真确认好颜色就肯定不会出错。接下来就让我们来看看它们的颜色吧。从外包装上看，卷心菜是黄绿色、荷兰豆是粉色、白菜是蓝色、白葱是橙色、小松菜是深绿色。而从独立包装上看，卷心菜是紫色、荷兰豆是黄绿色、白菜是黄色、白葱是水蓝色、白菜是黄色、小松菜是粉色。也就是说，

外包装和独立包装的颜色使用并没有统一。

当用户想要喝味增汤时，会看外包装来确认有哪些口味，此时除了想要喝的那个口味的名称之外，颜色也会记在脑中。因此，当看到独立包装的颜色和记忆中的颜色接近时，很容易会以为它们是同一种口味，于是就出错了。当然，独立包装上也有用文字和图画来表示口味，但是银色的包装容易出现光反射，导致文字和图画不容易识别，所以人们就会依赖于通过颜色来识别。

因为颜色在表明对应关系上是比较有效的，所以如果能很好地运用，就能设计出不容易出错的 UI。另一方面，从本案例中也能看出，如果错误地使用颜色，则会使用户陷入混乱。为什么没有使用统一的颜色呢？如果不使用统一的颜色，为什么又要分成 5 种颜色？这个外包装和独立包装真是让人充满了疑惑。这个 BAD UI 告诉我们，如果要使用颜色，就应该赋予其一定的含义。

位置上的对应关系

▌电梯和操作面板：这个操作面板是控制哪部电梯的？

图 3-10 （左）有两部电梯的大厅。（右）有 A 和 B 两个操作面板。
要打开电梯 1 的门应该操作 A 还是 B 呢（提供者：Kuramoto Itaru 先生）

图 3-10 是尼泊尔某酒店的电梯和操作面板。请各位看右图，有 1、2 两部电梯以及 A、B 两个操作面板。如果要在这里操作电梯 1，应该操作 A 和 B 哪个操作面板呢？

我想大多数人的回答会是"电梯 1 的话肯定是操作面板 A 啦"。但是，请看图 3-11。这是操作面板 A 的放大图。面板上方的说明写着"Please use this Button for the Elevator on the Right side. Inconvenience is regretted"（请在使用右边电梯时操作该按钮。不便之处敬请谅解）。也就是说，这是一个说明使用面板 A 来操作电梯 2（右边的电梯）的提示，所以要操作电梯 1（左边的电梯）时应该使用操作面板 B。

当有两组东西的时候，人们会把两个比较近的东西联系起来，这一点在本章节后半段还会再进行说明。不知道是因为当初新安装电梯时没有装操作面板的地方了，还是出错后因资金不足而无法修正，总之这个案例本身就挺有意思的。但是有可能会出现这样的场景：想要让电梯 1 的门保持打开状态，于是去按面板 A 上的按钮，但实际上对电梯 2 进行了操作（呼叫），结果电梯 1 的门夹到人了。所以还是希望这种 UI 可以得到改善。

图 3-11 （左）操作面板 A 的放大图。（右）进一步放大操作面板 A 的一部分（提供者：Kuramoto Itaru 先生）
说明上写着"Please use this Button for the Elevator on the Right side. Inconvenience is regretted"，貌似是用这个面板来操作右边电梯的。所以操作面板 A 控制的是电梯 2，操作面板 B 控制的才是电梯 1

洗手间标识的左边和右边：哪个是男用哪个是女用？

图 3-12　箭头指着的左边的洗手间，是男洗手间还是女洗手间

图 3-12 是某大学里男女洗手间入口处安装的洗手间标识。当你看到这张照片时，会觉得照片左边的洗手间是男洗手间还是女洗手间？

针对这个问题，有九成的人会回答是男洗手间，但是正确答案是女洗手间。也就是说，左边的是女洗手间，右边的是男洗手间。那么，为什么会有那么多人搞错呢？请思考一下理由。

图 3-13（左）是该洗手间的俯视图。其实这个洗手间的标识只是提示这里有女洗手间和男洗手间而已。

但是如果想一想从使用者的角度看到的标识是什么样的，问题就很明显了。从走廊走过来的人，会从侧面看到该标识，所以垂直安装在墙壁上的洗手间标识看上去会像是贴在墙壁上的，如

图 3-13（右）。从空间角度来说，两个洗手间应该分别在标识的两侧，正因为看上去标识是贴在墙上的，所以看到它的人会认为靠近自己这边的是男洗手间，稍微远一点的是女洗手间，结果进入了错误的洗手间。实际上，我也被这个 BAD UI 迷惑过，差点进入了女洗手间，还好及时发现，没有酿成大祸。

这样的案例其实有很多。洗手间标识大多数是由设计师设计的，但是很少有设计师会参与到安装标识的工作当中。很多时候都是不关心 UI 如何的人拿到标识后就直接安装了，完全不会多加考虑，所以经常会出现这样的情况。好不容易设计出来的通俗易懂的标识，不仅没有正常发挥功效，反而起了反效果。这种情况也正是谁都可能创造出 BAD UI 的理由之一。

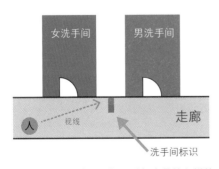 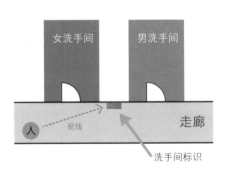

图 3-13　洗手间标识看起来是什么样的。标识中的红色和蓝色分别表示女用、男用
（左）从走廊看标识的状态。（右）标识的左边是女洗手间，但是由于看上去像是贴在墙上的标识的误导作用，所以被误以为是男洗手间

几乎完全一样的问题也出现在了某医院的洗手间上（图3-14 左）。洗手间的入口两侧有很大的标识提示性别，但是我的注意力都在上方的性别标识上，差点就进了女洗手间。

还有一次更加过分，是在法国某机场的洗手间（图3-14 右）。前面的柱子上有性别标识，左右两边再往里走就是洗手间。这个柱子的左边是男洗手间还是女洗手间呢？图3-15 中保持了原来图片中的位置关系，只是放大了洗手间的标识。根据前面的柱子上贴的标识，左边的是男用，右边的是女用。但是从柱子两侧向里走，会发现洗手间里的标识则显示左边的是女用，右边的是男用。也就是说，柱子上提示的左右关系和实际上洗手间的左右关系是相反的。如果是我这样的马大哈，想要去男洗手间时肯定会误进女洗手间吧。这个也可以认为是工作人员在柱子上画性别标识时没有考虑到用户会怎么去理解它而出现的 BAD UI。

哪怕是为了减少有人因为粗心进错洗手间而被当成色狼这样的悲剧出现，也希望工作人员在安装这种标识（提示这里有厕所的标识，通常是一男一女的小人图案）时可以多注意一下。

图 3-14 （左）虽然门口有很大的标识提示左边是女洗手间，右边是男洗手间，但是还是差点进了左边的洗手间。这当然是我的疏忽，但是如果这个标识能够左右换一下，也不至于会弄错。（右）柱子的哪边是男洗手间？哪边是女洗手间？（提供者：河野恭之先生）

图 3-15 中间的标识和洗手间前面的标识放大后的样子。左边是女洗手间，右边是男洗手间（提供者：河野恭之先生）

洗手间标识的含义：男女共用的洗手间？

图 3-16 这是男女共用的洗手间吗

接下来，我们还是继续聊聊洗手间的问题。图 3-16 是我在某大学里看到的洗手间标识。当大家看到这个标识时，会认为该标识边上那扇门里的洗手间是什么样的呢？

当我看到这个标识和这扇门时，因为是在一扇门上贴了一个标识，所以猜测这是一个男女共用的洗手间，或者是进入这扇门后里面又分为男洗手间和女洗手间。

但是实际情况则如图 3-17 所示，这扇门里的是男洗手间，另外在这扇门左侧有一个凹进去的地方，那里还有一扇门，里面才是女洗手间。也就是说，位置关系如图 3-17（右）所示。两扇门上什么标识都没有，所以会令人感到不安。

和上一个案例相比，这里的左右关系倒是没有错，但是只是通过这个标识来提示这里有男洗手间和女洗手间以及它们的位置的话，实在是过于简单粗暴（何况有一个还是在更里面的地方）。这个案例同样也是与设计师无关的 BAD UI。

随着激光切割机和 3D 打印机等工具的普及，任何人都可以做出这种标识。这样的话，针对有问题的标识就可以自己进行很简单的改善。但是另一方面，很多人在制作标识或者安装标识时都不会想太多，所以很有可能会出现更多导致用户混乱的案例。避免这种情况出现也正是我写作本书的目的之一，我殷切地希望有更多的人可以考虑到用户的感受。

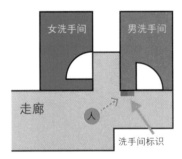

图 3-17 右边是男洗手间，左边深处凹进去的地方是女洗手间。
两扇门上都没有标识说明里面是男用的还是女用的

表格里的单选按钮：这个按钮和哪个选项对应？

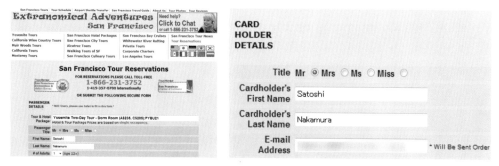

图 3-18　旅行团报名页面。选中的是 Mr 还是 Mrs 呢

图 3-18 是在网上报名某旅行团时出现的网页截图。作为在参加者名字前加上的敬称，需要使用单选按钮（只能从候补选项中选择一个的 UI）在 Mr、Mrs、Ms 和 Miss 中选择一个。那么从这张图来看，已选择的是 Mr 还是 Mrs 呢？从头到尾依次看一遍的话应该是不会出错的，但是单选按钮的位置比较模棱两可，实际上选的是 Mr，但看上去则像是选了 Mrs。

还有一个类似的案例。请看图 3-19（左），这是某学生制作的问卷调查页面的一部分。这个同样存在单选按钮和文本的对应关系不明确的问题，尤其是居住地这一项。估计是这个学生刚学会了单选按钮的制作方法，所以迫不及待地想尝试运用，不过从用户的立场上来说这就是一个灾难了。

图 3-19（右）是一个解锁系统，但是各按钮分别对应的是哪个字母或数字真是令人困惑。

在提示对应关系的时候，距离是很重要的。大家在制作网页时请注意一下空间的使用。

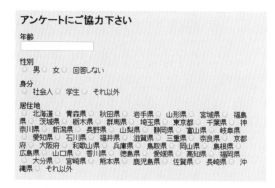

图 3-19　（左）学生制作的调查问卷页面。如果居住地是广岛县，应该选择哪个单选按钮呢？
（右）各按钮分别对应着哪个字母或数字

旋转方向上的对应关系

切换开关：为什么明明想要刷牙结果却"洗了个澡"？

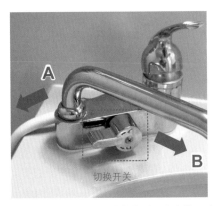

图 3-20 在向左扳倒切换开关的状态下放水的话，水会从 A 出来还是 B 出来呢

你是否遇到过这样的情况？为了刷牙洗脸想要从水龙头放水，结果水却从淋浴花洒喷了出来，导致自己穿着衣服"洗了个澡"，全身都湿透了。

比如图 3-20 这样的情况。A 的出口是淋浴花洒，B 的出口是洗脸盆上面的水龙头。这里的切换开关可以向左扳倒或者向右扳倒。如果像照片中这样向左扳倒的话，水会从 A（淋浴花洒）出来还是会从 B（水龙头）出来呢？请想清楚理由后再往下看。

当时我认为向左扳倒的话水就会从 A（淋浴花洒）出来；反之，向右扳倒的话水则会从 B（水龙头）出来。理由是如果正面面对切换开关，左边是淋浴花洒，右边是水龙头。当时我想在浴缸里悠闲地泡个澡，就将水龙头的出水口从洗脸盆转向

浴缸，并基于以上理由将切换开关扳向右边。然后将水温水量调节成高温大水量，结果热水没有从水龙头放出，而是从淋浴花洒喷涌而出。刚好就那么倒霉，淋浴花洒正好朝着我这个方向，于是我穿着衣服被浇了一身的热水，不仅全身湿透还差点被烫伤。

所以答案如图 3-21 所示，水会从 B（水龙头）出来。切换开关向左扳倒时，水会从 B 水龙头出来，而向右扳倒时则会从 A 淋浴花洒出来。你猜对了吗？

我身上真的是经常发生这样的事情。除了那次之外，还有几次在出差时住的酒店里也碰到了类似状况。想要在浴缸里蓄满水，或者想要洗脸刷牙，结果水却意外地从淋浴花洒中喷出，刚换上的衣服就这样被浇透了，真是悲剧。虽说在有

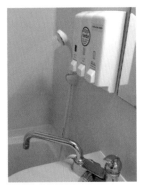

图 3-21 （左）向左扳倒时水会从水龙头出来。（右）向右扳倒时水会从淋浴花洒出来

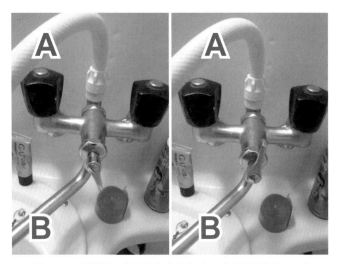

图 3-22　哪幅图里水会从水龙头（B）中出来（提供者：KY）

过多次这种遭遇之后应该会多加小心，但是因出差而倍感疲劳时，或者由于时差而精神萎靡又犯困的时候，一不小心就很容易出现这样的情况。

仔细观察图 3-21 应该可以发现，水龙头、淋浴花洒软管在水栓上的安装位置与切换开关的指向是刚好对应的，左边是水龙头，右边是淋浴花洒软管。所以向左扳倒时水从水龙头出来，向右扳倒时水从淋浴花洒出来，这并没有问题。而且在切换开关上也有小小的图标用来表示淋浴花洒和水龙头。

但是一般用户不会细微到这种程度，而且切换开关上的图标也不是很大，不至于一目了然。所以会出现只注意到出水口而操作出错的情况。有些酒店的工作人员在打扫房间时会注意不让淋浴花洒朝向洗脸盆的方向。对于我这样的马大哈来说，这种贴心的举动真是太有帮助了。

接下来我们再来看一个类似的案例。图 3-22 是某浴室里安装的淋浴花洒（A）和水龙头（B）的切换开关。你认为在哪种状态下可以将水从水龙头放出并蓄满浴缸？理由是什么？

答案是右边的状态，即切换开关朝上时水会从水龙头放出。你猜对了吗？如果我遇到这个切换开关，十有八九会搞错。据提供照片的学生说，他想在浴缸里蓄水泡澡，于是像左图那样拧开了水龙头，结果热水从淋浴花洒喷出，他也穿着衣服"洗了个澡"。

为什么会出现这样的失误呢？首先，完全没

有任何信息提示切换开关处于什么状态下会从哪个口出水，这一点是很大的问题。其次，有一部分人看到这种形状的开关时，会把它看作像时钟那样的界面，认为开关前端（手抓的部分）指示着某个对象，于是就容易出错。这个水龙头开关的上面是淋浴花洒的软管，下面是水龙头，所以会认为切换开关的朝向和这是对应的，将其扳至朝上水就会从淋浴花洒中出来，扳至朝下水则会从水龙头出来。但是实际上切换开关的朝向和出水口的位置不是一致的，所以就会出现穿着衣服"洗澡"的情况，有时候可能还会引发更严重的事故。

淋浴花洒和水龙头之间的切换开关，真的是形形色色，各不相同。图 3-23 是在东京某酒店看到的切换开关。按照这个开关的设计，左图中的状态是从水龙头出水，右图中的状态是从淋浴花洒出水。因为开关上只画了个箭头，所以我使用时略有不安，不过还好当时的操作没有出错。不过其实这个界面的对应关系并不明确，所以还是希望相关人员可以再下点功夫去改善一下。

图 3-24 是京都某酒店里的淋浴花洒和水龙头的切换开关。这个开关的设计是这样的：只有当用户在放水过程中将该开关拧至淋浴花洒出水模式，才能切换成淋浴花洒出水的状态。如果是在没有放水的情况下旋转该开关，一旦松手，开关就会自动回到初始位置，即水龙头出水模式。另外，淋浴结束，停止放水后，开关也会自动恢复到初始位置。因此，不会出现不想淋浴的时候被

喷一身水的情况。虽然要淋浴时的操作有些麻烦，但是绝对不会出现穿着衣服"洗澡"的事故，所以我个人非常喜欢这个 UI。

到这里，我们已经介绍了若干个淋浴花洒和水龙头切换开关的案例，你是否了解了在旋转操作和 A、B 两个对象之间建立对应关系的难度？请大家找出身边的切换开关，并思考是否有不好用的地方，以及应该如何改善。

图 3-23　哪个是从淋浴花洒出水？哪个是从水龙头出水
我猜想按照箭头指示往上扳应该是从淋浴花洒出水，试了一下果然没错。
但是从淋浴花洒软管的位置和水龙头的位置来看，这样真的好吗

图 3-24　（左）如果要切换到从淋浴花洒出水的状态，需要在放水过程中顺时针旋转开关再放手。
（右）一旦停止放水就会自动回到初始位置

控制温度的开关：要怎么放出热水？

图 3-25　当开关处于 A 和 B 中的哪个状态时可以放出热水？最左边是初始状态

图 3-25 是我在美国某酒店住宿时遇到的淋浴开关。

你认为当开关处于 A 和 B 中的哪个状态时可以放出热水？理由是什么？

我曾经在上课时问过学生这个问题，回答基本上 A 和 B 各占一半。而我基于以下理由，认为应该是在 A 的状态下会放出热水。

1. 刻度是从表盘底部的中间位置开始分别向顺时针方向、逆时针方向变宽的，所以这是一个旋转操作的开关，并且水量会随着旋转幅度的增加而加大。

2. 在初始状态下，指向蓝色刻度和红色刻度中间位置的是开关的下端。所以应该是通过开关下端指向的位置来选择热水或冷水的。

3. 将开关向顺时针方向旋转后指向的是蓝色的刻度和 C 字符（B），向逆时针方向旋转后指向的是红色刻度和 H 字符（A），所以逆时针旋转就会放出热水。

在之前的课堂上，回答 A 的人给出的理由基本上都和我想的一样，而回答 B 的人则认为红色和蓝色的刻度从上往下渐渐变细，所以看上去像是一个箭头。那么各位的理由又是什么呢？

正确答案是 B。也就是说 B 状态时会放出热水，A 状态时会放出冷水。正确答案是哪个暂且先搁置一边，其实这个 BAD UI 的有趣之处还不在这里。如果只要处于 B 状态时就能放出热水，那么只要将开关顺时针旋转就可以了吧？但是实际上该开关在初始状态下只能向逆时针方向旋转（图 3-26）。也就是说，要放出热水必须逆时针方向旋转 270 度左右。而且放热水时必然会先出冷水，旋转到 180 度以上才会放出温水。就因为这个，一段时间内我还以为热水系统坏掉了。

如果这个开关的刻度是从蓝色渐变到红色的，或者没有开关下端的那个凸起部分的话，可能还好理解一点。另外再补充一点，在开关上有用文字和箭头来提示"顺时针旋转可以 OFF"。但是，"OFF"字样和刻度的设计图案融合在了一起，不容易发现，而且开关下面的箭头也看不太懂什么意思，所以并没有起到有效的提示作用。从各种意义上来说，这都是个有趣的 BAD UI。

图 3-26　向左旋转会放出冷水。如果要放热水则需要旋转 270 度

对应关系相关信息的缺失

酒店的房卡：入住的房间是几号房？

图 3-27　酒店的房卡上没有写房间号。虽说这也是没办法的事，但是当时真的相当无助

最近很多酒店都将卡片型钥匙（图 3-27）作为房间钥匙来使用。所谓卡片型钥匙（以下简称为"房卡"），就是指从前台领取的内置了开锁信息的卡片。客人来到入住的房间门前，将房卡放到感

应区读取信息，信息匹配上了锁就会打开。

房卡里的开锁信息是可以随时修改的，所以即使入住的客人弄丢了房卡，也不需要更换门锁。从减少酒店运营风险的角度来说，这是一个非常不错的方法。但是，这并不是说房卡就没有问题了。

以往使用的物理钥匙上，一般都会贴个标签什么的来说明其对应的是哪个房间。但现在这种在前台写入开锁信息的房卡，只要写入相应的开锁信息，就可以用于任意房间，所以如图 3-27 所示，在卡片上没有注明房间号。办理入住手续时前台通常都会将房卡放在一个写有房间号的卡套里交给客人，所以客人只要随身带着装有房卡的卡套就行。但是因为房卡是卡片型的，所以经常会把卡片单独拿出来放进钱包里，不带卡套出门（卡套放不进钱包里）。

即使房卡丢失了也不用担心它会被坏人利用，这一点虽然不错，但是万一客人忘记了入住的房间号就比较麻烦了。比如有一次，我去餐厅吃早餐时被工作人员询问房间号，但是我忘记了，就随便回答了一个，结果那是个根本不存在的房间

号，服务员露出了诧异的表情。还有一次是在另一家酒店，外出后又回到酒店时，我记错了房间号，想要进入别人的房间，结果被当成可疑人物。甚至还发生过这样的事情：有一次参加旅行团，大家都聚在一个大房间里喝酒，有几个人随手把房卡放在了桌子上，结果分不清哪张是谁的，只好每个人都一张一张地试。以前我在国外出差时曾和一个学生住一间房，他把房卡贴近门却无法打开，还以为是搞错房间号了，在周围徘徊了将近一个小时。其实当时只是磁卡出问题了，但是因为卡上没有房间号，所以才会在怀疑钥匙有问题之前先怀疑自己的记忆出了错。

针对不知道房间号的问题，办理入住手续时由前台在房卡上贴上一张写着房间号的标签可能是一个解决问题的方法，但是撕标签又挺麻烦的，而且如果是插入型的房卡，很有可能会由于贴在卡上的标签脱落而卡在插入口里。也许并没有简单的方法可以解决问题，但是正因为如此，BAD UI 才有研究的价值，才有可能发现商机。请各位一定要想想有没有什么好的解决方法。

外包装和内容的对应关系：下一卷是哪一本呢？

图 3-28 （左）哪一本是哪一卷（提供者：高桥俊也先生）？（右）搬家用的纸箱子。里面都分别放了什么

在便利店等地方出售的简装漫画（纸封皮的漫画书）中有一些是过去的热销漫画，这些漫画装订非常简单，没有书皮，只有稍硬一点的纸做封面，价格也比较低廉。不过其中也会有很多已经

绝版的漫画，非常珍贵。但是要整理或者一口气读完这种简装漫画，有一些不方便的地方。

图 3-28（左）是提供这张照片的学生家里的书架。上面摆放着一整套以棒球为题材的系列漫画

MAJOR（普通版一共有 78 卷[①]）。如果想要按照顺序阅读这种系列漫画或者系列小说，你会怎么做呢？我想大多数人应该都会根据封面或者封底上的序号按顺序阅读吧。

　　请仔细观察图片。这套漫画的封面或者封底上印有短短的宣传语，介绍本书中大概讲述了一个什么样的故事，但是却没有提供关键的信息（序号）来说明这本书是第几卷。所以如果想按照顺序来看，每次都需要通过书中的内容来确认故事是否连得上、是否有跳跃等，并以此判断接下来是哪一本。而且如果要整理书架，将该系列按照顺序摆放的话，也不得不确认每一本的内容。因此对于要按顺序看这套漫画的读者来说，这是一个让人头疼的 UI。

　　简装漫画不一定收录了原版漫画中的每一话[②]

① 卷是漫画书的单位。——译者注
② 话相当于动画或连续剧中的集。——译者注

（会挑选一些受欢迎的或者和某一出场人物相关的内容来出版），也有可能会省略掉一部分。因此可能和漫画的原始版本有所不同，无法提供卷数信息。但是，从读者角度来考虑的话，还是希望可以给出一定的提示。

　　由于提示对应关系的信息缺失（不足）而带来困扰的情况常见于装有东西的纸箱子上（图 3-28右）。由于不打开纸箱子就无法确认里面装了什么东西，所以经常需要到处翻找才能找到想要的东西。虽然在纸箱子的外部有地方可以用来记录放在里面的东西是什么以及这些东西之前是放在哪里的这类信息，但是这些信息是根据收纳时的情况来写的，所以有时候难得写上的信息在找东西时却派不上一点用场。这样的情况并不少见，真是一件憾事。

　　从以上案例中大家应该可以明白提示外包装和其内容之间的对应关系何等重要了吧。

多色圆珠笔的按钮：哪个是红色的呢？

图 3-29　（左）交替变换式的 5 色圆珠笔。更换颜色稍微有点麻烦，这是为什么呢（提供者：井上真菜女士）？（右）这些线缆都是用在哪方面的？各自对应的插头又是哪个

　　我们再继续来看几个关于对应关系的案例吧。图 3-29（左）是某学生的一支多色圆珠笔。据称这支多色圆珠笔要更换颜色非常不方便，你知道为什么吗？

　　可能因为已经说明了是多色圆珠笔，所以很多人都猜到了吧。这明明是一支多色圆珠笔，但是用于更换颜色的按钮却是透明的，没有涂色。因此，当使用者要换个颜色时，需要先看一下笔尖处，找到和自己想要用的颜色的笔芯对应的按钮，然后再操作按钮（也就是两头都要确认）。如果按钮上是带有颜色的，就不用那么麻烦了。这

就是一个 BAD UI。

　　使用缆线时，经常会出现由于两头的对应关系不明确而一头雾水的情况。图 3-29（右）是我所在的研究室的地板下面的样子。因为网络不太通畅，我怀疑可能是插头松了，于是撬开地板看看，结果发现完全搞不清楚哪根线是哪根线，各自都接在了哪儿。只好每根线都确认了一遍，拉拉扯扯，整理了半天，很是费了一番功夫。你应该体会得到提示对应信息的重要性了吧。

　　为了不再因为找不到对应关系而发愁，可以像图 3-30 这样在两头贴上对应信息。

图 3-30 （左）在网线的两头贴上同样的标签，对应关系就能一目了然。
（右）医院里的方向指示图，这样就可以了解前方通往哪里

女洗手间的指引图：为什么要在这里提示？

图 3-31 女洗手间的指引图（提供者：三轮聪哉先生）

最后，我再介绍一个意图提示对应关系结果却失败了的例子。图 3-31（左）是某大学建筑物内张贴的女洗手间的指引图。其他楼层的男洗手间和女洗手间都是紧挨着的，只有这个楼层中离得比较远，所以就在男洗手间边上贴了一个提示女洗手间方位的指引图。这样的指引图的确很有帮助。

但是问题在于，该指引图张贴的地方不对。指引图如图 3-31（中）所示，是贴在墙上的，但是该指引图贴在了图 3-31（右）中箭头所指的地方。也就是说，是贴在进入男洗手间后才能看到的那面墙上。前方没有路，所以基本上能看到这个指引图的都是男性，或者是坐在轮椅上的人（从旁边的无障碍电梯出来后应该可以看到）。因此，明明是针对女洗手间的指引图，女性却很少有机会能看到。如果能贴在图 3-31（右）中靠左手边的墙上就好了，但是又可能出于防灾等因素的考虑不允许张贴在那。怎么解决这个问题还真应该好好想一想。

图 3-32 是某租售店的照片。在柜台处可以进行租借、归还、购买这样 3 种业务。这个柜台乍一看好像只受理购买业务，但是实际上购买和归还都会受理。但是客户看到这个箭头和文字就会以为"这里是购买专用的柜台"，想要归还物品时就不会在这里排队。在这个柜台的左侧里面有 3 个租借柜台，办理租借业务的客户都在那里排队，而就因为这个提示，导致只是办理归还业务的客户也会去那里排队。贴上这样的提示标签是为了说明"此处受理购买业务"，但是却被人理解成了"此处只受理购买业务"，反而带来了麻烦。

以上案例告诉我们在哪里提示以及提示内容的重要性。各位在提供提示信息时也请注意一下这一点。

图 3-32 购买受理处
（提供者：植田雄也先生）

"前注意特性"和色彩通用设计

图 3-33　去米原车站的新快速列车会停在左边画有"△"号的 1 ~ 12 号站台。
每站都会停靠的开往吉祥寺方向的列车则停在有 8 个点会闪烁的站台

你是否看到过车站站台的地上画有各种图形或者以某种规律反复闪烁一种标识？在日本，有些车站会有各种类型的列车来停靠，这类车站的站台上通常就会在列车运行指示板和地上，通过图形、颜色和动作模式等来建立对应关系，以便提示人们列车会停在什么位置。

那么为什么会通过形状、颜色和动作模式等来建立对应关系呢？其中的一个理由就是，对人类来说，这种形状、颜色和动作模式等在识别对象时是很有帮助的。

图 3-34 是分别在 24 个蓝色圆形、96 个蓝色圆形和 600 个蓝色圆形中放入 5 个红色圆形后的效果图。请分别在其中找出红色圆形。在 3 幅图中寻找红色圆形所花的时间有差别吗？比如，在

左边 24 个蓝色圆形中寻找和在右边 600 个蓝色圆形中寻找，圆形的数量有 25 倍之差，那么寻找所花的时间是否也有 25 倍之差呢？

大多数人在 3 幅图中找到红色圆形所花的时间基本上都一样吧？我们把这种不用依次（按照顺序）去找就可以瞬间掌握的视觉特性称为"前注意特性"（前注意变量）。这种视觉特性，即使不用下意识地去注意也能马上看出来，所以在建立对应关系上是非常有效的。这种可以瞬间掌握的视觉特性，除了颜色（比如色彩浓度和明亮度等）以外，还有形状、大小、方向、位置（偏离在队列之外）、质感等（图 3-35）[1]。

① 界面设计模式（第 2 版）.Jenifer Tidwell 著，蒋芳等译.电子工业出版社，2013。

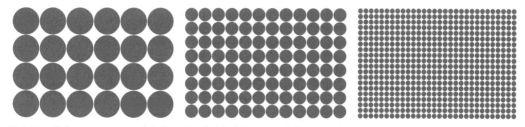

图 3-34　请在 24、96、600 个蓝色圆形中找出红色圆形。顺便提一下，如果要识别的种类增加的话效果就不好了

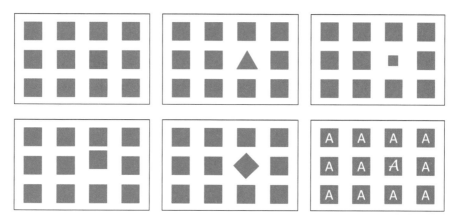

图 3-35　"前注意"可以识别的各种对象（颜色、形状、大小、方向、场所、质感）

这种对应关系挺有用的，但是也有一些需要注意的地方。那就是关于色彩识别的问题。

平时可能不会意识到，但是人其实分为很多种色觉类型，不同的色觉类型者看同一个东西的效果是不一样的。世界上 C 型色觉的人最多，所以他们就被叫作正常色觉者，其他的 P、D、T 型色觉的人则称为色弱者。这里出现的问题是，由于正常色觉者的比例显著较多，所以各种 UI 的颜色都是按照 C 型色觉者可以识别的颜色来设计的（色弱者在日本的比例大致为男性 20 人中约有 1 人，女性 500 人中约有 1 人。而在澳大利亚这个比例则为男性占 8%、女性占 0.4%[①]）。因此 UI 上使用的颜色对色弱者来说识别起来是很困难的（比如通过颜色来区分场所、性别、动作状态等），这让他们很苦恼。

像这种会考虑各种人对颜色的视觉效果差异的设计，就叫作色彩通用设计（Color Universal Design）[②]。在进行色彩通用设计时，目标是设计出能被尽量多的人分辨出的配色，或者是即使颜色分辨不清也能传递出信息。另一方面，正常色觉者很难判断色弱者眼中看到的是什么样子。于是，可以模拟色弱者视角的软件应运而生。比如有一个叫作"色彩模拟器"[③]的软件，可以通过设备体验其他人眼中看到的颜色。因为这只是一个模拟器，所以效果可能并不完美（而且摄像头也至关重要），但是可以在一定程度上帮助了解（图 3-36），因此大家不妨试试，看看自己打算在 UI 上使用的颜色能否被所有人理解。

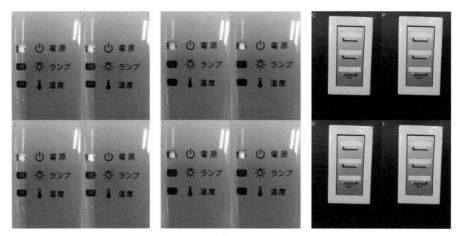

图 3-36 通过色彩模拟器（在 HTC j Butterfly[④]上使用。有 Android、iPhone 版本）拍摄的照片（左）幻灯机关闭的状态。（中间）幻灯机打开的状态。（右）照明开关
各图中从左上到右下依次是 C 型（正常型）、P 型（1 型）、D 型（2 型）、T 型（3 型）。因为各类型的效果可以排列在一起确认，所以很容易比较

① *Introduction to Information Visualization*.Riccardo Mazza.Springer London Ltd,2009。

② NPO 法人色彩通用设计机构：http://www.cudo.jp/。

③ 色彩模拟器：http://asada.tukusi.ne.jp/cvsimulator/j/。

④ 2012 年 HTC 在日本发布的一台智能手机。——译者注

总结

本章中列举了若干个案例，比如照明和开关、淋浴和水龙头、冷热水的切换开关等，围绕着一对一的对应关系介绍了各种各样的 BAD UI。因为身边会有很多这种例子，所以遇到过类似的 BAD UI 的读者应该已经充分理解对应关系的重要性了吧。

作为操作对象的 UI，不是只要将其提供出来就可以了，如果不附带一定程度的含义以及明确的对应关系，用户就不好理解。但是，要在操作对象和操作方法之间建立起明确的对应关系是一件很难的事情，所以 BAD UI 的产生也无法避免。

除了本次介绍的案例以外，由于对应关系不明确而导致出现 BAD UI 的情况比比皆是。比如，一个四眼炉灶以及操作各个灶眼的开关是如何一一对应起来的这个问题。一旦搞不清楚哪个开关和哪个灶眼对应，就会给错误的炉灶点上火，导致烹饪失败，或者将放在炉灶上准备用来盛菜（实际上是不应该放在那里的）的器皿烧裂开，所以需要注意。

也许有读者认为自己以后也不会有机会来创建本章案例中提到的这些对应关系。但是，不管是谁，肯定都可能遇到类似本章后半部分中介绍的那些事情，比如将行李整理到纸箱中后找不到东西了，或者是缆线太多搞不清楚了，又或者不知道把文件收到哪个文件夹中了。这就意味着用户可能会在不久的将来使用到自己创造出来的 UI。为了到时候不发愁，希望大家可以在建立对应关系这件事上多上点心。另外，曾经那些与 BAD UI 亲密接触的记忆可能会在某个关键时刻派上用场，请务必在脑中留出一小块角落放置这些记忆。

练习

☞请画出自己家或者学校、工作单位等场所中各个房间的平面分布图，然后用图示的方法说明那些房间的照明和开关是怎么对应的。有没有哪里的对应关系不太合适呢？另外，也请考虑一下如果要改善的话应该怎么做。

☞请调查一下自己家浴室里淋浴和水龙头之间的切换开关是哪种类型的。如果是和家里人一起住的话，请调查一下他们在使用时是否遇到过问题。然后，拍下照给其他人看，请他们想象一下操作方法。如果他们猜想的操作方法和实际用法不一致，就很有可能是 BAD UI，这时请考虑一下他们为什么会猜错。

☞请找出由代表一男一女的图案组成的洗手间标识，确认这个标识是否曾导致使用者搞不清男洗手间和女洗手间的位置关系。

☞你家里或者学校、工作单位等场所的各类电线上是否因贴了标签而显得清晰明了？如果没有标签的话，请思考一下要贴上什么样的标签才会让电线类别清晰易懂。

☞请使用色彩模拟器等调查一下各种 UI 上使用的颜色在各种色觉类型的人眼中看起来是什么样的。并讨论一下是否存在由于颜色问题而没能传达出去的信息，有的话应该改成什么颜色。

第 4 章 | 分类

你是否有过这样的经历？在车站内明明看到了提示目标出口位置的指示牌，结果还是不知道应该朝哪个方向走；想要保持电梯门打开的状态，却不小心按下了关闭按钮，差点夹到人；收到的宣传单上显示要在本地举办活动，但是却无法从中看出信息之间的关联性。

世上有很多 UI，而且每个 UI 都各有不同，没有两个完全一样的东西。但是不知道为什么，我们不管看到哪个 UI，都能看出哪个和哪个是具备类似功能的、哪个和哪个是属于同一类的。这到底是为什么呢？为什么明明没有任何说明，但是却能掌握到这些信息？

这是因为人类具有一种可以将多个元素归为一类或者多类的能力，我们在这里称之为"分类"。本章就会以这种分类能力为中心介绍相关的 BAD UI。

本章中说明的内容，可能你会认为是理所当然的。但是如果换位思考一下，例如是你自己来设计 UI，可能就会无意中忽略这些内容。彼时，希望你能想起下文中的讲解。

那么，接下来就让我们一起看看与分类有关的 BAD UI 吧。

哪个和哪个是一类的?

让人发愁的指引牌:洗手间在哪里?

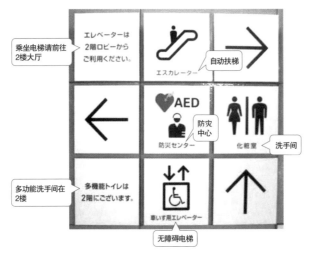

图 4-1　洗手间在哪个方向

　　图 4-1 是在 Twitter 上曾一时成为热门话题[①]的新宿某大楼里的指引牌。那么,你看得出洗手间在哪个方向吗? 理由又是什么呢?

　　单看这块指引牌的话,感觉洗手间像是在右边,又像是在左边,也可能是在前方。该案例显而易见是一个 BAD UI,因为它让人看到了多种可能性。同样的问题,我问过近 200 个学生,大约有七到八成的学生回答的是"左边",而其他学生则回答的是"右边或者上面"。那么你觉得呢?

　　正确答案就是大多数学生回答的"左边"。就这个案例而言,可能不会有太多人搞错方向。如果是在气定神闲地阅读本书时,或者是在听课时等平和的状态下看到这个指引牌,可能问题不大,而如果是在急着去洗手间或者无法冷静思考的时候看到它,估计就会纠结了吧。

　　接下来让我们来思考一下为什么无法从这个指引牌上马上看出洗手间的方向。请不要回答一句"因为看不太懂"就结束了,在学习 UI 时深入思考是很重要的一点。

　　那么我们就来分析一下这个指引牌。首先,这个指引牌由 9 个方格组成,其中 3 个方格里画有大大的箭头符号,其他 6 个方格里则画有自动

扶梯、洗手间等标识,或者写有对多功能洗手间等场所的指示信息。箭头方格表示的是朝哪个方向走,其他 6 个信息方格则说明自动扶梯和洗手间等场所的存在。也就是说,这个指引牌通过 6 个信息方格和 3 个箭头方格的组合来提示自动扶梯和洗手间等场所的位置。换句话说,6 个信息方格分别和哪个箭头方格是一类的就变得尤为重要。

　　接下来,我们着重看看画有洗手间标识的方格。和这个方格对应的箭头是哪一个呢? 也就是说,提示洗手间的方格和"向右""向左""向上" 3 个箭头方格中的哪个是一类的呢?

　　洗手间方格的上方是向右箭头方格,下方是向上箭头方格,左边相隔 1 个方格的地方则是向左箭头方格。所以看到指引牌的人就搞不清楚洗手间方格和哪个箭头方格是一类的,进而也就不知道洗手间在哪个方向了。

　　我实际去现场进行调查后,用红框划分了一下各个方格之间的组合关系。如图 4-2 所示,洗手间方格和向左箭头方格是一类的。

　　我还去其他楼层看了一下,发现还有些地方贴着 3×2 或 1×3 的组合(图 4-3)。3×2 的组合中,上面一行有一个向右箭头,下面一行有一个向上箭头,因为这两个箭头都集中在右侧,所以哪些方格和哪个箭头是一类的就比较清晰明了

[①]　"到新宿了,但是不知道哪里有洗手间! 谁设计的这个指引牌……Twitpic"。http://twitpic.com/6h3fd3

（不过，现在这种状态向上箭头和向右箭头有点冲突，上下行互换一下可能更好）。而 1×3 的组合中只有一个箭头，所以也就不存在什么问题了。从方格可以自由组合以及张贴方法上没有规律这两点来看，设计师在设计时可能并没有考虑到张贴方式，而是由建筑师或者物业管理公司的人等间距地贴成现在这样的。考虑到 BAD UI 的产生过程，这可以说是一个有趣的案例。

从思考最佳布局的角度来说，这个指引牌也是一个不错的例子，所以请各位想一想，怎么贴才能减少用户的困惑呢？

图 4-2　各个方格是怎么组合的呢

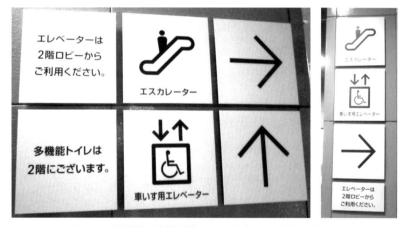

图 4-3　其他楼层的指引牌（3×2 或者 1×3 的布局方式）

自动售券机的按钮：选择大碗的方法是什么？

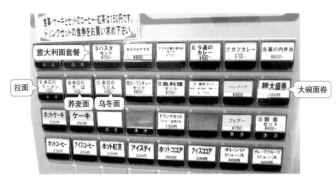

图 4-4　要选择大份拉面的话应该怎么操作（当时是 2013 年 4 月）

正如之前多次介绍过的那样，自动售券机真是 BAD UI 的宝库。这是因为自动售券机上要处理各种各样的菜品，而且每天的菜品都可能会有变化，菜单上也在不停地增加或者减少菜品。

图 4-4 是某家餐厅里的自动售券机。因为店里的告示上写着"拉面、荞麦面、乌冬面、意大利面都可以加大面量"，所以我就想找大碗的按钮，但是没有找到。因为身后有很多人在排队，于是打算放弃，就在此时，店员跟我打了个招呼，我抓紧机会说"我想加大面量……"店员告诉我"在这里"，原来相应的按钮就在自动售券机的右边。

因为"意大利面套餐""拉面""荞麦面""乌冬面"这 4 种面都集中在左边，所以我一开始认为"大碗面券"的按钮应该也在它们附近，结果却没有找到。当时想如果这个按钮可以用不同的颜色标识一下，或者放到面类按钮的附近就好了，这样就能比较容易地找到了吧。

后来又有一天，因为告示上写着有带咖啡的套餐，于是又花了很多时间来找"带饮料的套餐"。因为一直在最下面一行的饮料区里找，所以也一直没能找到。

仔细观察了下这台自动售券机，发现了一件很有趣的事情，那就是有一些按钮上印着外面带有圆圈的数字 3 ～ 14 以及 24，其他按钮上则没有数字。本来菜单上的菜品和数字是一一对应的，但是可能随着时间的流逝，菜单发生了一些变化，于是就出现了数字缺失的现象。

又过了几天再次去那家饭馆时，发现这台售券机的界面发生了变化：不仅按钮都变得带数字了（图 4-5），而且机身上还另外贴了一个纸条，写着"如果要点带饮料的套餐请选择 23 号"，变得相当简单易懂。如果可以同样再加一条"如果要点大碗请选择 16 号"就更好了。不过不知道为什么采用了多种颜色，这好像没什么意义……

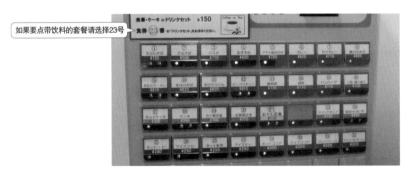

图 4-5　更改后的布局（当时是 2014 年 1 月）

感觉所有按钮的标签都带有不同的颜色，同一种颜色又都在同一行，反而会让人看不太懂。不知道这些颜色是按照什么规则分布的

公用书架：那本书在哪里？

图 4-6　找了半天都没找到的一本书原来混到这个书架里了
不知道为什么《JavaScrip 启示录》[1] 这本书会混进 UI 相关的图书里

　　你是否有过花几十分钟在书架上找一本书的经历？或者是找了半天都没找到，以为书丢了便不了了之，之后却又在意想不到的地方找到了。

　　图 4-6 是我研究室里的一个公用书架。之前我打算在上课时使用《JavaScrip 启示录》，但找了半天都没找到，很是苦恼了一阵。后来终于在 UI 的相关图书中找到了它，可这原本是关于编程语言的图书呀，和 UI 完全是两个不同的领域嘛。

　　如果把书架看成是一个管理、寻找、取出图书的装置，那么整个书架就可以说是一个 UI。或者我们可以这样认为，如果能够很方便地找到想要看的书，那么这个书架就是一个不错的 UI，反之则是 BAD UI。即使是私人书架也会经常找不到想看的书，更何况是公用书架，明明应该在书架上的书却怎么也找不到的情况更是时有发生（然后像这次一样，过了一段时间又找到了）。

　　无论是私人书架或小团体的公用书架，还是图书馆或书店，都会对图书进行整理。至于找到目标图书的难易度，不同图书馆或书店的情况也各不相同。图书整理方面有各种图书分类法，在日本使用的是日本国立国会图书馆分类表[2]和日本十进分类法[3]等。不过这种分类对一般人来说并不简单，而且也不适用于小型书架的管理。

　　在整理书架时有一点很重要，那就是使用该书架的用户是什么样的人。想象会有什么样的用户来使用、用户会在什么情况下去书架找书，对设计 UI 来说很有帮助，所以请务必思考一下。顺便说一下，我总是会按照颜色来整理 O'Reilly 出版社出版的书，于是编程语言类的图书等没有按照种类排列，分布在各处，找起来很麻烦。

　　请各位将书架作为一个 UI 来观察，然后设想会有什么样的使用者，并据此将图书按照一定规律分门别类，进行整理。要求界面清晰明了，便于用户使用。

---

① Cody Lindley 著，徐涛译．人民邮电出版社，2014。

② http://www.ndl.go.jp/jp/library/data/ndl_ndlc.html。

③ http://www.ndl.go.jp/jp/library/data/pdf/NDCbunruikijun 2010.pdf。

根据相似点进行分类

电梯按钮的排列：微笑着关上了电梯门

图 4-7　在匈牙利看到的电梯操作面板。想要开门时却把门关上了，这是为什么

有一次我去参观匈牙利的一个著名景点，登上四周景色宜人的建筑眺望一番后，心满意足地要乘坐电梯离开时，发生了这样一件事。我进入电梯后，正要操作按钮时看到前面有一对老夫妻正急匆匆地走过来。于是，我对他们报以微笑，示意他们"没关系，不要着急，我会开着电梯门等你们的"，同时伸手去按电梯的"打开"按钮，但是结果电梯门却关上了。那时我心中的打击、焦急以及那对老夫妻满脸诧异的表情，至今都无法忘记。面带微笑地对着要乘电梯的人把门关上，也实在是太糟糕了吧。

图 4-7 就是当时那辆电梯的操作面板，请思考一下我为什么会出现这种操作失误（想要保持开门的状态结果却关上了门（我当然不是故意要关门的））。

下面依次说明一下我当时是怎么考虑的，根据什么做出了判断，从而进行了那样的操作。

1. 看到想要乘电梯的老夫妻，决定等他们，朝他们微笑，示意"不用着急"。
2. 瞄了一眼电梯的操作面板，看到"关闭"按钮。理所当然地认为旁边那个看似与开关门有关的带有三角形的按钮就是"打开"按钮，随即按下。
3. 因为电梯门的动作和预想是相反的，马上要关上了，所以很慌张，赶快确认自己按下的按钮。发现原来被自己当成"打开"按钮按下的其实是"关闭"按钮，但是又没能及时找到"打开"按钮，电梯门就彻底关上了。

有时候在电梯等场所，同一个操作界面上的确会安装多个具有同样功能的按钮。但那是为了各种人士都能操作到这类按钮而设计的。比如在离地面较高的位置安装一个给成人使用的按钮，同时在没那么高的位置再安装一个给孩子或者坐轮椅的残障人士使用的按钮。一般不会出现在"关闭"按钮旁还有一个"关闭"按钮的情况（这并不是可以让两个人同时进行的操作）。而且，"打开"按钮不在"关闭"按钮边上真是让人觉得有点别扭呢。

怎么想都觉得这个 BAD UI 是故意要让人操作错的。如果你知道电梯上这两个并排的"关闭"按钮的设计初衷，请告诉我，谢谢。

两扇门：一扇是电梯的门，那么另一扇呢？

图 4-8　面向大厅的两扇门。右边的门是电梯的门，那么左边的门又是什么门呢（提供者：稻见昌彦先生）

图 4-8 是中国某酒店大厅里的两扇门。右边的门是电梯的门，你觉得左边的门看起来是什么门呢？

为了增加问题难度，我故意把照片上半部分剪切掉了，所以可能大多数人会回答说左边的也是电梯门吧。没有剪切过的原图见图 4-9。文字略有磨损，不过还是看得出用黑底绿字写着"安全出口""EXIT"。也就是说，左边的是紧急出口的门。由于这扇紧急出口的门和电梯门长得很像，都是看上去很豪华的样子，所以看不出来它是在紧急时刻用来逃生的门。

当然，门上写有"安全出口 / EXIT"的字样，已经明确提示了这里是紧急出口。但是由于发生灾害时是不能使用电梯的，所以客人应该不会靠近看上去像是电梯的地方吧。而且这种靠近天花板位置的标识在发生火灾时会被烟雾挡住而无法识别（烟雾是往上走的），所以这种提示方法不是很好。

在豪华的高级酒店里，处理类似于紧急出口这种性质特殊的东西时需要考虑很多方面，不是那么容易的一件事。但是为了让住客们在发生灾害时能够安全地逃离，希望相关设计者可以再下点工夫。

图 4-9　左边的门上写有"安全出口 EXIT"（提供者：稻见昌彦先生）
紧急时刻真的能够从这里平安逃出吗

计算机主机上的按钮：想要打开盖子却让计算机重启了，这是为什么？

图 4-10　可以自行组装的计算机机箱（提供者：真锅知博先生）
大大的电源按钮上方是一个可以打开的盖子，里面有 3.5 英寸驱动安装口和 USB 插口

第 1 章中也已经介绍过，计算机的机箱上有很多有意思的地方。图 4-10 是可以自己组装一些部件的计算机机箱。这个计算机机箱上，中间偏下的地方有一个大大的电源按钮，上方是麦克风、耳机等各种接线的插口。这个机箱还隐藏着各种各样的功能。如图 4-11（左）所示，机箱上有一个盖子是可以打开的，打开后可以看到一排插口，可以插入 USB 线或者 3.5 英寸驱动（在这张照片里 3.5 英寸驱动安装口里什么都没有，但是一般会放入 SD 卡或者 XD 卡的读卡器，以前一般会放入磁盘驱动）。就这样粗粗一看，也没发现有什么问题。

但是，要打开机箱上的这个盖子，需要按下如图 4-11（右）所示的写有 PUSH 字样的圆形按钮。而在 PUSH 按钮下面紧挨着就有一个形状几乎完全一样的按钮，边上写着 RESET，这个 RESET 按钮是用来强制重启计算机的。为了进行

某个操作（比如插入 USB 等）而要按下 PUSH 按钮时，如果不小心误按了 RESET 按钮，计算机就会重启，除了已保存在硬盘中的内容以外，所有内容都会被删除。也就是说，RESET 按钮基本上是不应该碰的，但是因为外观和 PUSH 按钮很像，而且两个按钮又紧挨着，于是就有被误操作的风险。像这种两个完全不同的功能由外观相似、位置相近的两个按钮来操作，很容易引发误操作，这是有问题的。为了保证不出问题，建议使两个按钮保持一定距离，并且按钮的大小形状等也都设计成不同的样子，这样会比较安全。

另外，PUSH 这个按钮名称，仔细一想其实挺多余的。因为 RESET 按钮和 PUSH 按钮的操作方法都是按下，所以至少将 PUSH 改成 OPEN 还可能更合适一些。

这个计算机的机箱上充满了各种各样的 BAD UI 要素，非常有助于大家学习。

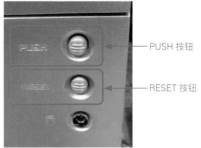

图 4-11　（左）开闭式的驱动安装口。（右）PUSH 按钮和 RESET 按钮（提供者：真锅知博先生）

换乘指示：换乘地铁的公交车站是哪个？

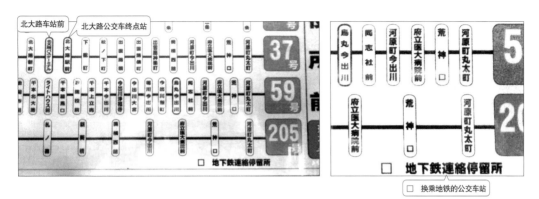

图 4-12　换乘地铁的公交车站在哪里（提供者：Yuco 女士）

京都有数不清的游览胜地，公交车路线也纵横交错，好似一张蜘蛛网，因此人们经常会不知道该乘哪一路公交车。而且，还有些公交车编号是同一路，行驶路线却不完全一样，即使是一直住在京都的人有时也会搞不清楚。图 4-12 是公交车内贴着的公交车路线图。除非是一直乘公交车的人，否则一般人是无法准确记忆哪辆公交车会停在哪里的，因此有这样一张图来提示哪一路公交车会在哪一站停靠是非常有必要的。另外，京都除了公交车以外，还有京都市营地铁和京阪、阪急、岚电、JR 等各种列车。在哪一个公交车站下车后可以马上换乘地铁，这样的信息对于游客来说也是非常重要的。

该路线图中的最下方写着"□　换乘地铁的公交车站"的字样，看起来这是在提示下车后可以换乘地铁的公交车站。那么你看出来哪个公交车站是换乘地铁的公交车站了吗？

我曾经在"有趣的 BAD UI 的世界"（http://badui.org/）里介绍过这个案例，当时很多人的第一反应都是"荒神和千本鞍马是换乘地铁的公交车站吧？"但是实际上这两个车站的名称是"荒神口"和"千本鞍马口"，看上去像四方形的那个符号其实是汉字"口"。

实际上"北大路公交车终点站""北大路车站前""乌丸今出川"才是换乘地铁的公交车站。仔细观察一下指示图可以发现，这 3 个公交车站外

面的框线比其他车站的更粗一些。也就是说，"换乘地铁的公交车站"这个说明文字左面的"□"（四角形）代表的不是形状，而是框线的粗细。

但是仔细看下图 4-12（右），乌丸今出川等车站外面的框线看起来要比这个四角形的框线粗。有可能以前这个四角形和换乘地铁的公交车站的框框里面是涂了颜色的，只是后来掉色了，于是信息上出现了缺失。

不管怎么说，这个案例中含有多个 BAD UI 的要素，很有启发性。

再多说几句，本书中由于字体的原因，可能很难分清"口（汉字）"、"ロ"[①] 和"□（四角形）"，所以我尽量不把它们 3 个放在一起使用（例：4 つロコンロの□の印（分别表示炉灶的 4 个灶眼的□记号））。不过我也因为忽略了字体因素而犯过不少错误，编写的讲义里就出现过好几次让学生困惑的写法。比如最近的编程课讲义里，就有学生无法正确判断 println 和 jquery-2.1.1 里的"l"和"-"是什么。我的本意是要写"l"（L 的小写），但是有很多学生以为是"I"（i 的大写）或者"1"（数字）；而"-"（半角字符的连字符）则被误认为是"—"（全角字符的连字符）或者"ー"（日语中的长音符号），导致编程时出错。这种错误会造成时间的浪费，所以希望能尽量避免这种不必要的误会。

---

① 日语发音为 ro 的片假名。——译者注

让人不知所措的标识：从这里开始是自行车道 / 自行车道到这里结束

图 4-13 （左）"从这里开始不允许自行车通过""从这里开始是自行车道"。
（中）"从这里开始允许自行车通过""自行车道到这里结束"。（右）放大后的自行车图标

京都目前正在逐步修建自行车道，这是因为在京都很多人都会使用自行车作为交通工具，而且这群人中还有一些人总是骑着自行车乱闯。修建自行车道本身是一件非常好的利民工程，但是在修建方法上有一些问题。图 4-13 是和自行车道相关的标识。图 4-13（左）中，左边写的是"从这里开始不允许自行车通过"，右边写的是"从这里开始是自行车道"。而图 4-13（中）则相反，左边写的是"从这里开始允许自行车通过"，右边写的是"自行车道到这里结束"。图 4-13（右）是将"从这里开始是自行车道"和"自行车道到这里结束"的部分放大后的照片。要表示的是完全相反的意思，却使用了几乎一样的标识，所以骑自行车的人如果不看文字根本就无法判断哪个是哪个，必须要很小心，否则就会误闯入非自行车道。

为什么会出现这样的情况呢？因为这里原本是想将一条较宽的人行道像图 4-14（左）那样进行分割来修建自行车道的。但是其中的部分路段如果让自行车通过的话，容易出现交通事故等问题，比如行人过马路时等红灯的路段、公交车的等候区、上下天桥的楼梯前，等等。于是就将这条人行道分成了图中那样的 4 种区域：允许自行车通过的人行道、不允许自行车通过的人行道、自行车道以及非自行车道（原本就是人行道）。

京都在全世界范围内都是很受欢迎的观光胜地（在美国大牌旅行杂志 *Travel + Leisure* 统计的 2014 年世界受欢迎城市排行榜中位居第一），会有很多外国游客来访，到处都能租赁自行车。对于这些外国游客来说，只有日语的指示牌肯定无法传递信息，所以需要使用图标这种视觉信息来表现。比如使用图 4-14（右）那样的表示不允许自行车通行的通用标识，应该就不会出错了吧。目前使用的标识哪怕对日本人来说可能都是行不通的，希望可以有所改善。

其实关于这个 BAD UI 我还没有说完。单看图 4-14（左）你也能想象得到，在这个地方周围 700 m 范围内又出现了 5 次"从这里开始是自行车道"和"自行车道到这里结束"的标识。要骑行在正确的道路上还真不是一件简单的事情呢。

骑车时人们的注意力主要集中在骑行上，所以希望可以尽量使用一些一眼就能看懂的提示。

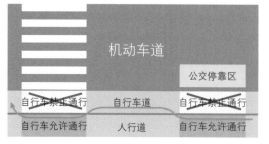 

图 4-14 （左）机动车道、自行车道、人行道。（右）用于表示禁止自行车通行的标识

使用划线的方式进行分类

时刻表里的组合：为什么要乘的那辆公交车一直不来？

图 4-15 （左）Greyhound 的时刻表。（右）这是开往"LAREDO，TX"的汽车，
我要乘坐的则是开往"SAN ANTONIO，TX"的

有一次出差，我要从德克萨斯州的 AUSTIN（奥斯汀市）前往 SAN ANTONIO（圣安东尼奥市）。由于两地相距 130 km 左右，所以我决定乘坐 Greyhound[①]的长途汽车。Greyhound 长途汽车可以在线预约，而且取票也很简单，价格还相当便宜（130 km 的距离，在线预约的话只要 8 美元，提前一周以上预约的话更是只要 4 美元，如果到现场去买的话则要 25 美元），车上提供电源和无线网络，十分方便（不过车站在比较偏远的地方，会担心治安问题，并且去车站的过程也很不方便）。

不好意思，背景说明有点长，这里要介绍的就是在 Greyhound 车站看到的汽车时刻表（图 4-15 左）。大家可以看到表上有很多目的地，SAN ANTONIO、BROWNSVILLE（布朗斯维尔）和 LAREDO（拉雷多）等。我要去的目的地则是其中的 SAN ANTONIO（时刻表中最上面那行）。

我预约的是一种叫作 Will Call 的车票，这种票需要至少提前一小时取票，于是我提早到达车站，取完票后就安心地在车站里等着。这期间来了很多辆开往各个方向的汽车，每来一辆车站都会通过广播提醒一下，比如"HOUSTON、HOUSTON"（休斯敦），所以一点都不担心会错过我要乘坐的那班车。但是眼看着时间一分一秒地过去了，马上就要到发车时间了，汽车却还是没有来，于是我决定去看一下怎么回事。结果看到停在那里的是开往"LAREDO，TX"的汽车（图 4-15 右）。

那之后又等了一阵子，但是不管怎么等开往

SAN ANTONIO 的车就是不来。车站工作人员也只是一个劲地喊"LAREDO、LAREDO"。渐渐地我开始觉得有些不安，所以又去确认了下时刻表。我要乘坐的开往 SAN ANTONIO 的汽车确实是下午 4 点 25 分发车。然后我又顺便看了下开往 LAREDO 的汽车的发车时间，同样也是下午 4 点 25 分（这部分照片里没有拍进去，大家可能不太好理解，这里稍微说明一下。比如，开往 SAN ANTONIO 和开往 LAREDO 的班车中都有一辆是 2:35 AM 发车的，那么就会在两边都写上 2:35 AM）。应该同时发车的开往 LAREDO 的汽车早就已经到了，但是开往 SAN ANTONIO 的汽车却完全没有要来的意思。

眼看就要到发车时间了，越发觉得有点不对劲，于是找车站的工作人员问了一下开往 SAN ANTONIO 的汽车是不是还没来。结果被告知这辆开往 LAREDO 的汽车中途就会在 SAN ANTONIO 停一下！我和其他几个在边上听着的乘客都吃了一惊，然后才恍然大悟原来这就是那辆去 SAN ANTONIO 的车，于是慌忙上车。貌似大家看了那个时刻表都以为去 SAN ANTONIO 和去 LAREDO 的是两辆车。

如果是同一辆车，就不应该根据目的地的不同用横线区分开并分别提示发车时间，合并在一起来说明会更好一些。就因为当时二者是分别提示的，我们差点错过那班车。

一旦看到有划线，人们就会认为信息已经各自组合好了，一般都会觉得两线之间的就是一个整体。因此，图 4-15（左）这样的表现方式会让人

---

① 美国最大规模的公交车运营公司。——译者注

觉得开往 SAN ANTONIO 的和开往 LAREDO 的是两辆不同的车（因为母语是英语的人也同样在焦虑开往 SAN ANTONIO 的汽车怎么一直不来，所以这应该与英语能力好坏无关）。

通过以上案例，相信大家都明白了明确表现出什么和什么是一类的何其重要。希望大家在使用划线等方式进行分类的时候，能够站在用户的角度去考虑分类的效果。

图书搜索系统：要怎么搜索？

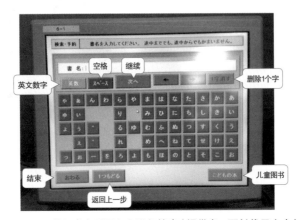

图 4-16　输入书名后要怎么进行搜索（提供者：西村优里女士）

因为书店和图书馆里的图书搜索系统会被各种各样的人使用，所以我一直都希望可以有一个谁都会使用的 UI。图 4-16 是某图书馆里的搜索系统，应该怎么搜索呢？

输入书名的话只要点击画面中央的五十音图键盘就可以了，这一点很明显，没有问题。那么输入书名后应该怎么开始搜索呢？一般情况下全局操作相关的按钮会出现在画面下半部分，那里也的确有 3 个按钮，但是"结束"和搜索没有关系，"返回上一步"和"儿童图书"很明显也不是。这个画面上好像就没有叫作"搜索"的按钮。后来考虑了一下，因为有"返回上一步"的按钮，所以是不是应该有"前往下一步"的按钮呢？但是找了一下也没有找到。

正确答案是，在书名输入栏的下方有一排按钮（"英文数字""空格""继续""←""→""删

除 1 个字"），按下其中的"继续"按钮即可。这一排里的其他按钮都是用来在输入书名时操作的，比如输入空格或者删除 1 个字等，只有这个"继续"是用来进行全局操作（搜索）的，所以不容易被发现，导致用户困惑。如果能放在"返回上一步"的旁边，那么用户马上就能看出两者是有关的，推测出"继续"应该就是前往下一步的意思，所以就是搜索按钮，这样 UI 的可用性就能提升一个档次。或者直接把"继续"改成"搜索"也可以。

这里再顺便提一下，还有一种常见的由于"划线"而出现错误的分类案例，那就是在窗户上贴的宣传语，宣传语的每个字是分别独立开来的。当我第一眼看到图 4-17 中窗户上的宣传语时，都没看懂是什么意思。如果你身边有这种有趣的现象，请一定要告诉我。

图 4-17　某宣传语（左）野道？堀书？。（右）？？？？？

格式塔心理学和分类法则

图 4-18　只是单纯地尝试对汉字"木"进行了各种组合。分别怎么读呢

格式塔心理学在 UI 领域中算是一个相当重要的关键词，因此这里简单介绍一下。格式塔一词源于德语 Gestalt，意为一个整体的形状、形态，通常用来表示"作为一个整体，而不是多个个体的集合来认知"（所谓"认知"，指的是不仅仅通过感官，还通过推理、判断、记忆等来处理外界信息的过程）。

比如，图 4-18 中从左侧开始看起来依次是什么汉字？之前也问过很多人这个问题，大多数人的回答是：最左边是"森"，中间是"木林"，最右边是"3 个木"。其实这 3 张图中只是变换了 3 个"木"字之间的位置关系，但是看起来就是 3 种不同的效果，有的看起来是"1 个字——森"，有的看起来是"2 个字——木、林"，还有的看起来是"3 个字——木、木、木"。

为什么看起来的效果会出现差异呢？为什么最左边的那幅图会被认为是一个整体"森"，而不是 3 个"木"字的集合？我们为什么会将由多个复杂偏旁组成的汉字（例：樊、鼠等）认知为一个字？为什么有人看到下图这样的鸟群、鱼群会觉得那是具有某种意义的大型生物，而不是一只一只的小鸟或者一条一条的小鱼？（有一个众多小鱼集结在一起化身为一条大鱼共同行动的故事，叫作《小黑鱼》[1]。这个故事在日本的语文课教科书上出现过，所以在日本应该是广为人知的。）

像这种人类会将某些元素的集合看成是一个整体的认知系统，在心理学领域中称为"完形法则"。"完形"这类用语可能比较难懂，你只要理解成"将多种元素组成整体（分类）的法则"就可以了。在这种分类法则中，相近法则、相似法则、连续法则、封闭法则、共同命运法则是尤为著名的。那么接下来，我们就针对这 5 个法则[2]，通过举例子的方式逐一说明。

---

[1]　李欧·李奥尼著，彭懿译 . 南海出版社，2010。
[2]　另外还有"对称性法则"和"主体 / 背景法则"等各种法则，这里就不一一说明了。

图 4-19　鸟群和鱼群

相近法则

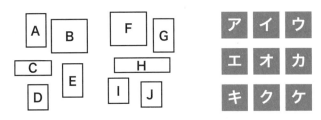

图 4-20 （左）将 "A" 到 "J" 这 10 个四方形分为 2 组的话，可以怎么划分？
（右）在 "ア" 到 "ケ" 这 9 个四方形中，哪个是和 "イ" 属于一类的呢

在图 4-20（左）的例子中，有 10 个白色背景的四方形，每个四方形中分别有 "A" 到 "J" 这 10 个英文字母。如果要将这 10 个四方形分为 2 组，可以怎么划分呢？同时，图 4-20（右）中有 9 个相同大小、相同颜色的四方形，每个四方形中分别有 "ア" 到 "ケ" 这 9 个日语片假名，其中和 "イ" 属于一类的四方形是哪一个呢？

对于 "A" 到 "J" 这 10 个四方形，几乎所有人都会回答可以分为 "ABCDE" 和 "FGHIJ" 这样 2 组。而针对 "ア" 到 "ケ" 这 9 个四方形，较多人的回答是 "ア" 和 "ウ" 是和 "イ" 一类的（并不是所有人都这么认为，只是相对多的人偏向于这样的回答）。

他们为什么会这样组合呢？理由就在于 "相近法则"。所谓相近法则，就是指 "相比较而言，彼此之间距离较近的物体会比距离较远的物体看起来更有关联，更容易被当成一个整体"。这就是第 3 章对应关系中讲到的内容。图 4-20（左）中，"A" 到 "J" 每个四方形之间都有一定的距离，但是这个距离一旦和 "ABCDE" 与 "FGHIJ" 之间的空间相比，就显得微不足道了，因此人们容易将 "ABCDE" 和 "FGHIJ" 分别作为一个整体。而在图 4-20（右）中，比较 "イ" 和它邻近的 "ア""ウ""オ" 之间的距离，可以发现 "イ" 和 "ア"，"イ" 和 "ウ" 之间的距离要比 "イ" 和 "オ" 之间距离稍显紧凑一些。因此，"アイウ" 就会被认为是一类的。

如上所述，在表现某物和某物之间是否有关联时，距离是非常重要的。很多 BAD UI 的案例都是由于距离关系有问题，比如在本章开头介绍过的指引牌（图 4-21 左）以及书架上的排列等。

图 4-21（右）是空调的遥控器。第 1 行的 3 个按钮 "制冷""制暖""除湿" 紧挨在一起，这些按钮都是用于启动空调（打开电源）的。而拥有相反功能（关闭功能）的 "停止" 按钮却不在其中。"停止" 按钮的理想位置应该是在 "制冷""制暖""除湿" 附近，但是在这个遥控器上，"停止" 按钮却出现在了 "温度""风量""风向""定时" 等设定按钮中，因此乍一看很难发现 "停止" 按钮在哪里。这就是此 UI 的问题所在。

大多数情况下，将功能类似的界面放在一起，将功能不同的界面分开一定距离，这样的 UI 使用起来会比较方便。同理，宣传海报等界面中，相关的信息放在一起，无关的内容则放到相对较远的地方，更便于用户获取信息。

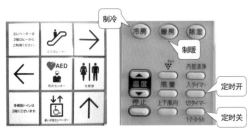

图 4-21 （左）让人发愁的指引牌。（右）如果要关闭空调应该按下哪里

相似法则

图 4-22 （左）在 "A" 到 "I" 这 9 个图形中，哪个是和 "E" 属于一类的呢？
（右）在 "ア" 到 "ケ" 这 9 个四方形中，哪个是和 "イ" 属于一类的呢

在图 4-22（左）中有 9 个图形，每个图形中分别有 "A" 到 "I" 这 9 个英文字母。这里面和 "E" 属于一类的是哪个呢？同时，图 4-22（右）中有 9 个相同大小的四方形，每个四方形中分别有 "ア" 到 "ケ" 这 9 个日语片假名。在这幅图中，和 "イ" 属于一类的四方形是哪个呢？请给出你的判断，并一并思考下做出这种判断的理由。

几乎所有人的答案都是一样的："A" 到 "I" 的图形中，和 "E" 属于一类的是 "D" 和 "F"；而在 "ア" 到 "ケ" 的图形中，和 "イ" 属于一类的是 "オ" 和 "ク"。其中，后者和图 4-20（右）都是四方形，而且排列方法也完全一样，所以即使有人回答 "イ" 和 "ア" "ウ" 是一类的也可以理解，但是绝大多数人都认为这里的 "イ" 和 "オ" "ク" 是一类的。

为什么会这样判断呢？理由就在于 "相似法则"。所谓的相似法则，就是指 "带有共同特征的图形，比如形状相同、颜色相同、指向相同等，容易被认为是一类的"。图 4-22（左）中，"D" "E" "F" 都是圆形的，而其他都是四方形的。由于人们倾向于将形状相同的物体归为一类，所以这里 "DEF" 就被认为是一类的了。而在图 4-22（右）中，"イ" "オ" "ク" 是绿色的，其他都是蓝色的。由于人们倾向于将颜色相同的物体归为一类，所以这里 "イオク" 就被认为是一类的了。从这个例子中可以看出，即使元素距离相近，人们也不一定就会仅以此为依据判断它们是一类的。形状和颜色等都是会影响到一体化的较大因素，所以在设计 UI 时必须要认真考虑后再做出选择。

如上所述，在表现某物和某物之间是否有关联时，颜色和形状是非常重要的。我们经常能够看到由于颜色和形状的设计有问题而出现 BAD UI 的案例。同时，由于巧妙地运用了颜色和形状而达到预期效果的案例也为数不少。

图 4-23（左）中，"每月第" 是黑色的，"4 日曜" 是红色的[①]，所以看到的人有那么一瞬间会不知道该怎么读。图 4-23（中）是酒店电梯的按钮。看上去像是有 2 个按钮，但是实际上上面那个并不是按钮。图 4-23（右）是保龄球场的电梯按钮，真不知道为什么会是这样的 2 个按钮……

综上，在使用同样形状或同样的颜色时还请多加注意。

————————————————
① "每月第 4 日曜" 即每个月的第 4 个星期天。
————译者注

图 4-23 （左）由于文字颜色不一样，导致看到的人在读这段文字时会自然地断句成 "每月第" "4 日曜"。（中）电梯的操作面板上看上去像是有 2 个按钮，但是上面那个其实只是看似按钮的标识（提供者：大槻麻衣女士）。（右）不可思议的 "上升按钮" 和 "下降按钮" 的组合（提供者：寺田努先生）

连续法则

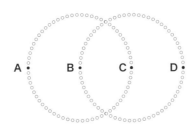

图 4-24 "B""C""D"中哪个是和"A"属于一类的

图 4-24 中有 "A""B""C""D" 4 个黑点，和 "A" 属于一类的是 "B""C""D" 中的哪一个呢？

对于这个问题，回答 "C" 的人最多。为什么他们会认为 "A" 和 "C" 是属于一类的呢？理由就在于 "连续法则"。所谓的连续法则，就是指 "具有连续性的要素容易被认为是一类的"。

为了让你理解什么是连续法则，在这里我将使用不同的颜色来表现出在人们眼中那些小圆点是如何被分类的（图 4-25 左）。小圆点的集合是

有规律地排列着的（排列具有连续性），因此会如图 4-25（右）所示被认为是 2 个大圆，进而 "AC" 就会被认为是一类的，"BD" 被认为是一类的。

只要善于运用连续法则，就能很清晰地表现出哪些要素是一类的。图 4-26（左）就是灵活运用了连续法则的案例。漫画书排成一排时，书脊上的粉色标签就会形成一条斜线，由此站在书架面前的人可以很轻松地看出漫画书是否有按照序号排列，或者是否有缺失。反之，如果没有意识到这个连续法则，就会给本来没有关联的内容强行拉上关系，导致用户困惑（图 4-26 右）。

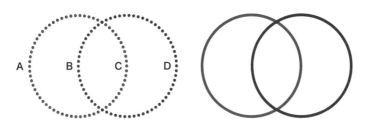

图 4-25 和 "A" 属于一类的是 "C"。和 "B" 属于一类的是 "D"。人们将这些小圆点的集合认知为 2 个大圆

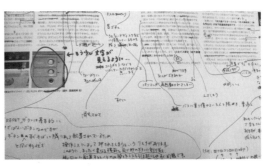

图 4-26 （左）某医院里的书架。多亏了标签有明确的连续性，所以能很清晰地看出顺序。（右）正在校正的原稿。不好意思，那么乱根本看不懂啊

封闭原则

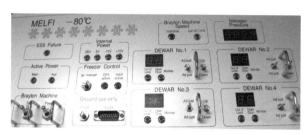

图 4-27　宇宙飞船里的 UI。通过用线框分割的方式将各种内容分类（拍摄于 JAXA）

"123456789"，当看到这样一排数字时，你会觉得各数字是怎么组合的？想必大多数人都会认为"123"和"67"是一类的吧（进而"45"和"89"也是一类的）。

下面有 3 组数字，都是 1~9 依次排列，区别在于分别在 1 和 2 之间、4 和 5 之间、7 和 8 之间以及 9 的右边插入了不同的符号。请问它们之中看得出来哪个和哪个是一类的吗？看得出来的话哪些又是一类的呢？

1.　1{234}567）89（

2.　1}234{567）89（

3.　1}234}567（89）

针对以上问题，多数人都会认为第 1 组数字中"234"是一类的，第 2 组数字中"没有数字形成了一个整体"，第 3 组数字中"89"是一类的。插入符号的位置和形状完全一样，只是左右方向不一样而已，这也会导致分类的结果出现差异。为什么会这样认知呢？

这是因为用 {…} 括出来的部分会被认为是一个整体，用（…）括出来的部分也会被认为是一个整体。可能有些人会认为"这是因为从小接触的算数或者数学、语文等科目中，（）和 {} 都是用来表示把括号内的内容作为一个整体的符号"。那么为什么在数学或者语文等科目中会用这些符号来表示一个整体呢？最初的原因只有问最早使用

这些符号的人才能知道了，但是之所以被这些符号括起来的内容更容易被认知为一个整体，原因就在于封闭法则。封闭法则就是指"由于某个图形而形成的封闭空间有助于一个整体的组成"。

不仅仅是 {…} 和（…），[…] 等也会被认为是一个整体。另外，文字中表示说话内容的引号（""）也是因为具有这种分类的特质而被使用的。在（^^）这种颜文字[①]中，之所以会将多个符号看成是一个脸，理由之一就是在最初和最后使用了闭合的括号，所以封闭法则见效了。

图 4-27 是宇宙飞船里的 UI。各种功能依靠线框各自形成了一个整体。通过这种分类，使用者就能大致判断出哪些系统功能在哪里了。图 4-28 是通过 DIY 的方式对原本很难看懂的车站指引牌进行改善的案例。具体来说就是使用黑胶带作成的粗线，将左右两块区域分割开来。请看右边的放大后的照片，原本的线非常细，肯定曾经有人误以为西武池袋线在右边。车站工作人员通过贴上黑胶带来明确分割线的位置，努力给乘客提供正确的提示。从几乎不花成本就解决了问题的角度来看，这是一个很有意义的案例。

由于封闭法则的作用非常明显，所以在使用时也需要格外注意。一旦错误使用，就会产生 BAD UI。图 4-15（P.83）中介绍的时刻表和图 4-16（P.84）中介绍的图书搜索系统就是这样的例子。

---

①　通过各种符号的组合来模拟人的面部表情，后来逐渐衍生出身体动作甚至动物的形状。——译者注

图 4-28　通过黑胶带将左右两边分割开来（提供者：TT）

共同命运法则

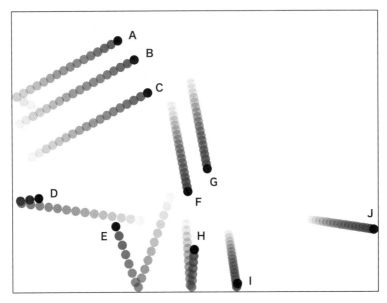

图 4-29 从"A"到"J"的 10 个小黑球在到处窜。哪些是属于一类的呢
（由于在纸上很难表现出动态的感觉，所以通过渐变的色调来表现出运动轨迹）

图 4-29 是从"A"到"J"的 10 个小黑球在某空间内弹跳的样子（由于很难在纸上表现出动态，所以通过渐变的色调来表现运动轨迹，实际的动态效果可以登录本书的网站观看[①]）。如果要将这 10 个小黑球分为若干个整体，你会怎么分？

针对这个问题，大多数人是这样分的："ABC"是一类的，"FG"是一类的，剩下的是一类的。他们会这样区分的理由就在于"共同命运法则"。所谓的共同命运法则，就是指"进行着相同运动的物体容易被认为是一类的"。

图 4-29 的案例中，"A""B""C"在朝着同样的方向（右上方向）以同样的速度运动着，因此被认为有着共同命运，进而被认知为一个整体。而"F""G"也是在朝着同样的方向（向下方向）以同样的速度运动，所以也被认为是一个整体。当该法则生效时，即使元素的颜色和形状不同，由于它们在进行着同样的运动，因此往往也会被认为是一类的。

现实中，一起行走的人们很容易被认为是一类的，同一时间点亮的灯往往也会被认为是一类

的。同理，当有很多鸟儿在飞翔时，动作相近的鸟儿会被认为是一个团体，而动作不同的鸟儿则会被排除在这个团体之外。

如果能有效地运用共同命运法则，努力使 UI 中有关联的部分做相同的动作，那么用户就能马上判断出哪个和哪个是有关联的了。反之，如果 UI 中没有关系的物体在同一时间做出动作的话，用户就会误以为原本没有关系的物体之间有某种关联性，产生混乱，结果就会导致 BAD UI。另外，如果用户进行某操作后的反馈有所延迟（点亮小灯或者发出声音等），用户可能就无法意识到该反馈和之前的操作之间的关联，以为操作和反馈是完全无关的两件事而百思不得其解。我在第 2 章中也介绍过，在提示反馈时需要注意时机，必须控制在共同命运法则的有效时间之内。

最后，有一个可以体验共同命运法则有趣之处的小程序[①]，有兴趣的读者请体验一下。

[①] http://badui.info

从分类法则和布局关系中读出的含义

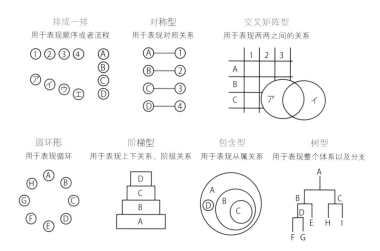

图 4-30 人们从多个图形要素的布局关系中读出的含义（出自《图的体系：图表式思维及其表现》[1]）

通过之前介绍的内容，你是否能理解 UI 中分类法则的重要性了呢？认真考虑分类法则可以帮助你在 UI 的设计上取得飞跃性的进步。只要多加考虑有关联的元素和无关联的元素之间应该如何布局、如何表现，也许就能避免 BAD UI 的出现。

虽然同样都称为分类，但是根据不同的布局方法，人们对这些元素之间的关系也会做出不同的判断。比如如上图所示，当元素以不同的布局方式组合在一起时，根据该布局方式会产生不同的含义，详细情况可参照脚注中提到的参考书。我们在设计 UI 时，需要考虑到不同布局方

式的含义，并进行适当的布局。如果在布局时不考虑这些含义，导致最终布局方式的含义与本意相悖，用户就会错误地理解，使 UI 变成不好用的 BAD UI。

比如，如果电梯里表示楼层的按钮以圆环形排列，就会稍显混乱（图 4-31 左）；如果多个作为背景使用的圆形重叠在一起，用户可能就会开始考虑重叠部分是否有什么特殊的含义，从而产生问题（图 4-31 右）。

大家在设计 UI 时，请务必考虑到这些。

线索
反馈
对应关系
分类

使用习惯
一致性
制约

维护

图 4-31 （左）电梯中表示当前所在楼层的标识。（右）会出现其他含义

---

[1] 原书名为『図の体系―図的思考とその表現』. 出原荣一、吉田武夫、渥美浩章著. 日科技连出版社，1986。暂无中文版。——译者注

总结

本章围绕分类的重要性这个主题，介绍了各种各样的 BAD UI。如果进行了不恰当的分类，就会产生不好用、不好懂的 UI，导致用户混乱。然而，这个世界上有很多这样的 BAD UI。不过相信大家已经理解了会出现 BAD UI 的理由。

不知道车站指示牌上提示的目的地和哪个箭头是对应的，考试时不知道答案应该写在哪里，不知道演讲人的话和幻灯片里信息的对应关系，看不懂手工制作的活动宣传海报……这个世界上到处都有源于 UI 的困扰，而其中很大的一个原因就是设计者没有充分考虑到分类。

在本章的最后，我介绍了格式塔心理学以及其中的几个分类法则——相近法则、相似法则、连续法则、封闭法则、共同命运法则。可能有很多人会觉得这是理所当然的，但是要理解"理所当然的内容"，并且善于运用，远比想象中的要难。大家在设计各种 UI 时，比如宣传海报或者文档等，请务必要记住这些法则，然后制作出便于用户使用的 UI。

▍练习

☞针对本章中介绍的各种 BAD UI，请思考一下可以如何改善，以及改善方法中运用了哪种法则。

☞请拍摄提示车站出口以及换乘信息的指引牌，调查指引牌上的文字信息和哪个箭头是一类的。如果分类做得不到位，请思考应该如何改善。

☞请调查一下在车票或者餐券的自动售卖机等设备上，同一种类的物品是否都采用了同一种颜色来表示，以及是否都集中在一起。同时，如果是不好用的自动售卖机，请观察它是如何提示信息的，并思考应该如何改善。

☞请找出由于没有考虑到分类而导致访问者搞不清文章和配图之间关系的网站，并且思考应该如何改善。

☞请针对自己家里的私人书架或者学校、工作单位的公用书架，想象使用该书架的人（用户）的感受，思考如何分类更方便用户找书。

第 5 章　使用习惯

　　你是否有过这样的经历？因为搞错了性别差点进入了异性的洗手间，或者无意中把卡插反了，被机器提示"无法读取"。

　　人们在与 UI 反复多次的接触过程中，心里自然而然就会形成一套"○×是△□"的规则。

　　以洗手间的性别标识为例。用来表示男洗手间还是女洗手间的标识，在颜色和形状上多多少少会有些差异，但是人们在以往的人生经验之中也去过无数次洗手间，在这个过程中已经将一些使用习惯作为规律来掌握了——"下半部分像裙子一样展开的是女洗手间，相反的则是男洗手间""男洗手间用黑色或者蓝色，女洗手间用红色"。因此即使面对是略晦涩的标识，也能正确识别而不进错洗手间。但是另一方面，如果碰到了与自己心中规律有出入、不符合使用习惯的情况时，人们就会产生困惑。

　　本章将着眼于形状、颜色、数字的排列方式等会形成一定使用习惯（规则化）的元素，介绍由于与用户使用习惯不一致而变成 BAD UI 的案例，并说明什么时候用户会烦恼、如何才能将问题最小化等。

　　那么，接下来就让我们看看由于与用户使用习惯不一致而产生的 BAD UI 吧。

形状与认知上的差异

用于判断性别的标识：哪个是男洗手间哪个是女洗手间?

图 5-1　某商务楼中洗手间的标识。你会进哪一个洗手间（提供者：绫塚祐二先生）

图 5-1 是东京某栋建筑里男洗手间和女洗手间的标识。请问哪个是男洗手间哪个是女洗手间? 你这样判断的理由是什么?

以前讲课时，我曾经对 300 多个人提过同样的问题。当时有 6 成左右的男性认为左边的是男洗手间，剩下的 4 成男性则认为右边的才是男洗手间; 而女性听讲者的回答则各占一半。你的选择是什么呢?

实际上左边的是男洗手间，右边的女洗手间。为什么有那么多人会选错呢?

图 5-3 中的照片是我之前收集的洗手间标识中的一部分，请各位参考一下。在日本国内，使用颜色来表现性别时，通常会“采用蓝色或者黑色代表男性，采用红色或者粉色代表女性”（关于这一点，会在下一小节中详细说明）。另一方面，当使用圆形和三角形这种单纯的图形来表现性别时，通常会“采用圆形下方叠加朝下的三角形来表示男性，采用圆形下方叠加朝上的三角形来表示女性”。也就是说，当着眼点分别落在颜色和形状上时，它们对性别的提示效果是不同的，所以会出现近半数人选择错误的结果。如果是图 5-2

（右）这样的标识就完全不会出问题。思考为什么现在会出现图 5-2（左）这样的标识是一件很有启发性的事。是在甲方发送设计要求时出错了? 还是因为每个圆形和三角形的零件都是独立的，安装人员在安装时进行了错误的组合? 如有知情者，请一定联系我。

接下来请大家继续看图 5-3。仅仅看这里展示的，就能了解到世上存在各种各样的洗手间标识。其中，上面那些是比较好懂的，一眼就能分清男女，而越往下则越不容易分辨。尤其是最下面一行中的那三组：使用圆形和四方形来区分的标识（○：女；□：男），透镜状的标识（凸透镜：女；凹透镜：男），只用圆形和三角形来区分的标识（○：女；△：男）。我觉得这些都太难区分了。

“洗手间标识的自言自语”[①]是一个收集洗手间标识的网站。里面有数量庞大的数据，非常有趣，值得一看。如果能注意观察洗手间标识，将会发现各种各样的问题，非常有趣。今后大家在使用洗手间时请务必留心一下那里采用的是什么样的标识。

---

① 网站原名为トイレマークのつぶやき，http://1st. geocities.jp/toiletmark/index.html。

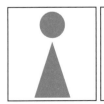

图 5-2　（左）参照图 5-1 画成的插图。（右）将左图中的颜色进行了对调。如果是这样的标识就不会被搞错了吧

 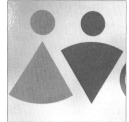  

   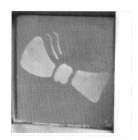

  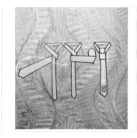 

 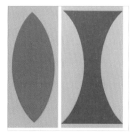  

图 5-3　各种各样的洗手间性别标识示例。其中有一些很难识别
（透镜式图标提供者：户田大贵先生；△和○图标提供者：佃洸摄先生）
最下面一行，从左边开始依次为：○代表女性，□代表男性；凸透镜代表女性，凹透镜代表男性；○代表女性，△代表男性

形似垃圾箱的某物：这不是○×

图 5-4　看起来像是一个垃圾箱，但是上面贴着一张说明"这不是垃圾箱。请不要往这里扔垃圾"

图 5-4 是某栋建筑里的物体，看起来像是垃圾箱但其实并不是垃圾箱。在开合式的盖子上贴了两张纸条——"这不是垃圾箱""请不要往这里扔垃圾"。之所以会出现这样的纸条，说明之前应该有很多人都曾经往里面扔过垃圾吧。实际上，我也觉得这怎么看都是个垃圾箱。那么这到底是什么呢？

在看到这形似垃圾箱的某物后，过了若干个月我又再次来这栋建筑办事。由于实在很好奇这个形似垃圾箱的东西到底是什么，就在一旁观察了一段时间。然后我发现这个东西的上面有一个地方是可以提起来的。

图 5-5 就是抓住该处拉出来的样子。在拉出来的部分写有提示"请使用雨伞套"，下面就是一叠的雨伞套。

所以，这个形似垃圾箱的东西的真面目就是

伞套机，用于在下雨天提供雨伞套来防止满是水滴的雨伞弄湿地板，而且用完的雨伞套也可以扔在里面。果然长得像垃圾箱的物体的确也具备了和垃圾箱类似的功能。

也就是说，这台伞套机之所以会成为 BAD UI，责任并不在它的设计师身上，而是安放的方法不对。如果只在下雨天摆放出来，其他时候都收起来，那么可能这个设备就只会被用来放雨伞套（当然，可能是有人为了省去搬来搬去的麻烦而一直放在外面的，但是如果因为这样导致有人会往里面扔垃圾，反而会产生新的工作量——处理垃圾，那么还不如在晴天的时候把该设备收起来）。而且，即使贴了现在的这些提醒纸条，也还是会有人会往里面扔垃圾。至少把雨伞套放在可以看到地方，或者写上"这台是伞套机"，才有可能减少往里面扔垃圾的情况。

图 5-5　原来这是一台伞套机

原来这是一台伞套机，在下雨天提供装伞的套子。看起来像垃圾箱的地方是用来扔雨伞套的。这也可以说是专门针对雨伞套的垃圾箱，所以被误认为是垃圾箱也情有可原。如果晴天时收起来，或者使之处于一直可以看到雨伞套的状态，也许就不容易发生这样的误会了

图 5-6 （左）这是什么？（中）贴了两张便签分别写着"This is not a mail box""这不是邮筒"。（右）圆柱形邮筒

当你手里拿着打算要寄出去的明信片，看到了图 5-6（左）的物体时会怎么做？如果是我，应该会把手里拿的明信片投进去。但实际上这个长得像邮筒的东西并不是邮筒。

仔细看会发现在这个形似邮筒的物体上贴了两张纸，分别写着"This is not a mail box""这不是邮筒"（图 5-6 中）。继续读的话，就会发现这个不是邮筒，而是一个募捐桶。但是用户不一定都能认真读完这种贴纸，由于它看上去就跟以前常见的邮筒差不多（图 5-6 右），所以被误认为邮筒也不奇怪吧。

下面再介绍一个由于外形相似而出现问题的有趣案例吧。图 5-7 是某酒店中安装的终端，那么这是用于什么的终端呢？

由于显示器上显示了信用卡的相关内容，所以手头现金不多的某个人可能会觉得终于找到了 ATM 机，直接冲过去就往机器里插入信用卡想要取钱。实际上，显示在画面左侧的卡上写着"VISA"，的确是信用卡。但是仔细一看，显示屏上方和下方都贴着标签，分别写着"NOT AVAILABLE FOR CREDIT CARD"和"这不是ATM机""This machine is not ATM"。原来那个看上去像信用卡的其实是一种叫作 e-kenet 的积分卡，这种卡带有信贷功能，而这台终端可以针对积分卡的部分确认剩余积分或者领取优惠券。

由于人们会寻找自己需要的信息，所以对想要用信用卡取钱的人来说，VISA 字样就成为了巨大的线索。而且这台终端安装在有许多国外游客住宿的酒店里，想必已经有不少人因为看不懂机器上的日文说明而搞错了吧，因此才会有多张不同语言的标签来说明这不是一台 ATM 机。

如果可以在画面上追加英语说明，或者突出 e-kenet 字样，将 VISA 的部分模糊化，也许就降低被搞错的概率。不过不管怎么说，这都是一个有趣的 BAD UI。

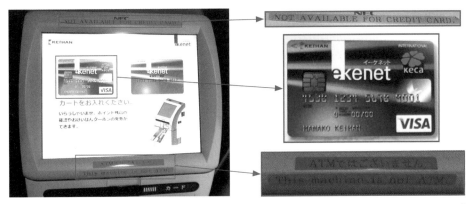

图 5-7 "NOT AVAILABLE FOR CREDIT CARD""这不是 ATM 机""This machine is not ATM."

卡片的设计：为什么会搞错卡片的插入方向？

图 5-8　这张卡应该从 A 方向插入还是从 B 方向插入呢

图 5-8 是某公司内部使用的卡片。将该卡插入自动售票机等的插卡口时应该从什么方向插入呢？ A 还是 B ？

在之前讲课时我也多次对学生提出过同样的问题，约有 70% ~ 80% 的人都会回答从 B 方向插入。但是仔细观察一下卡片的话，就会发现卡片左上角有提示卡片插入方向的箭头。而且，该卡片的发行公司的网站上有如图 5-9（左）所示的解说图片。从中也可以看出，正确答案应该是从 A 的方向插入。为什么那么多人会认为 B 是正确答案呢？ 为什么明明有提示插入方向的信息，还有那么多人会搞错呢？

这是因为在卡面中间显示了大大的"＞＞＞＞"，这一部分被很多人认为是提示插入方向的信息。虽然在卡片左上角的确有提示插入方向的箭头，但是线条较细，不明显。而中间的箭头则又大又醒目，使用者一眼就被吸引过去了。

中间的箭头设计对用户来说成为了强烈暗示从 B 方向插入的标识，于是用户就会从 B 方向插入卡片。看起来简洁干净的设计固然很好，但是如果变成了可能导致用户错误操作的提示，那就有问题了。这正是说明这一点的好例子。

至于设计者为什么会进行这样的设计就不清楚了，不过从该公司网站上的内容来看，这个"＞＞＞＞"的部分就是用来表示插入方向的，而且如图 5-9（右）所示，自动打卡机上也指明了卡片的插入方向。所以我猜测应该是有意设计成这样的，但是为什么会有意设计成反方向的箭头就不得而知了，仍然是充满了各种想象。如果你知道其中的理由请联系我。

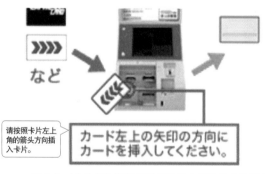

图 5-9　（左）卡片发行公司的网站上提供的卡片插入方法说明[1]（当时是 2014 年 10 月）。
（右）自动打卡机感应部分的设计

---

[1]　http://expy.jp/member/exic/exic_service.html

图 5-10　（左）miyoca 卡片的插入方向是朝右（提供者：北川大辅先生）。
（右）具有各种功能的卡片（提供者：圆山隆辅先生）

还有很多其他案例是关于卡片设计中如何提示插入方向的。比如，图 5-10（左）中的卡片，用户拿到手后会想从左边插入，但是实际上应该从右边插入。在该案例中，由于卡面上竖印着插图和文字，所以用户会想顺着便于阅读的方向插入卡片，结果就出错了。人们之所以会这样来判断插入方向，跟他们以前接触过的卡片的插入方向也是有关的。从这个角度来说，首先要了解人们平常接触的都是什么样的东西，在这个基础上再来进行设计，这一点非常重要。

图 5-10（右）是 IC 借记卡、信用卡、借记卡三种功能集一身的多功能卡片。该卡片作为借记卡使用时，需要按照和平时相反的方向来插入。设计者可能出于系统设计等方面的考虑只能做成这样，但是对用户来说这是个困扰，因此还是希望在设计时可以多从用户的角度来考虑。就我个人来说是用不惯这种卡片的。

图 5-11 是某酒店的房卡（卡片型钥匙），只要将房卡插入门上的插入口就可以开锁。该卡片有两面，一面画着酒店的 LOGO 以及一些图案，另一面写有一些小字，并且有一条黑色磁条，请问这张卡应该哪面朝上插入呢？

正确答案是"带有黑色磁条的那一面朝上"。曾经有五十人左右的团体在该酒店召开了会议，有不少人抱怨说房门钥匙打不开。还有一次数百人参加的会议，也有人提出了同样的问题。

第 3 章中介绍过一个酒店房卡上没有写房间号导致用户使用不便的案例（P.65）。其实关于酒店房卡，除了那个案例之外还有其他问题，比如插拔房卡速度过快可能会导致信息无法被读取，或者房卡靠近磁铁就会被消磁而无法使用，等等。当用户遇到这种由于某些原因而无法开锁的情况时，就会感到不安，怀疑面前的这个房间是不是自己入住的房间，或者怀疑房卡是不是坏了。在这种状况下如果再加入容易让人搞错的因素（比如前面提到的卡片插入时的正反面问题），就会更加让用户陷入一片混乱。

是否让有图案的那一面朝上？卡面设计上是否要带有功能方面的提示？这些都是相当让人头疼的问题。相信你从以上说明中可以理解遵从用户使用习惯来设计界面的重要性了吧。

请大家找一找，看看自己身边是否也存在这种使用时会产生疑问的卡片。

图 5-11　很多住客都将房卡带有 LOGO 的那一面朝上插入，结果因没能打开房门而感到疑惑（提供者：佃洸摄先生）

颜色与认知上的差异

用于判断性别的标识：为什么会误以为没有男洗手间？

图 5-12 荷兰某大学内的洗手间
（左）位于楼梯侧墙上的标识。提示楼梯下面有洗手间。（右）下了楼梯后有两扇门，每扇门上各贴有一个图标。很多男性看到后都以为没有男洗手间，于是转身走了，这是为什么呢

我在参加某次国际会议时拜访了荷兰的一所大学，会议室附近的楼梯侧墙上贴有如图 5-12（左）所示的标识。只要看到这个标识，无论是谁都会觉得周围是有男洗手间和女洗手间的吧[1]。

由于这个标识是贴在楼梯侧墙上，所以我猜测下楼梯后就会有洗手间，于是就下楼了。楼梯的尽头处可以看到有如图 5-12（右）所示的 2 扇门，并且门上有 2 个标识。我看了一眼标识，一

边心里想着"啊，这里只有女洗手间。那男洗手间在哪里啊？"一边转身原路返回。

上楼后再次确认图 5-12（左）的标识，还是觉得楼下应该有男洗手间，于是满心疑惑地又下楼了。这次仔细观察了一下，发现的确有男洗手间的标识（图 5-13）。可能也因为是在地下，所以光线不是很好，当时我一看洗手间的标识就一心以为两个都是女洗手间，转身就走了，所以没能发现是有男洗手间的。而且，除了我以外，还有其他不少男性与会者（大多是亚洲脸）也都去了地下但是没有找到男洗手间又回到了 1 楼。那么，为什么我们会认为没有男洗手间呢？

---

[1] 题外话，为什么明明哪儿都没有写"洗手间"这几个字，但我们看到这种标识就会认为附近有洗手间呢？我想应该是在潜移默化中，已经渐渐地形成了"有性别标识出现就代表着周围存在男洗手间和女洗手间"这样的惯性思维。

图 5-13 男洗手间的标识。也有一部分原因是光线太暗，很多男性都认为这里没有男洗手间

在上一小节中我们也对洗手间的标识进行了一些分析，所以我想大多数读者应该已经发现其中的理由了吧，那就是"男洗手间的图标是红色"。我根据颜色判断这是女洗手间，以为这里没有男洗手间，于是返回了 1 楼。

下面还有几个类似的案例。图 5-14（左）是贴在新西兰某餐厅洗手间入口的标识。该洗手间标识在蓝色背景上写着"Women"，同行的女研究者（日本人）误以为这是男洗手间，直到最后找店员询问才发现原来这是女洗手间。她在看到这个标识时，因为标识是蓝色的，就先入为主地认为这是男洗手间。另外我还有一次去北京时看到过用红色代表男性、用黄色代表女性的洗手间标识，当时也是一阵混乱（图 5-14 中。更久以前我也去过一次北京，那时看到的洗手间标识是用红色代表男性、用绿色代表女性）。

图 5-14（右）是东京某大型公共场所中的洗手间标识。这里是用黑色来代表女性，如果男性不注意的话很容易误入女洗手间。实际上提供这张照片的男性就差点误入该洗手间。

该洗手间在墙上还贴了一个红色的女洗手间标识。可能是因为以前只有黑色标识的时候发生过用户进错洗手间的情况，所以后来又增加了红色的标识。

虽然在 JIS（日本工业规格）中针对用来表示性别的图标[1]是有一定标准的[2]，但是并没有"必须使用蓝色或者黑色来表示男性"或者"必须使用红色或者粉色来表示女性"这样的明文规定。但

是在日本国内，大多数洗手间都是用蓝色或者黑色来表示男性，用红色或者粉色来表示女性的。这是为什么呢？

关于会用这些颜色来区分表示男性或女性的由来有很多种说法，并没有一个明确的结论。不过根据千千岩英彰教授的调查，在日本大众心中被认为最能代表男性的颜色是浅蓝紫色，而最能代表女性的颜色是浅红紫色（接近粉红色）[3]。在 1970 举办的大阪世博会上，洗手间标识被要求统一，男性使用"黑底白字（或者图形）"，女性使用"红字白色（或者图形）"，也许在当时就已经形成并稳固了这样的默认组合（男性：黑色；女性：红色）。

不过这种标识的颜色，在不同的国家使用习惯也会有所不同。所以不能因为不符合日本人的使用习惯，就一概称之为 BAD UI。但是在日本，基本上都是用红色来表示女性、用黑色或者蓝色来表示男性的，所以至少日本国内的洗手间标识可以使用在一定程度上已经被作为一种惯例来使用的颜色，以免男性因判断错误而误入女洗手间被当成色狼。当然，这种使用习惯也会随着时代的变迁而发生变化。

无论如何，要用颜色来表现某种含义时，希望设计者可以先考虑一下使用者在看到这个颜色时会做出怎样的判断。至少在日本国内设置洗手间标识时应该要考量日本人的使用习惯。以上案例告诉我们按照使用习惯来决定颜色是非常重要的。

---

① 用来传达某种信息的图形文字等。
② JIS Z 8210：2002 "用于指示的图形符号"。

③ 『図解 世界の色彩感情事典——世界初の色彩認知の調査と分析』（图解世界中的色彩情感：世界上最初的色彩认知的调查和分析），千千岩英彰编著，河出书房新社，1999 年。

图 5-14　（左）新西兰某餐厅的洗手间。（中）中国的洗手间标识。（右）日本某展示厅的洗手间标识，明明是女洗手间，却采用了黑色的标识（提供者：宫下芳明先生）
　（左）餐厅洗手间门口的标识。明明是女洗手间却采用了蓝色，所以同行者（女性）没能发现这就是她要找的洗手间。（中）男性用红色表示，女性用黄色标识。（右）因为女洗手间的标识采用了黑色，所以男性很有可能会误入。同时下面还有一个红色的标识。这个红色的标识是后来增加的吗

开关上指示灯的颜色：绿色和红色哪个表示打开？

	ON	OFF
照明（图 5-15 左）	红	绿
照明（图 5-15 右）	红	绿
电视机（图 5-16 左）	绿	红
PC（图 5-16 右）	绿	橙
投影仪（图 5-17 左）	绿	橙
空调（图 5-17 右）	红	—
空调（图 5-18 左）	红	绿

图 5-15 （左）最上面的开关控制的照明是打开的还是关着的？
（中）当开关处于这种状态时，照明情况是怎么样的呢？（右）指示灯颜色和机器状态的对应一览表

为了表现出照明的开关是打开状态还是关闭状态，有些开关上会带有红色或者绿色的指示灯。请看图 5-15（左）中的开关。该开关控制的照明现在是处于什么状态的呢？红色指示灯点亮的表示打开状态？还是绿色指示灯点亮的表示打开状态？理由是什么？

正确答案是，绿色指示灯代表关闭状态，红色指示灯代表打开状态。这是我研究室里的照明，所以我有机会去频繁地进行操作，但是还是经常会搞错。而且同样会使用这个房间的学生们也经常会搞错。其中的理由就在于，在我或者学生们的心中已经有了一套默认的规则——绿色代表打开，红色代表关闭。

图 5-15（中）也是类似的开关。这是某大学教室里的开关，学生们总是会对照明进行错误的打开 / 关闭操作。为什么那么多人都会搞错呢？下面先说明一下该开关的构成。

- 左边写有"西""东"字样的开关，分别用来控制西侧和东侧照明的打开 / 关闭（西是前方，东是后方）
- 右边写有"70% 点灯""50% 点灯""30% 点灯""信号 ON-OFF"的开关，用来调节照明亮度（使用者可以通过操作"信号 ON-OFF"开关来打开或者关闭所有照明？）

这样的操作系统本身就已经不好掌握了，再加上红色代表打开、绿色代表关闭，于是又增加了一个容易导致操作失误的因素。

那么为什么会有如此之多的人都认为绿色代表打开、红色代表关闭呢？为了找到这个答案，请回忆一下你身边的电气产品，在打开电源时会亮起什么颜色的指示灯？关闭电源时又会亮起什么颜色的指示灯？

下面通过几个例子来进行说明。图 5-17 是工作场所或者家里一些电器上表示工作状态的指示灯。电视机、PC、投影仪、空调都是用绿色来表示打开状态；电视机的关闭状态是用红色来表示，PC 和投影仪则是用橙色来表示，而空调是通过熄灭指示灯来表示（图 5-15 右是针对这些案例整理出来的指示灯颜色和状态之间的对应关系表）。

也许很多人的家里没有配备投影仪和台式计算机，但是大多数家庭都会购置电视机和空调放在起居室里，并经常使用。总而言之，我们身边有很多电气产品都是用绿色来表示打开状态、用红色（或者橙色）来表示关闭状态，而我们也已经习惯了这个现象。于是人们根据以往的经验在心中形成了一套规则，那就是"绿色代表打开，红色代表关闭"，结果当"绿色代表关闭，红色代表打开"时就会发生错误。

但是并不是红色就一定表示关闭。图 5-18（左）是我老家在用的空调，运行时会点亮红色的指示灯。我每次回老家看到这个时都会误以为空调发生了什么故障，过了一会儿才意识到"啊，原来是在运行中的意思"。

另一方面，图 5-18（右）是某工厂里大型机器的启动按钮和停止按钮。启动按钮是红色的，停止按钮时绿色的。实际上，这种大型机器运行时点亮红色指示灯、停止时点亮绿色指示灯的情况也是蛮常见的。因为对这种在工厂里使用的大型机器来说，如果有人在机器运行时靠近或者在周围行动时稍有疏忽的话都是很危险的；相反，停止中则可以认为是安全的。因此，这应该是出于"红色代表危险，绿色代表安全"的含义（和红绿灯一样）而决定的颜色。

图 5-16　（左）电视机的电源。打开时是绿色，关闭时是红色。（右）PC 的电源。打开时是绿色，关闭时是橙色

图 5-17　（左）投影仪的电源。打开时是绿色，关闭时是橙色。
（右）空调的电源。打开时是绿色，关闭时指示灯熄灭

顺便说一下，象印[①]的电热水壶上允许放出热水的状态（解锁状态）用红色表示，不允许放出热水的状态（上锁状态）用绿色表示。据说这是因为允许放出热水的状态是危险的，所以用红色表示，而在上锁状态下不会有热水出来，所以是安全的。不过在 1975 年以前这个设置是相反的，红色表示上锁状态，绿色表示解锁状态[②]。有一种说法是当时采用了和红绿灯一样的设计思路，红色表示上锁（停止），绿色表示解锁（可通行），后来考虑到烫伤等危险性才更改的。从这个案例中我们可以看出

UI 的变迁，十分有趣。

但是这种思考方式并不适用于照明等几乎完全没有危险性的物品。遵循人们已经习惯了的用色来进行设计，可以减少由 UI 导致的操作失误。如果不遵从使用习惯，就需要有一定的心理准备，并付出相应的努力从其他方面来弥补。期待未来能出现新技术，让每个人都能根据自己的喜好来设定各种状态下的指示灯颜色。

话说回来，图 5-15（左）的照明每次都会进行错误的操作其实还有其他原因。这也是我始终无法习惯该开关的一大理由，关于这一点将在第 6 章"一致性"中再详细说明。

---

① 日本的一个生活用品品牌，以优质保温杯和厨房电器闻名。——译者注

② http://faq.zojirushi.co.jp/faq/show/866

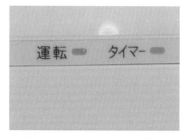 

图 5-18　用红色表示运行中的例子（左）老家的空调。（右）大型机器的启动按钮和停止按钮
（左）老家的空调在运行中会点亮红色的指示灯，导致我误以为发生了故障。（右）某工厂里大型机器的启动按钮和停止按钮。启动按钮是红色的，停止按钮是绿色的。在工厂里的大型机器上，用红色来表示启动的例子并不少见

文字和颜色的组合：绿色的拖鞋是女性用的！

图 5-19 （左）绿色的拖鞋是女性用的。（右）红色的拖鞋是男性用的

我曾经去参观过京都的一家寺院。由于寺庙内禁止赤足，所以寺院准备了拖鞋以供访客从主建筑走到其他有展示物品的建筑。鞋柜里放满了红色和绿色的拖鞋，我的第一反应是绿色的是男性用的，红色的是女性用的，但是正想去拿绿拖鞋时一块指示牌却映入我的眼帘（图 5-19 左）。

"绿色的拖鞋是女性用的"

首先注意到的是"绿色"这两个字以及这两个字的颜色，然后是"女性用"这三个红字，所以一下子就搞不清男性用的拖鞋到底是红色的还是绿色的了。后来看到附近还放了一块牌子（图 5-19 右），写着"红色的拖鞋是男性用的"。的确，按照使用习惯来说，用红色表示女性、用蓝色表示男性是比较易懂的，但是如果和其他颜色混在一起的话就会导致使用者混乱。

比如这里提到的文字和文字颜色的组合，就是大家所熟知的斯特鲁普效应。

下面我们来看几个具体的例子吧。请将图 5-20（左）的第一行从左到右依次说出各字的颜色。然后，第二行和第三行也请用同样的方式说出各字的颜色。

第一行应该是"黑，黑，黑，黑，黑，黑，黑，黑"，第二行应该是"红，蓝，黄，蓝，红，蓝，黄，蓝"，第三行应该是"蓝，红，黄，蓝，蓝，黄，红，黑"。第一行和第二行大家应该都可以很顺利地说出来，但是第三行是不是就比较花时间或者容易出错呢？

所谓的斯特鲁普效应，就是指同时看到的两个信息（比如这里提到的"文字含义"和"文字颜色"）互相干扰的现象。在第三行中，表示"红色"含义的文字是"蓝"色的，而表示"蓝色"含义的文字则是"红"色的，于是两者之间发生了冲突，互相干扰。因为存在这种效应，所以用户看到上述关于拖鞋的指示牌后就混乱了。

假设男性穿了女性用的拖鞋，最多也就是发现鞋小了不舒服（也有可能鞋子会被撑破），所以可能也就一笑而过了。但是，在需要瞬间做出正确判断的情况下（比如驾驶中看路边的交通指示图标等），如果出现了这种会引发斯特鲁普效应的BAD UI，不仅仅会造成用户混乱，更可能导致发生事故（图 5-20 右）。我们一定要注意避免这种情况的发生。

上面从各个角度进行了说明，你是否已经明白了适当的配色有多么重要？

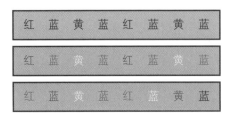

图 5-20 （左）请说出各字的颜色。（右）这里应该朝哪个方向转弯

指旋锁的角度：水平方向和垂直方向哪个方向是上锁？

图 5-21　可以从内侧反锁房门的指旋锁。那么当它处于水平方向和垂直方向时，
哪种状态是上锁（Lock）的？（提供者：山泽总一郎先生）

当要从房间内侧上锁时，我们经常会使用图 5-21 中所示的这种被称为指旋锁的旋转式门锁。图中展示了指旋锁处于水平方向和垂直方向的两种状态，那么其中哪种是上锁状态，哪种是开锁状态呢？请考虑一下，作为参考可以回忆一下自己家或者洗手间的门锁。

我想大多数人的回答都是垂直方向的是开锁状态，水平方向的是上锁状态。但是这个指旋锁正好相反，垂直方向的是上锁状态，水平方向的是开锁状态（图 5-22）。据提供该案例的学生说，朋友来玩时经常会因为不知道该怎么给洗手间上锁而窘迫。而他本人则因为用惯了这把锁，所以在其他地方遇到指旋锁时反而会感到混乱。

当遇到的 UI 与平时使用的有所不同时，大多数用户都会进行错误的操作。

后来我针对指旋锁的旋转方向进行了各种调查，猜测会出现图 5-21 这种情况大概有两种可能性：施工失误或者出于防盗考虑。首先我们来看看施工失误这个可能性。这就是一个比较单纯的事情了，施工者在安装时把方向搞反了。之前介绍的各种 BAD UI 中也有一些是因为施工失误的，都是一回事，这里就不多说了。接下来我们看看另一个可能性——出于防盗考虑。小偷等不法分子在非法入室时会采用的手法之一就是"从门外侧旋转指旋锁来开锁"，作为这一招的破解方法，有时候会采用"故意将指旋锁的旋转方向装反，保证无法从外侧打开"的方法。假设本案例是出于防盗考虑设计成这样的，那么我们可以说它巧妙地利用了 BAD UI。但是，由于这个指旋锁是用在洗手间的门上的，所以只是单纯施工失误的可能性更高。

这个 BAD UI 告诉我们，人们会在每天的日常生活中掌握各种规律，所以在设计时需要注意这点。

图 5-22　指旋锁处于垂直方向时是上锁状态，处于水平方向时是开锁状态（提供者：山泽总一郎先生）

与各种 "普通" 之间的差异

英数字的罗列：308B 房间在几楼?

图 5-23 （左）308B 房间在几楼?（右）1133 房间在几楼

当看到 308B 这个房间号时，大家会认为这个房间在几楼呢? 当看到 1133 这个房间号时大家又会认为是在几楼呢? 每一层楼的房间号又会是怎么排列的呢?（图 5-23）

被我问过这个问题的不下 100 人，几乎所有人都认为 308B 房间在 3 楼，还有一小部分人回答在 30 楼。而对于 1133 房间，则所有人都认为是在 11 楼。你的答案又是什么呢?

根据 308B 这个房间号，我猜测房间应该在大楼的 3 楼或者 30 楼。当我来到大楼前时，发现整幢大楼只有 20 层左右的高度，所以判断 308B 是在 3 楼。而且 3 楼应该有超过 8 个的房间（房间号是 08），而这个房间可以使用隔板等东西分割成 A 和 B。于是我来到 3 楼，但是却没有找到 308B。难道是我搞错大楼了? 又去附近的其他大楼里找了一圈，却始终没有找到这个 308B。眼看开会时间马上就要到了，而我却还没有找到房间。于是怀疑是不是自己在记房间号时写错了，拿出笔记本电脑翻查之前的邮件记录，结果证明的确就是 308B，而且大楼名称也是对的，但是为什么 3 楼没有 308B 呢? 挠了半天脑袋突然发现邮件里写着 "8 楼的 308B 房间"。然后急忙奔向 8 楼，终于找到了正确的房间，不过当时已经迟到了。

后来又有事要去同一所大学，这次收到的联络信息是 "请到 1133 房间集合"。当我看到这个房间号后，第一反应是在 11 楼的 33 号房间。不过马上想到上次的惨痛经历，于是又一字一句地确认了一遍收到的联络内容，果然发现写着 "13 楼的 1133 号房间"。一边长舒了一口气一边走向集合地点，不过脑中还在不停地想 "为什么? ? ?" 充满了疑惑。

两次我都分别收到了 "8 楼的 308B 房间 "13 楼的 1133 房间" 这样清楚的联络信息，所以没能在第一时间掌握房间所在楼层是我的问题。但是人是会根据房间号的英数字罗列来展开各种想象的。世界上大多数公寓、大楼、酒店等用数字来表示房间号时，通常都会用第 1 位或者第 1 位和第 2 位的数字表示楼层数（在表示楼层数时，一般超过 10 楼的高层建筑会使用 2 位数，而低于 10 楼的建筑则使用 1 位数），接下来的那一位数则表示在该楼层中的房间号。几乎所有人都已经习惯了这种房间号的组成规则，所以针对 308B 和 1133 会采用同样的思考方式来分析。根据一般大楼的高度和面积（30 楼、113 楼、1 层楼里有 133 个房间基本上是不太可能的）来考虑的话，就会认为最开始的 1~2 位数是表示楼层的，于是回答分别是 3 楼和 11 楼。但是实际上 308B 房间在 8 楼，1133 房间在 13 楼。所以说，这些英数字到底是以什么规则罗列的呢?

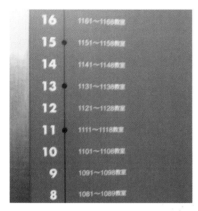

图 5-24 （左）1133 房间在 13 楼。（右）"120O"的标识表示 20 楼的 O 号室。看上去像是 1200 号室

我的疑问在乘坐电梯时看到图 5-24（左）的指示牌后得到了解答。1133 房间所在的大楼内，所有房间号的第 1 位数字都统一为 1，接下来的第 2 位和第 3 位数字表示楼层，最后 1 位英数字则表示在该楼层中的房间号。也就是说，第 1 位数字表示的是大楼的号码。

所以 308B 表示"3 号楼中 8 楼的 B 号房间"，而 1133 则表示"1 号楼中 13 楼的 3 号房间"。顺便说一下，这幢大楼里还有 120O 号室（图 5-24右），也就是"1 号楼中 20 楼的 O 号室"。希望设计者可以使用统一的符号来表示一个楼层中的房间号，如果要用英文字母来表示，那就不要使用 1133 这样的表达，而是使用 113C；如果要用数字来表示，那就不要用 308B，而是改为 3082，这样可能更好懂一点。同一所大学里的大楼，在每幢楼或者每个楼层中的房间号命名规则都不一样的话，对用户来说就会出现困惑。

总而言之，我认为这种房间号的命名规则不是很好。如果能将大楼按照 A～Z 来编号，统一成"C082""A133"或者"C08B""A13C"，又或者是"C-08B""A-13C"，应该可以减少误会的发生。

图 5-25 是某大学里的指引牌以及大楼的平面图。我在这幢大楼里已经迷路过无数次了。从图片中你能看出什么规则来吗？

总之，看到房间号后之所以会认为"第 1～2位数字表示楼层，后面的表示在该楼层中的房间号"，是因为以往的经验和使用习惯就是这样告诉我们的。人们在与学校、工作单位、酒店和公共场所等大量建筑的接触过程中积累掌握了各种模式，心中就逐渐形成了一套规则，于是就会根据这套规则来解释数字的罗列。一旦遇到房间号与这套规则不符的情况，人们就会陷入混乱，这一点需要注意。

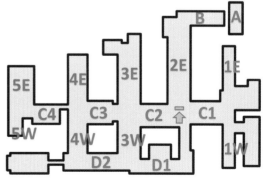

图 5-25 （左）某大学里的指引牌。（右）简化后的大楼平面图

数码相机的按钮：为什么想要拍照却关闭了电源？

图 5-26　拍照按钮是 A 还是 B 呢（提供者：绫塚祐二先生）

我平时在研究的过程中经常会用到数码相机，拍摄的照片数量也相当可观，所以每隔 1～2 年就会买新的数码相机。每款数码相机上各种功能按钮的位置都有所不同，每次换相机后我都备受困扰。图 5-26 是某款数码相机。如果想使用该相机拍照，应该按下 A 和 B 中的哪个按钮呢？请在思考的同时，举起手来模拟手持相机准备拍摄时的状况。

正确答案是按下 B 按钮。从图中可以看到 A 按钮上印有 "POWER" 字样，这也算是一个提示，所以应该有不少读者都答对了吧，不过应该也有答错的。因为 A 按钮上带有说明文字，所以只要每次使用时都注意看清按钮后再操作就不会搞错。但是实际上在拍照时，人们通常是用手摸索着找到拍照按钮然后再按下的，并不会每次都用眼睛去确认按钮。本次案例的提供者就总是在想要拍照时却关闭了电源。而且，有时候他会把相机交给别人请其他人帮忙拍照，而这款数码相机在交出去的时候还是电源打开的状态，结果总是会被对方关闭电源，只能又重新打开电源并再次拜托对方帮忙拍照。

图 5-27 是以俯视的角度拍摄的我研究室里的数码相机。请先猜想一下各款数码相机分别是怎样开关电源的？拍照按钮在哪里？

下面对各款相机的拍照按钮和电源按钮进行说明。

（A）从右到左依次有 "小圆形、大圆形、小圆形" 三个按钮，其中正当中的大圆形按钮就是拍照按钮，左边的小圆形按钮是电源按钮

（B）右边两个大刻度盘的左侧有一个银色的圆形按钮，这就是拍照按钮，左下角的黑色圆形按钮则是电源按钮

（C）右边的银色圆形按钮是拍照按钮，边上有一个黑色的旋钮，用来控制电源开关

（D）右边的大长方形是拍照按钮，左边的小正方形是电源按钮

（E）右边的大长方形是拍照按钮，左边的长方形是用来识别人脸的按钮。电源的开关则是通过相机前盖的上下移动来控制

（F）右边的大圆形银色按钮是拍照按钮，中间的小圆形黑色按钮则是电源按钮

每款相机的按钮布局都不一样，相当混乱。但是不管哪一款，电源按钮都是在握住相机时与手指距离较远（和拍照按钮相比）的地方，或者不是按下型按钮，或者即使是按下型按钮也是比较小型的，因此不容易被搞错。和这 6 款相机相比，图 5-26 中的这款数码相机的电源按钮就在双手握住相机时与食指较近的位置，而且也蛮大的，所以就会因用户误操作而关闭电源。

数码相机简直就是误操作的宝库，除了电源按钮和拍照按钮会被搞错之外，还可能会出现这样情况：想拍照结果却变成录像；想拍照却显示出已拍下的照片（小小的设备上装入了太多的功能，有些情况也挺无奈的……）最近的数码相机都是高性能的机器，对于我这种只要求拍照清晰的人来说甚至有点大材小用，所以觉得自己在选择时应该多关注一下操作的便捷性。另外，大型的电器卖场中都会展示各种数码相机，去观察一下各

(A)

(B)

(C)

(D)

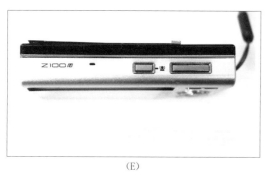

(E)

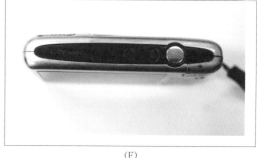

(F)

图 5-27　数码相机上的电源开关按钮以及拍照按钮的位置。你认为分别是哪个呢

款相机上电源按钮在哪里、拍照按钮在哪里、分别有多大等也是很有趣的一件事。

　　由于按钮位置而备受困扰的案例还有游戏机的控制手柄。尤其是任天堂家用机的控制手柄或 Wii 等的经典手柄，上面 AB 按钮的位置、XY 按钮的位置和 Microsoft Xbox 控制手柄上的是相反

的，我总是由于不习惯而出现各种操作错误[1]（详细在 P.133 中说明）。虽然这是一个无法改变的事实，但是内心还是希望能有所改善。

---

[1] *Game Development Essentials: Game Interface Design.* Kevin D.Saunders,Jeanie Novak.Delmar Cengage Learning,2012。

手机上的拨号按钮：拨号按钮在左边还是右边？

图 5-28　（左）左边是我在日本国内使用的手机，右边是我去国外出差时借用的手机。为什么在出差过程中我经常会操作失误？（右）挂电话吧……按哪个（提供者：匿名者）

图 5-28（左）中左边的手机是我以前在日本国内使用的（PHS），右边的手机是去国外出差时从工作单位借用的。每次去国外出差借用的都是右边的那部手机，但我还是会经常操作失误，真是令人头疼。那么到底是为什么会频繁出现操作失误呢？请对比左右两部手机，并进行思考。

下面说明一下我是如何操作失误的。

- 输入电话号码后，想要按下"拨号"按钮，但是却错误地按下了"挂断"按钮（删除按钮），把输入的电话号码都清空了
- 打算按下"接听"按钮接听来电，但是却错误地按下了"挂断"按钮，转成了留言电话

因为是临时借用的手机，不知道怎么解除留言电话，也不知道怎么确认留言，所以难得借来的手机在出差过程中几乎没派上什么用场。

如何？弄清楚我操作失误的原因了么？这张图中左边的手机上，"接听 / 拨打"按钮在左，"挂断 / 拒接"按钮在右；相对的，右边的手机上，"挂断 / 拒接"按钮在左，"接听 / 拨打"按钮在右。也就是说，这两部手机的"接听 / 拨打"按钮和"挂断 / 拒接"按钮是相反的。我按照在日本国内天天使用的手机的操作方法来使用借来的

手机，结果几乎每次都操作失误。

右边的这种按钮布局方式，我只在这个品牌的手机上见过。虽然针对"接听 / 拨打"按钮和"挂断 / 拒接"按钮的位置并没有什么规定，无法硬性要求一定要这样或者那样，但是如果能遵循大多数人的使用习惯来进行设计的话就不会出现这样的问题了。

图 5-28（右）也是一个类似的有趣的案例。这是我朋友公司给员工发的手机。你有发现什么奇怪的地方么？

联想到前面的话题再来看图 5-28（右）的话，可能很多人都马上发现了。不知道是出于什么考虑，这款手机左右两边都有"接听 / 拨打"按钮，而"挂断 / 拒接"按钮则在手机的右下角。这样的话，单手操作挂断电话或者取消操作就略有难度了。并且，左右两边的"接听 / 拨打按钮"上竟然分别带有数字 1、2。这个 UI 真是耐人寻味。

据说这两个"接听 / 拨打"按钮是在三方通话时使用的，用户可以在和一方通话的过程中同时接听另一条线的电话。关于这一点，因为我不是很清楚具体情况，所以无法深究下去，但是对于会这样设计的理由很感兴趣。可以想象得到，肯定有很多人因为这个设计而倍感苦恼，真是有趣的 BAD UI。

智能手机的接听按钮：接听按钮在左边还是右边？

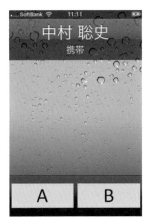

图 5-29　iPhone 手机中的"接听"和"拒绝"分别是哪一个（当时是 2011 年 2 月）

以 Apple 的 iPhone 和各个品牌的 Android 手机为代表的智能手机，不仅能查看短信、浏览网页，还能用来做很多事，比如在地图上找到当前所在地和目的地、更改新干线的乘坐时间、通过 SNS 和其他人取得联系、打游戏消磨时间，等等。我以前也用了 2 年左右的 iPhone，各方面使用起来都很方便。

但当有来电时，iPhone 上会显示出图 5-29 这样的画面，想要接听的话应该按下 A 按钮和 B 按钮中的哪一个呢？请各位使用 iPhone 的读者回忆一下平时的操作方法后回答，而使用其他手机的读者请根据猜测回答。同时，也请考虑下你选择的理由。

答案见图 5-30，应该是使用 B（右边的按钮）来接听。在 iPhone 手机上，左边是"拒绝"按钮，右边是"接听"按钮。各位都答对了吗？

针对这个问题，没有使用过 iPhone 手机的人大多数都回答 A 是"接听"按钮，而且即使是 iPhone 手机的使用者，也有一定数量的人会回答 A。实际上我在使用 iPhone 接电话时也多次误按了"拒绝按钮"，拒接了工作相关的电话和朋友打来的电话。我用过 iPhone 3GS 和 4S，但是始终没有习惯这个按钮的设计。

我之所以没能习惯"拒绝按钮"和"接听按钮"的位置，最主要的理由是我有 2 部手机，而且一般不用 iPhone 来打电话。另一部主要用来收发短信和打电话的手机，就是图 5-28（左）中的那种"接听"按钮在左边的手机。因此，我已经习惯了按下左侧按钮来接电话的操作方式，当使用按钮位置布局不同的 iPhone 时就很容易出错。

因为用户无意识中就会采用一直习惯的操作方式，所以如果界面要求用户采用不同的操作方式就需要在设计界面时下一些功夫。不过在这个案例中，这个"拒绝"按钮和"接听"按钮只是画在软件画面上的标识而已，只要增加一个设定项，允许用户调换按钮位置应该就可以解决问题了。

图 5-30　iPhone 手机中"拒绝"按钮在左，"接听"按钮在右

页面导航：为什么没能进入下一页？

图 5-31 　 我只能找到 10 部电影的 VOD 系统。为什么呢

　　乘坐国际航班时，座位前方通常会装有 VOD 系统（Video ON Demand System），相信有很多人都喜欢在旅程中使用该系统观看电影吧。我每次乘坐飞机去国外出差时，因为飞行时间比较长，所以也都喜欢使用这个 VOD 系统观看各种电影。某次在飞机起飞后，我马上就拿起遥控器对系统进行操作，开始考虑看哪部电影，但是却只找到 10 部电影。

　　当时我还以为是只有 10 部电影，有些失望，看完一部之后就在拥挤的座位中反复辗转着睡了一觉。醒来后，翻了翻航空公司发行的杂志，发现原来飞机上可以观看的电影远远超过我之前找到的 10 部。半信半疑我再次用遥控器试着操作了一下系统，结果还是只找到了 10 部电影。这到底是为什么呢？为了找到答案我不停地用遥控器进行各种尝试，最后终于发现问题所在了。图 5-31 就是那个 VOD 系统，你看得出我为什么会弄错吗？

　　如果还是没找到理由，请先回答下记问题。

- 当"下一页"和"返回"按钮分别分布在画面左右两边时，一般哪个会在左边哪个会在右边？

- 带有"下一页"和"返回"功能的图标，一般用什么图形比较合适呢？

　　在文字横写的系统中，用于浏览画面的"下一页"和"返回"按钮分布在左右两边时，一般左边是"返回"，右边是"下一页"。但是图 5-32 中左边是"下一页"，右边是"返回"。所以我的操作就是在第一页按下"下一页"后跳转到第二页，浏览完第二页后自以为选择了"下一页"，但其实按下的是"返回"，所以又回到了第一页，就这样在第一页和第二页之间反复跳转。结果原本有 40 ~ 50 部的电影，而我只找到了 10 部。而且，选择"返回"后显示的图标是一个指向右方的三角形，就像是音乐播放器上的播放按钮。指向右方的三角形大多表示"前进"的意思，这也是我以为当时自己选择的是"下一页"的原因之一。顺便说明一下，选中"下一页"后的状态如图 5-32（左）所示。从图 5-32（右）中可以看出，"下一页"和"返回"的图标一模一样。

　　不过为什么位于左边的或者指向左方的三角形就表示"返回"，而位于右边的或者指向右方的三角形就表示"下一页"呢？

图 5-32 　（左）选中"下一页"时的状态。（右）选中"下一页"时和选中"返回"时的对比

返回上一页的按钮

前往下一页的按钮

上一页

下一页

图 5-33 （左）在火狐浏览器中，"返回上一页的按钮"在左边，"前往下一页的按钮"在右边。
（右）在 Google 的搜索结果中，"上一页"的链接在左边，"下一页"的链接在右边

比如，网页浏览器上"返回上一页的按钮"和"前往下一页的按钮"就是按照"返回"按钮在左，"前进"按钮在右的方式布局的。使用 Google 搜索后，大量结果的显示页面也是"上一页"的链接在左边，"下一页"的链接在右边（图 5-33）。而且，用来表示"返回"按钮和"上一页"链接的图标是一个指向左边的箭头，而表示"前进"按钮和"下一页"链接的图标则是指向右边的箭头。

那么为什么"返回"就应该在左边，"前进"就应该在右边呢？在日语横写的文章中，比如本书，文字是从每行的左边开始向右阅读的，一行结束之后就会跳到下一行的左边（图 5-34）。对于已经习惯这种阅读方式的我们来说，右边是前进方向，所以"前进""下一页"等元素放在右边比较自然。反之，"返回"和"上一页"等则是放在左边比较自然。不仅仅是日语，在英语、法语、意大利语、西班牙语等语言中也是一样的。比如上一页提到的案例中，因为是页面文字是横写的并且是日语的，所以我才会以为左边的是"返回"，右边的"下一页"。实际上我曾经在上课时将画面中的"下一页"和"返回"字样隐藏起来，提问学

生哪个是"下一页"哪个是"返回"，结果所有人的答案都是左边是"返回"，右边是"下一页"。

不过在阿拉伯语中，文字是从每行的右边开始向左阅读的，一行结束后就跳到下一行的右边。因此，在用阿拉伯语作为常用语言的地区，很多网页上的"返回"和"下一页"的位置都和英语国家是相反的。另外，日语文章也可以竖着写，此时右上是开始位置，每一行都按照从上往下的顺序阅读，一行结束后就跳到左边隔壁行的开头，因此"下一页"按钮会在左边，而"返回"按钮则在右边。如果将自己习惯的元素顺序颠倒过来，马上就会觉得界面使用起来很别扭。

因为箭头（三角形）的指向与前进方向保持一致比较自然，所以一旦确定了前进方向，箭头的指向也就随之自动定了下来。实际上，音乐播放器上的"播放"按钮的图标就是指向右边的三角形，这已经成为了一个固定的表现[1]，所以大多数人看到朝右的三角形就会认为那是"前进"。

---

[1] 规定使用"朝右的三角形"作为表示 Play（播放）的图标，是在 ISO/IEC 18035（信息技术——用于多媒体软件程序控制的图标记号以及功能）中被标准化的。

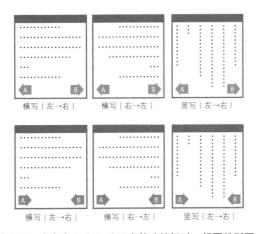

横写（左→右）　　横写（右→左）　　竖写（左→右）

横写（左→右）　　横写（右→左）　　竖写（左→右）

图 5-34 文章的阅读方向。当存在 A 和 B 这两个箭头按钮时，想要跳到下一页时应该按下哪个

根据上述内容，我针对前面介绍的 VOD 系统进行了整理，发现它有如下几个问题。

- "下一页"和"返回"的显示位置左右颠倒了
- 选择"返回"时显示出的图标是朝右的三角形

就是这两点导致该系统对于我来说非常不好用。

表示"返回"的图标和表示"下一页"的图标完全一样，所以这个图标应该仅仅是用来表明当前已选中的意思，但是因为"返回"和"下一页"的显示位置刚好又和人们通常的使用习惯是左右颠倒的，所以很容易起到误导用户的作用（如果改成小圆点或者打钩等其他形状的图标，也许能减少出错的概率）。

那么该系统为什么会设计成这样呢？因为我没有采访过设计者，所以并不了解真实的原因。猜测可能是因为第一页中"下一页"是显示在左边的（图 5-35 左），之后的画面为了和第一页保持一致，就把"下一页"也放在了左边，而"返回"则被放到了右边。也有可能该系统的开发者不是日本人，而是阿拉伯语国家的人。无论如何，这个 BAD UI 着实让人混乱了一把。

和这个案例类似的问题还有由于按错了网页的"下一页"按钮和"返回"按钮，使用者因为看到意料外的页面，一下子搞不清发生了什么而不知所措。会发生这种问题的网页，大多数都是"返回"按钮显示在了右下角，"下一页"按钮显示在了左下角，想要跳到下一页时手却不自觉地按下了"返回"按钮（图 5-35 右）。另外在电子书中也会有这样的情况。文章采用的是横写方式，从左到右阅读，但是却设计成左边显示"前进"按钮，右边显示"返回"按钮，非常别扭；或者是在竖写的日语文章中，明明是按照从右到左的顺序阅读的，但是"返回"按钮却在左边，"前进"按钮在右边，顿时让人觉得不舒服、心情烦躁。尤其是像日本漫画书这种阅读顺序是从右上到左下的读物，如果"返回"按钮在左边，"前进"按钮在右边，好不容易集中精神埋头阅读并沉浸在书里描写的故事中，却由于误操作返回了上一页，一下子被拉回到现实，倍感遗憾。

一旦像这样背离通常的使用习惯，UI 就会变得不好用，甚至导致用户混乱，所以需要格外注意。顺便推荐一本关于左右关系的书——《图解杂学：左和右的科学》[1]，非常有意思，如果你有兴趣的话不妨读一读。

---

[1] 原书名为『図解雑学　左と右の科学』（富永裕久著，NATSUME 社，2001），暂无中文版。——译者注

图 5-35 （左）在第一页中只显示了"下一页"。（右）预约 Express 的网页上"下一页"和"返回"的显示示例

Slip、Lapse、Mistake

最近常常能听到这样一个词——Human Error（人为因素导致的错误）。在 JIS 规格中，对 Human Error 的定义是"会导致出现意外结果的人类行为"[1]，是指由于错觉、疲劳、习惯等原因而产生的操作失误所导致的问题，无论是处事多么谨慎小心的人都无法避免。但是，即使原因是 Human Error 的很多案例，仔细分析下来，与其说是操作者的问题，不如说最根本的原因还是在于 UI 不友好（BAD UI）。

既然提到了 Human Error，这里就介绍几个相关的用语吧。会导致用户出错的 Human Error 有三大要素——Slip、Lapse 和 Mistake（Slip 和 Mistake 是唐纳德·A. 诺曼分类的，后来詹姆斯李斯（James Leeson）又追加了 Lapse）。

- **Slip：**"粗心"导致的失败。指的是用户在实施某行为时在认知的控制管理过程中出现的错误。打算实施的行为计划本身没有问题，这类错误的发生原因是实施行为时在意想不到的地方因习惯使然进行了某项操作，或者是出现了一些干扰因素（客人来访、来电、提示音等）。一旦操作成为了常规作业，用户已形成习惯或者一不留神就很容易出现这类错误。不过通过发出声音确认或者使用手指确认，在一定程度上可以防止这类错误的发生。但是在日常的 UI 中很难要求用户进行这种确认

- **Lapse：**忘记或者丧失目标导致的失败。打算实施的行为计划本身没有问题，这类错误的发生原因是用户在实施时忘记进行某一步操作，或者丧失了最初的目标。Lapse 是对 UI 不熟悉的用户比较容易犯的错误。为了防止这类问题的发生，有提示注意事项等方法。但是这种注意事项本身很容易被忽略，所以从某个角度来说这个问题并不是那么容易解决

- **Mistake：**先入为主的观念导致的失败。这类

错误的发生原因在于用户打算实施的行为计划本身就是错误的。因为计划就是有问题的，那么按照计划实施就必然会导致失败。当用户在脑中想象的该系统的操作方式和设计师设计的系统操作方式有出入时，就容易发生这类错误。另外也有过度依赖以往经验导致发生这类错误的情况。为了防止这类错误的发生，需要设计者灵活应对用户的想象，所以有一定难度

本章中介绍的由于和用户使用习惯存在差异而出现的 BAD UI，尤其会导致三大要素中的 Slip 和 Mistake 的发生。在接下来的章节中会介绍的其他 BAD UI 除了会导致 Slip 和 Mistake 的发生，也有一些会导致 Lapse 的出现。但是话说回来，如果是 UI 诱发这些问题产生的话，称之为 Human Error 是否合适呢？不仅仅是这里介绍的 BAD UI，在这个世界上所有耳闻目睹的 Human Error 案例中，有很多都会让人不禁怀疑，这些真的都是 Human Error 吗？其中涉及的 UI 是一般人都能正确使用的吗？还是说它们原本就是 UI 不友好导致发生的问题呢？

希望各位读者在今后接触到这个词时，一定要展开想象，探讨一下其中涉及的操作系统上是否存在没有做到位的地方，或者 UI 上是否有问题。

另外，在《失败案例 100 例》[2] 和《失败案例 100 例续篇》[3] 中收录了大量的 Human Error 案例以及相应的具体分析。其中很多案例可能后果比较沉重，不过如果你想多加了解 Human Error 的话，推荐你看一看。

---

[1] JIS Z 8115:2000 "Dependability（可靠性）用语"。

[2] 原书名为『失敗百選 41 の原因から未来の失敗を予測する』（中尾政之著，森北出版社，2005），暂无中文版。——译者注

[3] 原书名为『続·失敗百選 リコールと事故を防ぐ 60 のポイント』（中尾政之著，森北出版社，2010），暂无中文版。——译者注

总结

本章围绕用户在形状、颜色、数字和布局等方面的使用习惯介绍了一些 BAD UI。在我们已经养成的使用习惯中包括"黑色代表男性，红色代表女性""绿色代表打开，红色代表关闭""箭头的指向""房间号的命名规则""返回在左边，前进在右边"，等等。

我们并不是从学校学到的这些使用习惯，并且也没有明文规定要求必须这样做。但是用户会对生活中遇到的各种 UI 进行累积和整理，形成一套自己的规则。用户之所以可以毫无困难地使用一个初次接触的 UI，是因为他们会与之前的经验规则进行对比，从而推测出使用方法。所以，一旦遇到的 UI 与规则有出入，用户就会感到别扭，无法自如操作，于是这个 UI 就成为了 BAD UI。

使用习惯的形成，与人种、文化、语言等种种因素有关，只要是在相似的环境下成长，基本上就不会有什么差异。至少对同样生活在日本的人群来说应该是这样的，再加上电视和网络的信息共享，大家形成的使用习惯也都是大同小异的。当然，当人们的属性不同时，比如儿童和成人之间、男性和女性之间、学生和社会人之间，各自掌握的规则也是存在差异的。另外，还有一些规则是只有某些专业特有的。在本章中进行介绍时我都是尽量选取了一些在日本国内通用的使用习惯。

世上存在很多没有被标准化，但是大多数人都采用的规则（使用习惯）。在设计 UI 时如果能考虑到该 UI 的受众，尽量去迎合该群体的共通规则，那么就能减少问题的发生。请各位务必注意这一点。

另外，也请注意不要设计出会让用户由于使用习惯而产生 Human Error 的 UI。

练习

☞请收集洗手间的标识，列出它们的共通点以及差异点。另外，根据是否容易搞错进行分类，并整理其中的理由。

☞请思考是否存在任何人都能正确使用、不会搞错的完美的洗手间标识？如果能实现的话应该是什么样的？

☞请收集各种网页（比如搜索引擎、各种购物网站、社交网站等）上的"下一页"和"返回"，研究它们是以什么形式如何布局的，并且整理出其中的共通点和差异点。

☞请收集家中的遥控器并进行比较。研究每个遥控器上的电源开关、音量 / 温度等大大小小的控制按钮、功能切换等是通过怎样的界面实现的，是否存在共通点以及差异点在哪里。在此基础上，请思考好用的遥控器之所以好用的理由，不好用的遥控器之所以不好用的理由。

☞请调查各品牌游戏机操控手柄上的按钮布局以及确定 / 取消键的位置，并整理出什么样的界面使用起来有困难或者会导致用户混乱。

☞请调查并整理出身边电梯的操作按钮的排列方法以及开关按钮相关的信息。并且思考使用不便的电梯操作面板具有什么样的特征。

☞请使用 Human Error 作为关键字搜索网页，收集相关文章，思考在这些问题中出现的 UI 是什么样的。另外，请考虑一下这些问题的原因是否可能并不在于操作者而在于操作系统。

第 6 章

一致性

你是否有过这样的经历？想打开附近的照明，结果却关闭了其他照明，引来一片惊叫；一个通过抬起手柄来放水的水龙头和一个通过按下手柄来放水的水龙头被安装在了相邻的地方，使用时感到有些混乱；在同一张表格中填写邮政编码时不需要加连字符，而填写电话号码时却需要加连字符，为此而感到不满；不知道列表是按照什么规则排序的，花了好大力气才找到想要查看的那一项。

在某一场所中，颜色、形状、顺序、方向等要有统一感，各自具备同样的含义，这一点是非常重要的。只要具有统一感，用户就不会有困惑，从而可以顺利地使用各种 UI。相反，如果相邻的两个 UI 外观看上去一样，但是功能却大相径庭，就会让用户感到十分混乱。当一定空间内的 UI 具有统一感时，我们就说 UI 是"一致"的；如果没有统一感，则说 UI"不一致"。如果 UI 不一致，就会让用户感到混乱，因此就容易成为 BAD UI。

本章将围绕一致性介绍各种 BAD UI，同时说明一致性的重要性。并且还会针对能有效确保 UI 一致性的标准化规格和设计指南等进行说明。

那么，接下来就让我们看看关于一致性的 BAD UI 吧。

颜色、形状、方向和格式的一致性

开关的一致性：怎样关闭所有照明？

图 6-1　操控两盏照明的开关。哪个状态表明两盏照明都处于关闭状态（提供者：田畑缓乃女士）

图 6-1 是某公寓室内的开关。因为要操控两盏照明，所有装了两个开关。位于上方的开关每按下一次，开关上的指示灯（表示装置工作状态）就会在灭灯和绿灯之间交替；位于下方的开关则是在灭灯和红灯之间交替。如果要用这个开关来关闭两盏照明，你会怎么做呢？因为到这里我们已经学习了各种各样的 BAD UI，所以你可能会忍不住想去深入研究。不过这里请先抑制住你的好奇心，考虑一下如果你家有这种开关你会怎么操作。

如果已知这是个 BAD UI，那么就会出现各种可能性。但如果是在完全不知道这是个 BAD UI 的情况下进行猜测，相信大多数人会认为答案是最左边的状态。

但是实际上正确答案应该是从左边数第二幅图的状态。首先，上面的那个开关在指示灯熄灭的时候表示照明是打开的状态，绿灯的时候表示照明是关闭的状态。而下面的那个开关，指示灯是红色时表示照明是打开的状态，灭灯时表示照明是关闭的状态。如果不稍加整理的话，就会感觉很混乱。

当得知答案是这个时，我的第一反应是："是不是照明开关安装错了？还是本来开关上的指示灯应该是红色或绿色，但是因为出故障了所以两个开关都各有一个颜色不亮了？"不过后来听说这幢楼里的所有房间都是这样的。那么这个开关到底为什么会设计成这样呢？

首先，这两种开关都有自己的名字，上面的那种叫萤火虫开关[1]，下面的那种叫飞行员开关。萤火虫开关的指示灯在照明关闭时会点亮绿灯，照明打开时熄灭，而飞行员开关的指示灯在照明关闭时会熄灭，照明打开时则点亮红灯（第 5 章中介绍过的那种在打开时点亮红色指示灯、关闭时点亮绿色指示灯的开关称为飞行员 – 萤火虫开关）。

萤火虫开关通常用来告诉用户这里有一个照明开关，打开后可以照亮这一片区域（比如走廊、玄关等），即使在黑暗中也能被用户发现；而飞行员开关则多用来提示用户"这里的照明（比如洗手间、浴室的照明或者室外的照明等）还开着呢，别忘了关"。

在本案例中，据说上面的开关操控的是走廊上的照明，下面的开关操控的是屋外的照明，所以为了使用户在昏暗的走廊中也能看到开关而使用了萤火虫开关，而又因为在室内无法看到室外照明的状态，于是使用了飞行员开关。这本身是没有问题的（虽然就我个人而言，不太习惯用绿色来表示关闭）。问题在于，这两种开关被作为一组安装在了同一个地方。上下两个开关的指示灯颜色不同，而且指示灯熄灭时代表的含义也不同。这样的两个开关放在一起，用户在操作前如果不先理清楚就会搞错。开关并不是只要根据其用途来安装就可以了。本案例充分说明了在同一场所中的 UI 要保持一致性，这一点是非常重要的。

---

[1]　松下电器股份有限公司的商标。

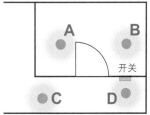

图 6-2 （左）A～D 是 4 个翘板开关。（右）与开关相对应的照明布局示意图

在该状态下，A～D 这 4 个照明分别处于什么状态？其中可以确定的是 D 是关闭状态

我们再来看一个案例。图 6-2（左）是在第 3 章中已经介绍过的对应关系不明确的开关（P.52），这里再次进行简单的说明。图中的 A～D 这 4 个翘板开关（通过按键按倒的方向来控制照明的打开和关闭）和图 6-2（右）中的照明位置是分别对应的，但是对应关系不明确，而且开关的分布是 3 个和 1 个，但照明的分布是 2 个房间分别 2 盏，看不出哪个和哪个是一个整体。

该开关之所以如此难懂，除了对应关系不明确、分类性不强之外，还有其他原因。当这 4 个翘板开关处于图 6-2（左）的状态时，图 6-2（右）中照明的状态会是什么样的？你在思考这个问题时就能渐渐明白这第 3 个原因了。另外，可以确定此时 D 照明是处于关闭的状态，那么其他照明分别是什么状态呢？

如果大家不是在这本书里看到这个照明开关，估计所有人都会认为 A 和 B 是打开状态，C 和 D 是关闭状态吧。但是既然在本书中作为案例拿出来介绍了，相信很多人都能猜到答案不会这么简

单。实际上正确答案是，所有照明都是关闭状态。真想问问相关人员为什么会做出这样的 UI。如果同一空间内的 UI 不保持一致性，就会导致用户混乱，所以请大家务必注意这一点。这个 BAD UI 就是典型案例。

容我再啰嗦两句。在本次介绍的两个案例中，每个开关其自身都没有问题，但是都因安装位置和安装方法等而变成了 BAD UI。你是否深深地体会到了 BAD UI 并不是只会出自设计师之手，而是很多人都有可能造成的。

既然说到开关了，下面就顺便介绍一下我们家洗手间里的开关，请见图 6-3。该开关上的指示灯有 3 种状态：点亮绿灯、点亮红灯、灭灯。那么哪个状态代表照明是打开的呢？刚开始的一段时间里，我一直都没有搞清楚，后来才渐渐掌握了。原来指示灯点亮红灯时表示照明打开，点亮绿灯和熄灭时表示照明关闭。而指示灯熄灭和点亮绿灯的差别，在于照明关闭几分钟后会自动关闭的换气扇当时是否正在运行（指示灯熄灭时换气扇处于运行状态）。因为从灭灯状态变为点亮绿灯的状态还需要花费若干分钟，所以我当时一直都没能明白，花了很长时间才了解到这一点。

图 6-3 我家洗手间里的开关。指示灯处于什么状态时表示照明打开

相邻两物的一致性：绿灯点亮表示打开还是关闭？

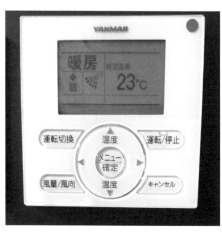

图 6-4 （左）在第 5 章中介绍过的照明开关。（中）左图的照明开关上方有一个空调遥控面板。（右）空调的遥控面板
空调的遥控面板上绿灯点亮表示空调正在运行，灭灯表示空调已关闭；而照明开关上红灯点亮表示照明打开，绿灯点亮表示照明关闭。由于两个相邻的界面上使用了同样的颜色来表示不同的含义，所以我一直都用不习惯

下面让我们继续围绕照明开关来看具体案例。图 6-4（左）是在第 5 章中介绍过的让人因搞不清绿灯和红灯哪个代表打开状态而感到困惑的照明开关。由于在日常生活中经常使用的家电产品（电视机等）中，绿灯代表打开，红灯代表关闭，所以用户会认为这里也是一样——开关上的指示灯为绿色时照明是打开的，为红色时照明是关闭的。但是实际情况则正好相反（指示灯为绿色时照明是关闭的，为红色时照明是打开的），所以用户总是会操作失误。由于这个 UI 就安装在我每天都会使用的研究室里，所以理应会慢慢习惯，但是实际上从刚接触它到现在已经一年半多了，我一直都没有习惯。究其原因，除了上面提到的其灯光显示和使用习惯相反外，其实还有另外一个问题。

图 6-4（右）是安装在开关边上的空调遥控面板。从图 6-4（中）可以看到，照明开关和空调遥控面板是上下紧挨着的。请仔细观察一下照片，思考一下为什么我始终无法习惯"绿灯代表打开"。

在空调的遥控面板上，如果空调正在运行（打开时），绿灯就会被点亮，停止时（关闭时）则指示灯熄灭。而另一方面，正如前面所说的那样，照明开关上的指示灯在照明点亮时（打开时）亮红灯，在照明熄灭时（关闭时）亮绿灯。也就是说，在空调的遥控面板上绿灯点亮表示打开，但是在照明开关上绿灯点亮却表示关闭。结果我在面对这两个 UI 时，就搞不清绿灯到底表示的是打开还是关闭的了。这就是虽然我几乎每天都会接触到这个 UI，但至今仍无法习惯它的原因（顺便说一下，附近还有一个换气扇的开关，也是绿灯点亮表示打开，灭灯表示关闭）。

在本案例中，虽然各 UI 本身没有问题，但它和周围其他 UI 的关系导致了用户操作难度的上升，这样的情况并不少见。虽然不是鳗鱼和梅干[1]，但是 UI 也是需要注意搭配的。这就是这个 BAD UI 告诉我们的事实。

衷心希望今后能有更多的人在制作 UI 时可以考虑到该 UI 和其他 UI 的搭配。

---

[1] 在日本有鳗鱼和梅干不能一起吃的说法。

——译者注

门的一致性：洗手间里的哪个隔间正在使用中？

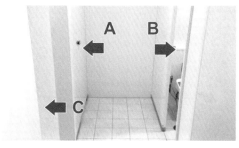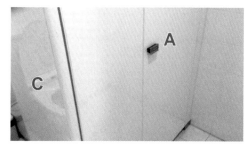

图 6-5　ABC 三个洗手间的隔间中哪个正在使用中？（提供者：佐竹澪女士）

本人肠胃不太好，经常闹肚子，所以出门时经常会"光顾"洗手间。有时候忍着腹痛好不容易挪到了洗手间，却发现隔间里面有人，不能马上使用。甚至有时门口还排起了长龙，这时真的觉得人生充满了绝望。当然这是题外话，让我们回到正题。对于要上洗手间的人来说，能否一眼看出洗手间是否正在使用中是非常重要的。

关于洗手间是否正在使用中，最常见的做法就是通过在洗手间的门把手处显示红色标志或者"使用中"字样来提示用户。也有一些用户是通过隔间的门是开着还是关着来判断该隔间是否使用中。如果是这种类型洗手间，即使不走到门前也能判断。

这里要介绍的是某商业建筑内的洗手间（图6-5）。该洗手间中有若干个隔间。可能有些难以辨认，但从图 6-5（左）中还是可以看出一共有三个隔间，其中左侧里面的隔间 A 的门是关着的，右侧里面的隔间 B 的门是开着的，左侧靠近手边的隔间 C 的门是开着的。图 6-5（右）是从另一个角度拍摄的隔间 A 和隔间 C。可以看到隔间 A 的门是关着的，隔间 C 的门是开着的。那么这三个隔间中，哪个正在使用中，哪个没有人在使用呢？

如果不是在本书中看到本案例，相信大多数人都会认为隔间 A 有人在用，而隔间 B 和隔间 C是空着的。实际上我看到照片时也是认为隔间 A正在使用中。但是其实隔间 ABC 都是空着的，没有人在使用（也就是说，这个洗手间里除了拍照者，空无一人。不过确实，也只有在没有人的情况下才能拍照）。

一般情况下，如果洗手间的门除了有人进出以外都是关上的，那么使用者就会通过观察隔间门把手上的标志或者敲门的方式来确认里面是否有人。所以即使无人使用时隔间的门关着也不会有什么太大的问题。不过在本案例中，三个隔间都没有人在使用，但是隔间 B 和隔间C 的门是开着的，而隔间 A 的门是关着的，同一空间内规则没有统一。因此，受到隔壁的 B和 C 的影响，A 虽然没有人在用，但是仍会有很多人认为里面有人，并且也不会想到确认门把手上的标志或者敲门。

据说实际上在该洗手间里也的确出现过这样的问题。隔间 A 其实是可以用的，但是没有人意识到这点，于是明明里面没人，门口却排起了队伍。不过这种问题并不少见，我也曾经遇到过好几次。因为肚子不舒服而跑进商场或者大学的洗手间里，发现隔间都有人在用，外面的人则排起了队。于是只能辛苦地强忍住，终于办完事后却发现之前以为有人在使用的隔间里面其实没人，只是门被关上了而已。当时我的心情真是相当复杂，难以言表。正如本案例所说明的那样，如果UI 的元素欠缺一致性，那么就很容易发生这类问题。

顺便说一下，无人使用时隔间门的状态会不一样的情况，一般会出现在日式[1] 和西式[2] 都有的混合型洗手间中（不过在本案例中，都是西式的）。不知道为什么会有这种现象，但是对于因经常拉肚子而和洗手间关系亲近的我来说，隔间门缺乏一致性也是导致洗手间前排起长队的原因之一，希望可以有所改善。

[1]　蹲坑式洗手间。——译者注
[2]　坐便器式洗手间。——译者注

行为体系中的一致性：推开？还是拉开？

图 6-6 这两扇门应该怎么打开

如果仔细观察的话，可以看到门把手的上方有"PUSH""PULL"的标识，但是非常小，而且因为都以"PU"开头，所以站在门前的人很难马上辨别。特别是左边的这扇门，因为里面有窗，所以门后光线比较亮，门的表面则比较暗，看不太清上面写着"PUSH"

图 6-6 是某大学里的一个双开门。这两扇门分别应该怎么打开呢？请连同理由一起思考。

我们可以看到门上写着"PULL"和"PUSH"，所以大多数人的回答应该是推开左边的门，拉开右边的门。正确答案也的确就是"左边的是推开的门，右边的是拉开的门"。但是就这两扇门来说，因想推门却差点撞上去或者打算拉开门却怎么也拉不开而感到困惑的人却始终存在。明明有"PULL"和"PUSH"的提示，为什么还会发生这种情况呢？

人是一种神奇的生物，他们会习惯 UI，而且会越来越习惯，直到可以无意识地对其进行操作。比如锁门这个行为，一旦养成习惯了，就会下意识地进行。应该不少人都会有这样的经验吧，下意识地锁好门外出后，突然担心自己是不是没锁门，于是又回到门前进行确认。

图 6-6 中的门也是同样的，只要习惯了应该就不会有问题，但是现实中却总会有人差点撞到门上。其中的一个理由是推开和拉开的 UI 几乎一模一样，线索不够充分（只有小小的 PUSH 和

PULL 的说明）。但是除此之外，还有一个理由。

请看左图中右侧靠里的部分。这扇门的里面有楼梯，也就是说这扇门是用来隔开楼面和楼梯间的。比如，从 10 楼去 11 楼时，首先会从 10 楼的楼面穿过左图中的门进入楼梯间，走上楼梯，然后穿过右图中的门进入 11 楼的楼面。此时，左图和右图中的 UI 上的线索几乎是一模一样的，但是在进入楼梯间时需要进行的操作是推门，而从楼梯间进入楼面时需要进行的操作是拉开门，即完全相反的两个动作。在从 10 楼走到 11 楼这短短的时间内发生的行为体系中，明明是看起来差不多的门却要进行截然相反的操作，所以人们一不小心就会犯错。

本案例中的门虽然在"从楼面向楼梯间打开"这个方向上保持了一致性，但是要求用户在从 10 楼到 11 楼的移动行为中进行两个不同的操作，所以行为体系中的一致性有所欠缺，导致用户产生混乱。如果能提供一些线索，比如从推开的一侧无法进行拉这个动作，就不容易出现这种问题了。总而言之，保持一致性是个有难度的课题。

输入表格的一致性：为什么会出现输入错误？

图 6-7 在某网站上注册用户时显示的输入表格。邮政编码要求用半角数字输入，不带连字符；
电话号码要求用半角数字输入，带连字符（当时是 2013 年 3 月）

　　某日，我在某网站上注册用户时出现了一个"输入错误"的提示，要求我进行修改。图 6-7 是根据错误提示修改后的样子，你能看出在这些项目中，我修改了哪一项吗？

　　在该输入表格中，输入邮政编码时要求"不带连字符"，比如"1234567"；但是输入电话号码时则要求"带连字符"，比如"03-1234-5678"。在同一张表格中，同时存在要求输入连字符和不要求输入连字符的项目，所以我觉得非常混乱，结果就出错了（而且邮政编码通常是要带连字符的，比如"123-4567"，于是我更加混乱了）。

　　图 6-8 是在另一个网站注册用户时显示的出错提示，以及我修改后的样子。邮政编码和电话号码都要求用半角数字输入，但是"门牌号"和"大楼 / 公寓名称、房间号"却要求用全角字符输

入。在这种 UI 中，输入数字时会沿用之前的半角输入，于是门牌号等也就输入了半角数字，结果出现了出错提示。

　　除了这里介绍的"带连字符""不带连字符"和"全角""半角"问题，我们还经常能看到"平假名"和"片假名"的输入同时存在，"西历"和"和历"的输入同时存在，甚至根据输入的场所不同，年月日的输入顺序也会发生变化的情况（比如某处是按照"年月日"的顺序输入，其他地方是按照"月日年"的顺序输入）。

　　在同一输入表格内，一旦输入方法缺少一致性，就会使表格成为容易出错的 UI。为了避免这种 UI 的出现，在制作输入表格时请充分考虑一致性。

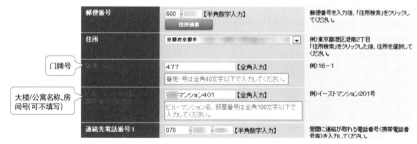

图 6-8 在某网站上注册用户时显示的输入表格。指定用全角输入的项目和指定用半角输入的项目同时存在（当时是 2012 年 3 月）

按钮的含义：本想进行关闭操作，为什么进行的却是放大操作？

图 6-9 （左）访问"有趣的 BAD UI 的世界"页面时的状态。（右）点击照片后，背景变暗，点击的图片放大显示了。那么要如何结束放大显示呢（当时是 2013 年 4 月）

在"有趣的 BAD UI 的世界"网站[1]中，我曾有一段时间使用了付费的主题（负责控制网站的界面设计和动作响应）。在这个主题中，图片会以类似 Pinterest[2] 的风格依次排列显示，这样我在准备讲课资料和写文章时能够很方便地找到想要找的 BAD UI。但是这对于访问网站阅读文章的人来说似乎有一些不便之处，所以现在已经恢复成普通主题了。

该主题有各种各样的问题，其中最大的问题是 UI 上提示的按钮（信息提供者：铃木优先生）。在本网站上，如果单击文章中的小图片，该图片就会被放大显示。比如，在图 6-9（左）的状态下单击一张图片，就会出现图 6-9（右）这样的效果，背景变暗，被点击的图片放大显示了。如果想要结束图片的放大显示，从该状态回到原来的显示状态，你会怎么操作呢？请思考一下，包括你会

这样操作的理由。

我猜大多人都会想到去点击这张图片右上角的"×"按钮吧。但实际上，按下该按钮后图片反而会进一步放大成全屏显示。看上去像是"关闭"的按钮，仔细观察的话会发现其实是用于放大的按钮，如图 6-10（左）所示（不是"×"，而是两个倾斜方向的箭头交叉在一起，表示放大的意思）。另外，"关闭"按钮的外观如图 6-10（右）所示，偷偷摸摸地出现在了窗口右下角。

包括显示网页的浏览器在内，几乎所有应用都是将"关闭"按钮放在右上角的。这个主题不仅脱离了这点，而且不论从颜色还是形状上来说，"放大"按钮都和"关闭"按钮极为相似，所以才成为了一个很容易误导人的 BAD UI。

这个 BAD UI 告诉我们，在同一环境中一致性尤为重要，将看上去差不多的 UI 用于不同的功能是很危险的。

---

[1] 作者收集 BAD UI 的网站，http://badui.org/。

[2] 图片共享网站，https://jp.pinterest.com/。

图 6-10 （左）不是关闭按钮，而是放大按钮。（右）画面右下角有用于关闭页面的"×"按钮。但是因为背景是白色的，所以不太醒目

顺序的一致性

地名的排序：东京在哪里？

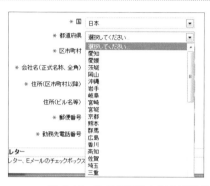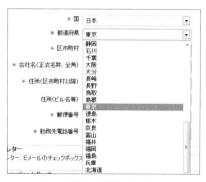

图 6-11　这是按照什么顺序排列的？（左）爱知、爱媛、茨城、冈山？
（右）长野、鸟取、岛根、东京（当时是 2013 年 5 月）

在某 Web 系统中注册用户时，工作单位的地址是必填的，我想选择的是"东京"。点击下拉箭头后，下拉框如图 6-11 所示。通常这一类 UI 会按照从北到南的顺序（北海道、青森……）或者五十音图的顺序排列，但是该下拉框中依次显示的是爱知（Aichi）、爱媛（Ehime）、茨城（Ibaraki）……既不符合由北到南的顺序也不符合五十音图的顺序，感觉很奇怪。这个下拉框中的各个地名是按照什么规则排列的呢？东京会出现在哪里呢？

首先请看左右两图下拉框中各地名的第一个汉字，左图中依次为"爱""爱""茨""冈""冲""岩""岐""宫""宫"……右图中依次为"静""石""千""大""大""长""长"……其中，有若干项的第一个汉字是一样的，包括"爱""宫""大""长""福"。但是在日语中，同一个汉字在不同词语的读音中可能是不同的，例如"爱"在"爱知"中读作 Ai，在"爱媛"中则读作 E。发音不同的两个词语排列在了一起，由此我们可以知道该列表不是以词语的读音为单位，而是以单个汉字的读音为单位排序的。而且，我推测是每个汉字选用了其具有代表性的一个读音，例如爱知（Aichi）和爱媛（Ehime）中的"爱"都以 Ai 的读音去参加排序，而宫崎（Miyazaki）和宫城（Miyagi）中的"宫"则

以 kyu 的读音去参加排序，然后整体再按照这些读音在五十音图中的顺序（或者是这些汉字在某文字编码库中的顺序）排序[①]。

因为都道府省（日本的最大级别的行政单位）只有 47 个，所以即使从列表中一个一个地找也不是什么麻烦的事。但是这个案例充分说明了如果没有统一采用简单易懂的排列方式，就会导致 UI 不容易理解。

图 6-12 中的自动售票机是一个类似的案例。这里只是对当时情况的一个重现，所以机器屏幕上的内容使用了东京的各个车站，但实际上我并不是在东京遇到这个案例的。这台自动售票机上显示的车站列表是按照五十音图的顺序排列的，然后各车站名被直接翻译成了英文。所以如果是不懂日语的人来看，就会完全搞不懂排序规则，要找到目标车站需要下很多功夫，不是一件容易的事。在城市朝国际化发展的同时，希望规划者可以放慢脚步，对各种 UI 都进行多方面的考虑。

① 这里可以试想在汉语中按拼音给"单于"（chan yu）、"晨光"（chen guang）和"单车"（dan che）三个词排序的情况。如果以词语读音为单位排序，那么顺序应该是"单于""晨光""单车"，而如果以单个汉字的读音为单位，且"单"字选取比较具有代表性的读音的话，则顺序应该是"晨光"（chen guang）、"单车"（dan che）、"单于"（dan yu）。——译者注

图 6-12　因为是按照五十音图的顺序直接转换成英文拼写的，所以如果买票的人
不懂日语，就会感到混乱（重现图片）

国家的排序：西班牙在哪里？

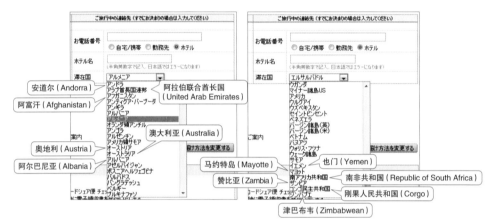

图 6-13　西班牙在哪里

（左）下拉框中依次显示安道尔（Andorra）、阿拉伯联合酋长国（United Arab Emirates）、阿富汗（Afghanistan）。看起来
不是五十音图的排序，难道是按英文字母排序？（右）这是下拉框最尾端的部分。依次是赞比亚（Zambia）、刚果人民共和
国（Congo）、津巴布韦（Zimbabwean）。看起来这里都是以英文字母 Z 开头的国家，但是为什么刚果人民共和国会出现
在这里呢

有一次我要去参加国际会议，所以打算在网站上预约前往西班牙的航班。有一张表格是用来登记旅行过程中的联系方式的，其中有一项要填写停留国家（图 6-13）。该 UI 采用的是下拉框的形式，列表以安道尔（Andorra）、阿拉伯联合酋长国（United Arab Emirates）、阿富汗（Afghanistan）开头。那么如果我要在该下拉框中寻找西班牙，你觉得会在什么位置找到呢？

有一瞬间我猜想这个是按照五十音图排序的，但是很快就注意到并不是这样。因为列表中的排序是安道尔（Andorra）、阿拉伯联合酋长国（United Arab Emirates）、阿富汗（Afghanistan）……奥地利（Austria）、澳大利亚（Australia）、阿尔巴尼亚（Albania）。接下来又猜测是按照国家英文名称的首字母排序的。所以为了找到西班牙（Spain），我

直接将下拉框滚动到后半部分，寻找以"S"开头的国家名称。但是，又发现有一些国家无法分辨是否是按照英文字母的顺序排列的，比如也门（Yemen）、马约特岛（Mayotte）、南非共和国（Republic of South Africa）这种顺序。而且在看似是"S"开头的区域也没有找到西班牙。

"难道应该找 España（西班牙语读音）？"我这样想着，于是开始在以"E"开头的国家中寻找，最后果然是在厄立特里亚（Eritrea）和埃塞俄比亚（Ethiopia）的中间找到了"西班牙"（图 6-14）。

下拉框中显示的是"西班牙"（Spain），但排序却是按照"España"的读音来排的，这就是该 UI 的问题所在。当然，设计者也有可能是出于各种考虑才设计成这样的。

讲到这里，我发现图 6-13（右）中，南非共和

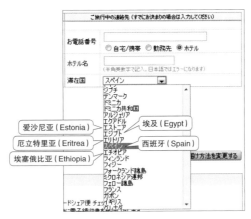

图 6-14　找到西班牙了

"莫非各个国家都是按照正式名称排序的？有没有可能西班牙不是 Spain，而是 España 呢？"根据这些猜测，我将列表滚动到"E"的附近，顺利找到了西班牙。目标总算是完成了，但是这个排序让人感到很奇怪

国的位置有些奇怪。南非共和国的英文是 South Africa，正式名称是 Republic of South Africa，而排在它上面的马约特岛的英文是 Mayotte。不过图 6-13（左）中的安道尔（Andorra）、阿拉伯联合酋长国（United Arab Emirates）、阿富汗（Afghanistan）的排序感觉也很奇怪。另外，对比爱沙尼亚（Estonia）和埃及（Egypt）的英文名称的第 2 个字母，会发现埃及排在爱沙尼亚后面也是不合适的。

我一直都没搞清楚这样排序的原因，总觉得不踏实，所以就进行了各种调查。后来终于了解到该下拉框中的国家是按照国家名称代码排序的，而国家名称代码是在名为 ISO3166-0 的 ISO（国际标准化机构，International Organization for Standardization）中规定的。国家名称代码由两个拉丁文字组成，上述国家的代码分别为安道尔（AD）、阿拉伯联合酋长国（AE）、阿富汗（AF）、马约特岛（YT）、南非共和国（ZA）、爱沙尼亚（EE）、埃及（EG）以及西班牙（ES）。

当列表中有很多项的时候，需要提供有助于用户判断排序的提示。比如单纯地按照五十音图的顺序来排列，日本人使用起来就不会有问题了。如果考虑到母语是英语的用户而按英文字母排序，那么可能会有一些问题，但也不至于像本案例这样让人困惑。可是这里却偏偏采用了一般人几乎都不会去记忆的、甚至很多人都不知道其存在的

ISO3166-0 作为排序标准，所以从如此庞大的列表中找到目标国家就变成一件棘手的事了。这个 BAD UI 很好玩，它告诉我们：即使一个规则在某领域中具有一致性，如果不广为人知就不能轻易采用，否则就会给用户带来困扰。

如果我当时要找的不是西班牙，而是南非的话，就会发现这个国家既不是按照"み"（Mi）或"M"[①]（五十音图的顺序）排在列表中的，也不是按照"S""A"（英文字母的顺序）排的，肯定会抱怨半天，然后也只能从列表第一项开始逐个确认，在最后的最后才终于找到。

还有一次，出于某种原因我需要申报在美国停留期间的住址，于是有机会接触到了图 6-15（左）这样的居住国家的输入栏。这里需要填写的不是类似于"日本"这样的国家名称，而是要填写国家名称代码，而且这个国家名称代码和上面提到的 ISO3166-0 又是两码事。为了调查相应的代码，还需要从一张冗长的列表中去寻找（图 6-15 右），这又是一个有趣的 BAD UI。此时这个列表是按照五十音图的顺序排列的，所以还好应对。如果要求输入的是具体的地理信息，此 UI 的设计者可能就需要多加考虑了，比如在 UI 中加入能依次缩小范围的地图来帮助用户有效输入等。

---

① "南"在日语中的读音是以"み"（Mi）开头的。

——译者注

图 6-15　必填的居住国一项，需要从一张冗长的列表中找到相应的代码，然后再输入

数字的排序：和这个号码的钥匙对应的锁柜是哪一个？

图 6-16　某温泉设施中配备的鞋柜（提供者：山本博先生）

该柜子可以使用钥匙上锁。只要钥匙上的号码和柜子上的号码一致就可以上锁或开锁，但是……

图 6-16 是位于九州的一家温泉设施里的鞋柜。看到这个柜子，你有没有感到哪里有些异样呢？

在温泉设施等公共场所，有很多人会将鞋柜用钥匙锁住，然后随身携带钥匙以防止鞋子被盗或者被别人错拿。这类场所中，为了让使用者一眼就能找到存放自己鞋子或者物品的柜子，一般会赋予柜子一个由数字等组成的 ID，以便和其他柜子区分开，并且会在相应的钥匙上也提示同样的 ID。使用者要从柜子中取出物品时，就可以根据钥匙上的 ID 来找柜子。

在给每个柜子赋予 ID 时，通常都会遵循某种规律，所以用户要一边找规律一边找柜子。大多数情况下，柜子是按照编号排列的，因此用户只要先根据开头几位数找到大概的位置，然后再根据后面几位数仔细找就能找到了，所以找到和

自己拿着的钥匙相匹配的柜子并非难事。

这个温泉设施里，柜子和钥匙上也都有 ID（4 位数）。但是请看图 6-16，柜子上的编号左边那列从上往下依次是 2510、2550、2580，旁边那列则是 2386、2526、2566，完全没有规律。于是要找到和自己钥匙匹配的柜子就变得有难度了。当一串数字排列在一起的时候，人们期待这些数字是以 1 为单位递增或者递减的。但是很明显，图中的柜子并不满足人们的期待，是个非常具有挑战性的 BAD UI。

而且，根据提供信息的同学所言，在这一排柜子当中也有一部分编号是有规律的。推敲该BAD UI 出现的原因，会是一件非常有趣的事情。如果也存在连号的话，那么几乎可以肯定柜子原本是按照顺序排列的。那么，为什么会出现现在

这种情况呢？我收集并整理了一些人的猜测，包括我自己的，具体如下所示。

- 该柜子的钥匙上的数字是刻上去的，所以钥匙上的编号无法更改
- 在该温泉设施里，时不时地就会发生钥匙丢失的事情，于是需要重新配钥匙
- 新配来的钥匙上刻着新的编号，所以为了配合钥匙就更改了柜子上的编号

但是钥匙的编号一旦发生变化，管理起来就相当麻烦，所以可能还有其他理由。请各位也猜测一下其中的缘由。如果有谁知道真正的原因，请联系我。

图 6-17 （左）（中）在某邮局看到的私人信箱。25 号在哪里呢？
（右）100 号貌似原来是 378 号（隐约能看出 378 号的痕迹）

这里另外一个类似的案例，就是某邮局里的私人信箱（图 6-17）。私人信箱的编号以 1、3、7、10 开始，还有 22、24、27、29。不知道为什么，数字以跳跃的方式在增加，而且也看不出其中数字增加的规律。假设我们要找 25 号。如图 6-17（左）所示，24 号和 27 号之间并没有 25 号。如果继续往右边找，才会在 355 号和 357 号之间找到 25 号（图 6-17 中）。由于数字的排序没有一致性，所以总是让人感到惴惴不安。

如果你仔细看图 6-17（右）就能发现，貌似原来的号码被其他号码替换了（原来的 378 号变成了 100 号）。出现这种情况可能有很多理由，比如 387 号的钥匙不见了，或者新制作了一把 100 号的钥匙，又或者是信箱重新编号的频率很高等。但是如果我的信箱是 25 号或者 100 号，那么去领取邮件时就会感到很混乱。可以的话，希望这个信箱能按照数字的大小重新排序。

说到柜子，我曾经在某个居酒屋里遇到过让人陷入混乱的鞋柜（图 6-18）。在插钥匙的地方贴着的号码和钥匙上的号码是一致的，但是在柜子的中间还贴了另外一个数字。一开始我只注意中间的那个数字了，所以直接忽略了目标鞋柜（27 号鞋柜）。柜门中间的编号应该是店家为了自己方便做某事而贴的标签。虽然不是什么大问题，但是作为用户还是希望不要出现没有用的干扰信息。

这里再重申一次，当为某物一一分配编号时，希望它们是按照从小到大的顺序（升序）或者从大到小的顺序（降序）排列的。而且人们习惯先缩小一定范围，然后再找寻目标号码。因此，如果数字 ID 的排序像这里介绍的案例一样，那么就会有很多人不知所措。在 UI 上使用数字时请尽可能地保持一致性，做到按照顺序递增或者递减。

图 6-18 上面明明写着 300，下面却又有 27 号。同样，写着 601 的同时也写着 7

标准化

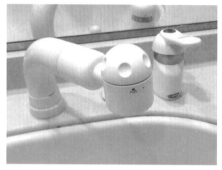

图 6-19 洗手池的水龙头，按下手柄就会出水，将手柄往上抬起则会停止出水

图 6-20 厨房的水龙头，抬起手柄就会出水，将手柄往下按则会停止出水

我在家里使用洗手池和厨房里的水龙头时总是会出错。

洗手池和厨房离得非常近（大概 2 ~ 3 m 的距离），但是洗手池的水龙头是"抬起关闭型"，即按下手柄就会出水，抬起手柄则停止出水（图6-19）；而厨房的水龙头恰恰相反，是"按下关闭型"，即抬起手柄就会出水，按下手柄则停止出水（图 6-20）。洗手池和厨房里的水龙头近在咫尺，我使用它们的目的是一致的，都是"放出水"。但是它们的操作却截然不同，所以尽管我住在这里有一年半之久，使用它们时也还是会经常出错，在洗手池洗手时会抬起手柄，而在厨房洗餐具时则会按下手柄。

抬起关闭型和按下关闭型同时存在会导致用户使用时出错，所以在 2000 年 3 月之后，通过JIS 规格（JIS B 2061）对水龙头手柄的操作进行了标准化，固定为向上抬起手柄时出水（按下关闭型）[1]、[2]。2000 年以前建造或者改造的建筑物内，两种类型的水龙头同时存在的情况很常见，不过后来就统一了，使用起来很方便（我租住的公寓

就是 2000 年以前建造的，所以两种水龙头同时存在）。像本案例这样，一旦了解到由于一致性上有所欠缺而导致用户使用不便的时候，尝试进行标准化是一件很了不起的事。

既然讲到了水阀，那就继续介绍一些相关的标准化内容吧。请回想一下以前遇到过的类似于图 6-21（左）这样的水阀：有两个手柄，一边控制热水，另一边控制冷水，用户可以通过旋转手柄

[1] 据《初级和实用的阀门知识讲座》（原书名为『初歩と実用のバルブ講座』，阀门讲座编撰委员会著，日本工业出版社，2005。暂无中文版）中记载，一户人家如果厨房里是抬起关闭型的水龙头，而洗手池上是按下关闭型的水龙头，那么用户使用时就会很不方便，并且会感到混乱。于是很早开始就有用户提出强烈的愿望，要求将两种操作方式统一成一种。收到这个要求后，相关人员进行了研究讨论，也考虑到国外同类产品中几乎都采用按下关闭型的水龙头，最终决定将水龙头统一成按下关闭型。

[2] JIS B 2061:1997"供水阀"中有一项叫作"操作方式、操作方向"，其中规定了"单柄型冷热水混合水阀的开关操作方式为按下关闭型"。另外，下文中将介绍的操作手柄的旋转方向、热水和冷水操作界面的布局等也都在本规格中有所规定。

调整其松紧程度来调节水温（冷热水混合水阀）。你认为左右两边哪边是控制热水的哪边是控制冷水的？

答案是左边是控制热水的，右边是控制冷水的。人在洗头时，使用洗发水或者护发素后，满头泡沫想要冲洗干净时，一般都是用手摸索着操作的。这时如果搞错了，放出的是滚烫的水就会有烫伤的危险；如果是在冬天，不小心放出冷水也必然会受到不小的惊吓。因此，前面提到的 JIS 规格中也针对哪边是热水哪边是冷水进行了标准化[①]。多亏这些标准化工作，不论是在第一次入住的酒店还是在温泉设施、洗手间的洗手池等场所，我们都能避免在使用水阀时被热水烫伤或者在冬天被冲冷水的风险。

图 6-21（右）是某温泉设施中控制热水和冷水的手柄。你觉得它们朝哪个方向旋转会分别放出热水和冷水呢？

估计大多数人都会回答"逆时针方向旋转"吧。但是实际上，热水要逆时针旋转，冷水则要顺时针旋转。这是个非常难懂的 BAD UI。为了减少这种水阀给人们带来的困扰，JIS 规格中也对水

栓的开关方向进行了标准化，要求"尽量设计成逆时针方向旋转打开"。这种标准化有助于减少用户操作失误的情况（据说图 6-21（右）中的案例后来也统一成冷水和热水都通过逆时针方向旋转出水的方式了）。

在本章讲解行为体系时介绍过一个因开关方向不一致而使用不便的门的案例（P.122）。不过在那个案例中，门的打开方向都统一成从楼面朝楼梯间的方向打开是有其道理的。当人们因灾害等情况而慌张避难时，遇到门一般都不会去拉门，而是会朝着前进方向推门。因此，在电影院等会有很多人聚集的场所，门必然都是设计成往外推开的。关于这一点，日本的建筑基准法施工令第 125 条第 2 项中明文规定"剧场、电影院、表演场所、展览场所、公众会堂或者集会场所中通往室外的门，不允许是往里开的"。这是国家颁布的法规，当 UI 涉及安全性等重大因素时，通过发布政令、法律等来明确设计原则的情况也是很常见的。

如上，当一致性具有较大影响时，标准规格起到了重要作用。大家在日常生活中遇到的各种 UI 中，如果觉得有两个 UI 是符合相同规则的，请务必调查一下相关标准。可能前人已经为我们考虑了很多，制定出了不少的标准。

另外，在本章中提到过的 ISO 3166-0（P.145）等也是一种标准化成果。不过 ISO 3166-0 虽然是一种标准，但是并不广为人知，所以最好还是谨慎使用。

---

① "冷热水混合水阀的手柄，应该正面看右边是冷水，左边是热水。并且，水阀上必须要给出便于区分冷热水的提示"（JIS B 2061:1997 6.2d）。

图 6-21 （左）左右两边哪边是冷水，哪边是热水?（右）朝哪个方向旋转会放出热水或者冷水（提供者：福本雅朗先生）

（左）左边是热水，右边是冷水。（右）热水是逆时针方向旋转放出的，冷水是顺时针方向旋转放出的（据说后来统一成逆时针方向旋转了）

指南

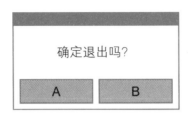

图 6-22 "确定退出吗?"这句话下面的 A 和 B 哪个是 OK 按钮

有些东西虽然没有标准化,但是为了保证一致性,也制定了一定的设计指南。假设在计算机上操作某应用时,弹出了图 6-22 这样的对话框。该对话框上带有两个按钮,请问你认为 A 和 B 中哪个是表示"是""YES""OK"含义的 OK 按钮(另一个是表示"否""NO""取消"含义的"取消"按钮)?请想好答案后继续往下看。

根据回答者是惯于使用 Windows 系统还是惯于使用 Mac 系统,该问题的答案会形成两派。回答 A 是 OK 按钮的读者比较常用 Windows 系统,而回答 B 是 OK 按钮的读者则习惯使用 Mac 系统,我猜的对吗?

图 6-23 是分别在 Microsoft Windows 7 以及 Apple Mac OS X 10.9 上使用 WSH(Windows)、osascript(Mac)这两个操作系统标准功能显示的对话框示例。只要看一眼图片,就能看出 Windows 系统上的对话框中,OK 按钮显示在左边,而 Mac 系统上的对话框中,OK 按钮显示在右边。并且两种系统中 OK 按钮的初始状态就是被选中的状态,所以只要按下键盘上的 Enter 键,就相当于按下了 OK 按钮,从而确定了操作。

好,我们现在知道了在 Windows 系统和 Mac 系统中 OK 按钮的呈现方式是不一样的。那么在对话框中 OK 按钮到底是应该在左边还是在右边呢?这还真是个不好回答的问题。

认为放在左边比较好的理由有"会高频率使用的按钮应该放在用户最先看到的位置"等。按水平方向书写的日语和英语,都是从左往右阅读的。所以当有多个按钮并排显示时,用户会先看到最左边的按钮,因此 OK 按钮应该放在左边。而且,不仅在键盘操作中是这样,我们平时说话时也是会说"请回答'是'或者'否'",而不会说"请回答'否'或者'是'"。所以先出现 OK 再出现"取消"会比较自然。我觉得这个理由的确非常有道理。

另一方面,认为放在右边比较好的理由有"在对话框中最后看到的按钮应该是用于确定操作的"。从左往右阅读时,都是先看完内容再进行确认(下结论),所以最后看到的右边的按钮才应该是 OK 按钮。而且,如果说"上一页"在左边,"下一页"在右边比较自然的话,那么"取消"就相当于"上一页",OK 则相当于"下一页",所以 OK 按钮应该在右边。想一想这个说法也让人不禁点头呢。

双方都能列举出各种理由来说明自己观点的合理性,但是观点毕竟也取决于个人的主观思维和喜好,所以无法简单地得出答案。当惯用 Windows 系统的人来开发用于 Mac 系统的应用时,或者是惯用 Mac 系统的人来开发用于 Windows 系统的应用时,有时就会出现 OK 按钮的位置和相应操作系统标准相反的情况。实际上

图 6-23 (左)Windows 系统中 OK 按钮和"取消"按钮的标准位置。
(右)Mac 系统中 OK 按钮和"取消"按钮的标准位置

我就曾经做出过这样的东西。当 UI 和操作系统标准相悖时，计算机内就会缺少一致性，导致 UI 成为难用的 BAD UI，所以这一点一定要注意[1]。

不过还存在这样一种情况。比如网页上的注册系统中，OK 和 "取消" 按钮的位置关系，和自己的计算机操作系统上的 OK 和 "取消" 按钮的位置关系不同，用户在使用时也会觉得有点别扭。虽然目前的技术可以让网页在一定程度上区分用户是从什么操作系统访问的，从而使按钮的显示和操作系统标准一致。但是无法完全保证这种识别是准确的，所以我认为只要网站内能确保一致性就可以了（有时会碰到同一个网站内不同的网页上 "下一页" 和 "返回" 的位置发生变化的情况，感觉用户体验非常不好）。

现在所说的按钮的话题，和在第 5 章（P.111）中介绍过的 iPhone 上 "接听" 和 "拒绝" 按钮的位置的话题是有关联的。Apple 公司的人机交互界面指南中规定：左边应该是 "取消" 按钮，右边应该是 OK 按钮。按照这条原则，iPhone 上 "拒绝" 按钮在左，"接听" 按钮在右也就说得通了。可能对 Apple 公司来说，iPhone 也是计算机的一种，所以也适用该指南，于是就有了这样的按钮布局。但是，从手机的使用习惯（虽然并没有标准化，但这是用户从以往使用手机的经验中构筑出来的规则）上来说，左边是 "接听" 按钮，右边是

"拒绝" 按钮比较便于用户使用（不过今后可能也会发生变化）。

指南是会随着操作系统的版本升级而发生变化的（对开发者来说这是个灾难……）。比如，智能手机中经常用到的 Google 的 Android 系统，在 2.X 版本时 OK 在左边，但是从 4.X 版本开始 OK 就显示在右边了。通过和以前的产品进行比较，我们可以发现 iPhone 按钮的规则也在渐渐地发生改变。

不仅是计算机和智能手机才具有这种指南，在游戏领域的相关开发中，为了避免用户混乱，也存在各种指南。比如规定特定的按钮只用于特定种类的操控手柄上（幸亏有这个规定，用户才能在有那么多游戏的情况下操作也不会出现大的混乱）[2]。不过，在任天堂出品的操控手柄和 Microsoft 出品的操控手柄上，A、B 键的位置和 X、Y 键的位置都是相反的，这也会导致使用者感到混乱（图 6-24）。当然，这跟第 5 章中介绍的用户的使用习惯也有关系。另外，PlayStation（PS）的操控手柄上有 ○ 按钮和 × 按钮。关于这两个按钮，日本制造商制造的产品中 ○ 代表确定、× 代表取消，但是美国制造商制造的产品中 × 代表确定、○ 代表取消，导致用户很混乱。因为存在文化背景的差异，所以在这点上也无可奈何。但是不频繁打游戏的人则要花很长时间才能适应，所以还是希望可以统一。

---

[1] 为了保证操作系统内部的一致性，各操作系统都会制定一套 UI 设计指南。Windows 称之为 "用户体验指南"（User Experience Guidelines），Apple 则称之为 "人机交互界面指南"（Human Interface Guidelines）。

[2] *Game Development Essentials: Game Interface Design.* Kevin D.Saunders,Jeanie Novak.Delmar Cengage Learning,2012。

图 6-24　游戏操控手柄上的按钮（左）任天堂 Game Cube。（中）任天堂 Wii U。（右）Microsoft Xbox 360

总结

本章针对 UI 设计中一致性的重要性进行了说明，并穿插着介绍了各种各样的 BAD UI。

一致性之所以重要，是因为它可以确保用户不会产生混乱。即使每个独立的 UI 使用起来都没有问题，但如果作为一个整体出现在同一空间时不具备一致性的话，那么这些 UI 在该空间内就会变得不好用、不好懂。比如，同样处于熄灭状态的照明或者空调操作界面上的指示灯代表的含义却截然不同，或者输入表格中有些项目指定使用半角，有些项目却要求使用全角，在这样的情况下用户就会感到混乱。

前面说过，为了确保一致性，人们进行了各种各样的标准化的尝试。设计师和工程师通过遵循标准化的规格进行设计，可以保证整个生活空间的和谐，减少由于一致性而出现的问题。不过，这种标准化也有一些困难的地方。比如在讨论某UI 应该统一成什么样子时，大家的意见可能各不相同。另外，在某些还没有达到标准化的领域，为了实现一定环境中的一致性，有时人们也会制定设计指南。从这些标准化和指南中，我们可以解读出各种想法，非常有趣。

大家有机会设计 UI 时，请务必事先调查一下是否有明文规定的标准做法，是否存在相关的设计指南。不仅要保证该 UI 具有一致性，并且要努力让自己设计的 UI 和周边环境也能保持一致。

在开发 Web 系统和应用时，开发完成后再发现问题进而修改 UI，从各个角度来说都是一件性价比很低的事情。所以请务必提前做出原型（Prototyping，可以理解为样品），使用原型来进行验证。有一些应用可以用来设计原型，比如Pencil[1]。当然，也可以用纸来制作原型，然后再进行验证。如果有想进一步详细了解原型设计的读者，可以看看《创建原型实战指南》[2] 这本书。

[1] PENCIL PROJECT。http://pencil.evolus.vn/。
[2] 原书名为『プロトタイピング実践ガイド スマホアプリの効率的なデザイン手法』(创建原型实战指南：高效设计智能手机应用的方法)，深津贵之、荻野博章著，丸山弘诗编，Impress 出版社，2014。暂无中文版。——译者注

练习

☞请确认家里各种电器或者开关上的指示灯，在各种状态下的颜色是否保持一致。另外，如果存在不一致的情况，请思考一下其中的理由。

☞请调查网站上的注册表格中对输入法的要求是否存在不一致的情况。比如有些项目要求半角输入、有些项目要求全角输入，或者有些项目要求数字带连字符、有些项目要求数字不带连字符。如果发现存在不一致的情况，请思考应该如何改善。

☞请在网上调查 UI 方面有哪些已经实现标准化的内容。并进一步想象如果没有这些标准规格的话会产生什么样的问题。

☞请调查 Microsoft、Apple 和 Google 等制定的与 UI 相关的设计指南。

☞请针对在第 2 章的练习中收集到的声音，调查每个声音的模式是否一致（比如，"哔哔"声的电子音在某些机器上表示 OK，但是在其他机器上却表示"出错"这种差异）。

第 7 章 制约

你是否有过这样的经历？将 USB 存储器插入笔记本电脑后，发现电脑无法识别。"咦？不是这边吗？"翻了一面再插上，结果还是无法识别。"咦？也不是这边？"上下两面反复试了好几次才成功。或者想将电池装进电子产品，但是却搞不清正负极的方向，费了半天功夫才搞定。

在进行某项工作时，如果存在多种操作可能性，那么提示用户应该进行什么操作、从什么操作着手就显得尤为重要了。我在第 2 章中曾经介绍过线索相关的内容，不过当线索过多反而容易招致误解时，就需要适当地减少操作可能性，只允许进行其中一部分操作。

我们将这种用于限制操作可能性的设计称为"制约"。通过设置恰当的制约，并用可见的形式将其提示给用户，UI 就会变得非常好用。反之，如果没有提示制约，或者制约错了，那么用户就会陷入混乱。也就是说，为了推动用户采取正确的行动，适当地提示制约，对用户进行引导，是非常重要的。

本章将通过介绍一些由于制约没有起到应有作用而产生的 BAD UI，来说明制约的重要性。

那么，接下来就让我们看看关于制约的 BAD UI 吧。

物理性制约

电池安装方向的制约：电池要朝哪个方向安装？

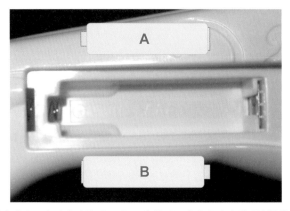

图 7-1　某玩具上的电池盒。电池应该按照 A 和 B 中的哪一个方向来安装呢（提供者：Kuramoto Itaru）

图 7-1 是某个玩具上的电池盒（电池盒的盖子掀开后的样子）。如果要往这个电池盒里装电池，你会按照 A 和 B 中的哪个方向来安装呢？你选择的理由又是什么呢？

之前我对 50 人左右的学生介绍过该案例，并提出了同样的问题，有将近 7 成的人回答的是 A。不过，答案其实是 B。可能也有人看到了，在电池盒里浅浅地画着一个像电池的形状（图 7-2 中的红线部分，虽然看上去相当细长……）其实按照 A 的方向也能装进去电池，只是玩具仍然没有电。那么，为什么那么多人都会搞错呢？无论你答对了还是答错了，都请思考一下这个问题。

首先，电池的一端（正极）是凸起的，另一端（负极）是平的。这里请注意看电池盒，可以看到左边有一块凹进去的地方。因此用户会误以为电池盒左边的凹处是用来提示"此处刚好嵌入电池凸起部分"的物理性制约。结果用户就会错误地按照 A 的方向放入电池。

如图 7-2 所示，该电池盒的底部画有淡淡的电池形状，而且左边有负号（负极）的图标。但是，因为用户的注意力会放在显而易见的物理性制约上，所以需要特别留意才能发现。安装电池的方向非常重要，请注意不要让具有误导性的制约起效。

图 7-2　电池盒里提示的电池安装方向（提供者：Kuramoto Itaru）

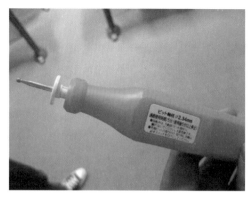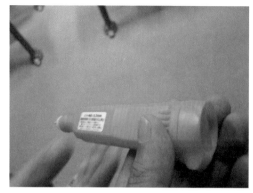

图 7-3　玻璃加工工艺中使用的电动钻头

下面我们再来看一个与电池安装方向有关的案例。这个案例是一个学生告诉我的，很有趣。图 7-3 是在玻璃加工工艺中会使用到的电动钻头。这不是我们日常生活中常见的工具，据说是在玻璃上进行雕刻时使用的。这个钻头后端有一个盖子，电池就是从这里装进去的。如图 7-4（左）所示，掀开盖子放入两节电池，打开开关，前面的钻头就会开始旋转。乍一看，貌似没有什么问题。

但其实不然。这个电动钻头的问题在于，无论电池是按照正确的方向装入还是反方向装入，前面的钻头都会旋转，但是在这两种情况下钻头的旋转方向是相反的。因为我没有接触过玻璃加工工艺，所以不是很清楚。不过据提供信息的学生所言，如果在加工玻璃时钻头的旋转方向和预想的相反，那么之前所做的一切就都白做了。该学生本人就曾经有过几次这样的经历，因为在换

电池时不小心将电池装反了，辛辛苦苦做出来的作品就报废了。

可以根据电池的安装方向来改变旋转方向，这一点在进行加工工艺时也许也有一定的用处。但是问题出在装电池的部分。如图 7-4（右）所示，几乎没有任何信息能够提示用户电池应该以什么方向装入。

如果能更加明确地提示正负极的朝向，或者当电池的正负极装反时不允许钻头运转（不过这样反方向旋转的功能就无效了），又或者明文写出电池以不同方向装入时钻头的旋转方向，那么可能就不会有问题了。但是正因为没有这样做，所以这个 UI 成为了让用户困扰的 BAD UI。本案例通俗易懂地告诉我们，正确提示用户关于安装方向的制约，这一点非常重要。

图 7-4　（左）打开盖子的状态。装入两节电池后使用。（右）哪边是正极，哪边是负极
无论从哪个方向装入电池，钻头都能旋转，但是钻头的旋转方向会有变化，导致问题产生

插入方向的制约：应该哪一面朝上插入？

图 7-5 （左）由于看不出插入方向而成为 BAD UI 的 USB 接口。（右）一般情况下是带有
USB 图标的那一面朝上插入的，但是这个刚好相反（提供者：吉村佳纯女士）
应该有很多人都曾因为搞不清 USB 接口应该哪面朝上插入而烦恼吧

图 7-5 中的 USB 接口就是让人因不知道如何插入而烦恼的 BAD UI 的典型代表。只要观察一下 USB 的插头和端口的内部结构就能明白，出于读取数据的设计，里面安装的元件只允许以特定的方向插入。这一点本身没什么问题，问题在于看起来不管什么方向都能插入，但是实际上却不是这样的。而且，即使按照正确的方向插入，有时也会因为哪里被卡住了而插不进去，只好放弃，这种情况也并不少见。当然，只要看一下 USB 的插头和端口里面，应该就能知道插入方向，但是只是从外面粗看的话是无法确认的。另外，也没有明文规定接口上的 USB 图标应该印在上面还是下面，这点也会导致用户混乱[1]。每次让学生去收集 BAD UI，肯定会有人将这个案例报告上来。

关于插入方向的案例，还有 PS Vita 的电源插头（图 7-6 左），这也经常让喜欢打游戏的人头疼。不论哪面朝上，PS Vita 的插头都能插进去。但是，如果以错误的方向插入了，电源就无法供电。因为以错误方向插入时无法充电，所以总有人以为是机器或者电源线出故障了。

如果看一下说明书，就会发现上面写着"LOGO 朝上插入"（图 7-6 右），但是大多数人在使用前都不会看说明书吧。而且，很多时候说明书都不在手边，比如游戏机是从别人那里借来的这种情况。为了让所有人在不看说明书的情况下也可以正确使用，在设计时加上"只有方向正确时才能插入"的制约就显得特别重要了[2]。

① 在前言中也介绍过，如果采用 USB Type-C 的规格，就不存在插入时上下面朝向的制约了。

② 2013 年 10 月发售的新款 PS Vita（PCM-2000）上，插头的形状发生了变化，方向错误时将无法插入。

图 7-6 （左）不论哪面朝上都能插进去，但是只有插入方向正确时才会充电，因此会被误以为
没有电（提供者：川添浩太郎先生）。（右）用户使用说明书中写着"LOGO 朝上插入"[3]

③ Play Station® Vita 快速入门指南（PCH-1000/PCH-1100 Ver.1.8 以上）。http://www.playstation.com/manual/pdf/PCH-
1000_1100-1.8-2.pdf

玻璃门的制约：应该从哪里出入？

图 7-7 （左）某地下商业街里的玻璃门。应该从哪里进去呢（当时是 2011 年 9 月）。（右）注意！

你是否有过这样的经历？商场或者地下商业街的入口处有一排玻璃门，不知道该从哪扇门进去。这里要介绍的正是地下商业街入口处的玻璃门。首先，请仔细观察图 7-7（左）。1～4 这 4 扇门中，哪扇门是能打开的？你为什么会这样认为呢？

我在上课时也提出过这个问题，得到的答案基本上是一半正确一半错误。正确答案是 2 和 4。1 和 3 是打不开的。我在现场观察了一阵子，发现有很多人，包括我自己在内，都会去试着开 1 和 3 号门，这是为什么呢？请你思考一下我们会这样做的理由。

首先，这一排门上说明哪扇门不能开的物理性制约并没有很好地发挥作用，看上去每扇门都能打开，所以总是有人开错门，甚至差点撞到门上。其次，门上的线索只有三个，一是只有细微差别的把手形状，二是稍有不同的"注意！"标签（可以打开的门和无法打开的门上都贴有标签，差别在于上面是否有手的图标），三是钥匙孔（图 7-7 右）。如果存在"不能从这里出入"的物理性制约，更加明确地提示才比较好。

而且，遇到这种透明的门，人们往往会把注意力放在门的另一边。因此，透明门上如果没有明确提示制约，想要开门的人就很可能分不清应该推门扇的左边还是右边（当然，即使在开门方向（推开还是拉开）上有制约，也会有同样的问题发生）。

不知道是不是因为频繁出现有人撞到门上或者不知道该开哪扇门的情况，所以某商业场所在玻璃门上贴上了"×"图标，如图 7-8 所示。虽然不是最理想的解决办法，不过这样应该能降低人们搞错的概率。

图 7-8　为了提示这里禁止出入，在玻璃门上贴上了"×"图标（当时是 2012 年 4 月）

插入位置的制约：票要靠右插入！

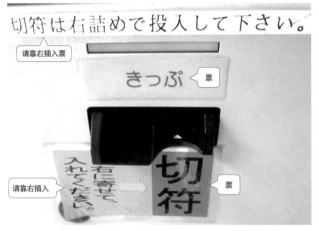
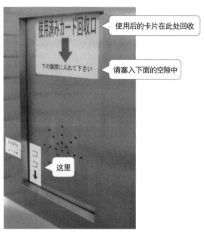

图 7-9 （左）因为没能很好地表现出制约，所以贴了张纸条说明"请靠右插入票"。
（右）因为乘客很难发现这是回收卡的地方，所以另外又贴了一张说明

　　如果 UI 无法很好地表现出物理性制约，就会有很多人出错，所以还需要另外再贴上说明。比如，图 7-9（左）中，票如果不靠右侧插入机器就不能给出正确的响应（大多数情况下是没反应），所以设计者在右边设计了一个凹槽。但是这个制约貌似没有起到该有的作用，于是又贴了几张纸条："请靠右插入票""票""请靠右插入"。本案例中，因为设计者试图用一个 UI 来同时应对自动售票机上售卖的尺寸较小的票，和窗口售卖的稍微大一点的票，所以很难避免这样的问题发生。通过该案例，我们可以了解到提示物理性制约的难度。

　　图 7-9（右）中是一个回收乘客使用后的列车预付卡的装置。因为这个实在是很难懂，所以专门增加了两张带有箭头的说明。

　　图 7-10 是某大学食堂使用的硬币以及需要投币的食堂入口，这里就很好地运用了物理性制约。这是一个提供自助餐的食堂，只有购买了专门硬币的人才能进入。由于硬币和设置在入口处的投币口都被设计成了特殊形状，所以限制了可以投入的硬币，进而防止了投入错误硬币的问题发生。

图 7-10　通过物理性制约限制了可以投入的硬币，所以用户不用担心会投入错误的硬币

各种各样的制约

▌车载导航仪上的输入系统：联想候选项的选择方法是？

图 7-11　旅行时租来的车上附带的车载导航系统。如果要选择候选中的"小岩井農場まきば園"应该怎么办

在驾驶租来的车时，你是否因车载导航仪不好用而感到困扰过？我去东北旅游时租了一辆车，其车载导航仪的 UI 如图 7-11 所示。这台导航仪的屏幕是可以触摸操作的，因为要去"小岩井農場まきば園"（日语平假名为こいわいのうじょうまきばえん），所以通过画面下方的键盘输入了"こいわい"，图 7-11 就是输入后的状态。此时如果要在联想候选中选择"小岩井農場まきば園"作为目的地的话，应该进行什么操作呢？

仔细观察画面，可以看到搜索栏上方提示了 2 个联想候选项，分别是"小岩井（JR）"和"小岩井農場まきば園"。你是否认为应该通过点击蓝色文字"小岩井農場まきば園"来进行选择呢？我和妻子当时就是这样考虑的，于是点击了"小岩井農場まきば園"。但是，导航仪没有反应。于是我们以为是触摸屏的性能不好，又反复点击了好几次。

其实正确做法应该如图 7-12 所示，要先按下"联想候选"按钮，然后在显示出来的联想候选列表中选择想去的目的地"小岩井農場まきば園"。在触摸屏式 UI 中，有多个可操作点的情况并不少见，所以用户首先会怀疑是不是自己没有成功地进行点击操作，于是又反复地进行错误操作，这实在是一个有趣的 BAD UI。在该案例中，假名文字按钮和"联想候选"按钮的颜色是一样的，所以用户并不会觉得"预想候选"这个按钮需要特别关注。而在画面上面提示的候选项看上去也是可以点击的，于是就进行了错误的操作。

"联想候选"按钮上方的文字框之所以这样设计，应该是为了提示联想候选项中有哪些项目，但是用户却会理解成"请从中选择"，从而搞错了操作对象。设计者最好能下点功夫进行改善，比如更改文字颜色使之看起来不能点击，或者将整个文字框都设计成可点击的对象。

顺便补充一下，即使联想候选项只有 1 项，也必须要进行同样的操作。这样的 UI 希望设计者在设计时可以再多考虑一下。

图 7-12　（左）按下"联想候选"按钮。（右）从候选列表中选择想要去的目的地"小岩井農場まきば園"

投币式储物柜上的箭头：为什么会搞错操作方向？

图 7-13　打开储物柜时应该朝哪边旋转钥匙（提供者：山上庆子女士、田口旺太郎先生）

图 7-13 是使用后会退回硬币的投币式储物柜。投入 100 日元后旋转钥匙并将其拔出，储物柜就会上锁，再插上钥匙并旋转就会开锁，同时 100 日元被退回。这种储物柜不花钱就可以放心地寄存行李，真是帮到了很多人。那么，在开锁时这个钥匙应该朝哪个方向旋转呢？

有意思的是，在过去两年的授课中，曾有两名学生都搞错了这个钥匙的旋转方向，所以将其作为案例告诉了我。而且，这两个人当时都是朝左边（逆时针）旋转的。我在使用这种钥匙时，也总是会想朝左边旋转。但是正确的做法却是朝右边（顺时针）旋转。为什么会有人选择向左转呢？

理由就在于钥匙孔上方的"返还口"标签下有一个指向左下方的箭头。这个箭头原本是表示"返还口在左下角，请别忘了拿回 100 日元"的，但是如果用户在插入钥匙时看到这个箭头，就会误解成这是在提示旋转钥匙的方向。该案例告诉我们，箭头标记具有相当大的力量，所以在使用时需要考虑是否会被误解。如果"返还口"这几个字也能像"投入口"一样放到箭头里面，那么也许多多少少可以减少一些误解。但是这种情况下"返还口"也有可能会被理解成返还时也需投币，所以这不是那么容易解决的问题。

当只有箭头提示的时候，人们会感受到箭头所带有的强烈的提示作用。《箭头的力量：指向其前方的物体》[1]、[2] 是一本介绍箭头如何引导人类视线的书。根据其中的记载，箭头第一次被用来指示

方向是在公元前 221 ~ 公元前 206 年中国发明的指南针上（后来传到了欧洲）。而在科学领域，使用箭头的最古老的例子是 1610 年以前伽利略·伽利雷所著的天文学书籍。由此我们也可以得知，自古以来人们就已经会使用箭头来指示方向、引导视线了。

根据自古以来就在使用这一点，相信大家也能够理解箭头对人类的引导作用有多强大。虽然从能起到引导作用这个意义上来说箭头是个很好用的东西，但是如果使用时不注意，就会产生各种各样的问题。

既然讲到这里了，下面就再介绍几个和箭头有关的 BAD UI 吧。

图 7-14（左）是贴在电梯厅墙上的某活动的宣传海报。在该海报的左右两侧各有一扇门，即 A 和 B（图 7-14 右）。活动是在其中哪扇门的另一头举办呢？看完海报我会认为是在左边，也就是 A 门的另一头举办。但是实际上则是在海报的右侧，即 B 门的另一头举办。海报里明明画着地图，但我还是搞错了方向。这是因为海报上有一个箭头，而我被这个箭头误导了。这个箭头其实只是一个单纯的设计，但是却带有强烈的指示作用。

而且如图 7-15（左）所示，虽然在海报的上方贴了一张纸条写着"从右边的门出去后向右转"，但是因为这张纸条和海报之间的关系并不明确，而来参加活动的人首先会看到海报，于是就会错误地往左边走，所以这是一个 BAD UI，而且要改善这种 BAD UI 也并非易事。

图 7-15（右）是某建筑物前的台阶。假如要去酒店前台，那么来到该台阶前，各位会朝哪边走呢？大多数人应该会往右边转，但是实际上应该是笔直前进，进入建筑物后再右转。这是一个会让人思考箭头如何对人类行动产生影响的好案例。大家也请关注一下周围的箭头。

① 原书名为『矢印の力―その先にあるモノへの誘導』，今井今朝春编著，World Photo Press，2007。暂无中文版。——译者注
② 在这本《箭头的力量》中介绍了数量庞大的箭头，从中可以了解到以前人们都使用什么样的箭头，以及现在是否还在使用，非常有趣。

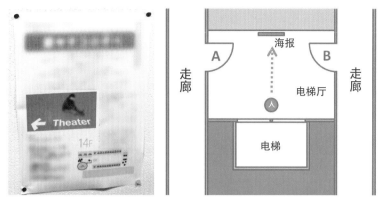

图 7-14 （左）某活动的宣传海报。（右）电梯厅的平面图。出电梯后可以看到正对面的墙上就贴着海报。活动在 A 门或 B 门的另一头举办

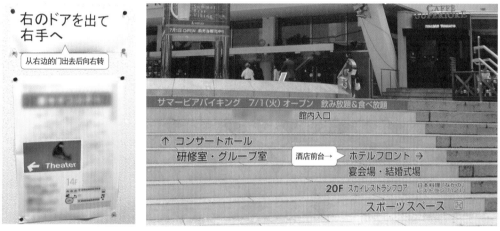

图 7-15 （左）贴在墙上的写有"从右边的门出去向右转"的纸条。这是对活动举办场所的补充说明。（右）台阶上提示了"酒店前台→"，那么应该往哪边走呢（提供者：山田开斗先生）

洗手间的标识：为什么完全没有女性使用女洗手间？

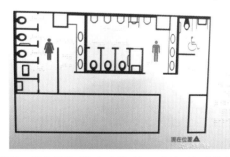

图 7-16 某建筑物的 1 楼有男洗手间和女洗手间。女洗手间为什么完全没有人使用呢

某大学教学楼的 1 楼里分别有男洗手间和女洗手间（图 7-16）。其中男洗手间的使用率还不错，但是女洗手间基本上都没有人使用。在该楼里出入的学生的男女比例并没有差那么多，但是为什么只有男洗手间有人使用，而女洗手间没有人使用呢？

观察这个指引牌会发现，上边女洗手间的标识是红色的，男洗手间的标识是蓝色的，看起来并没有什么问题。我在该楼里上课时还询问了女学生，发现她们大多都不知道 1 楼有女洗手间，一直以来都是使用 2 楼的洗手间。这里面到底发生了什么呢？

图 7-17 中就是通往那个洗手间的必经之路。拍摄的位置要比指引牌中的当前位置稍微后退一点（可以看到右边的墙壁上就贴着指引牌）。请思考一下为什么没有人去使用女洗手间。看图 7-17，从这个地方只能看到男洗手间的标识（而且不知道为什么会有 2 个男洗手间标识）。

图 7-18 是再往里走，在男洗手间前面拍摄的照片。只有走到这里才能看到女洗手间的标识，从而知道里面有女洗手间。也就是说，在图 7-18 这个状态下，只能看到过道，并了解到里面是男洗手间，因此基本上所有女生都不知道里面有女洗手间。只有当女生知道那里面有女洗手间或者注意到指引牌的情况下才会往里面走，要满足这些条件其实挺难的。

图 7-17　咦？只能看到男洗手间的标识。女洗手间的标识在哪里（提供者：和田彩奈女士）
右手边有洗手间指引牌，但是那个区域和里面过道的亮度反差导致指引牌很难被注意到

图 7-18　过道深处有女洗手间

这个问题的有趣之处在于，女生没有注意到洗手间的存在也就罢了，男生知道里面有女洗手间居然也没发现这里的标识有问题。人们对于与自己无关的事物是不会深入思考的。男洗手间和女洗手间的标识安装人员肯定是男性，所以才会在安装时没有考虑到女生使用时会产生的问题。实际上我也多次使用过这栋楼里的这个洗手间，但是直到课上有学生将此作为 BAD UI 报告上来（信息提供者：和田彩奈女士），我才注意到有这样的问题。

将这个男洗手间标识安装在入口处，可能并不是要告诉走进这个过道的人这里面有洗手间，而只是单纯地提示"这里是男洗手间"。另外，在进过道前的右手边有一张如图 7-16 所示的指引牌，所以安装人员可能会认为大家应该都能发现里面有洗手间吧。但是，指引牌装在了比较昏暗的地方，所以貌似几乎没有人会去看它。人们不会过多观察与自己无关的事物。该案例是由于安装者的考虑不周而产生的 BAD UI。

有一天，该洗手间墙上多出了一张纸质的标识，提示"女洗手间在这边"。像这样在现场采取一些措施来尝试解决 BAD UI，是一件非常好的事。不过改善 UI 是一个永恒的难题。其实现在也还是存在一些问题，有进一步改善的空间。比如根据视角的不同，有时人们会看不到女洗手间的标识，以及那个标识和男洗手间标识相比显得没那么醒目等。

如果将女洗手间的标识放在男洗手间标识的右边，那么即使是从图 7-17（左）的位置看过去也能看清。但是另一方面，这样人们也有可能误解成右边的那个洗手间（也就是转过去后先看到的那个）是女用的。从这个角度来说，将上面的那个大点的标识改成并排的男女标识（左女右男）可能更好理解一些。现在能用 3D 打印机制作指引牌，所以也许可以做一个和上面那个标识规格完全一样的标识。请研究一下，如何能花最少的钱来解决这个问题。

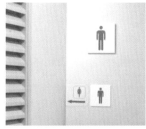

图 7-19 增加了"女洗手间在这边"的提示信息
有改善的意识这点非常棒，但是标识还不够醒目，希望可以再多考虑一些

很难使用的自动售票机：怎样买 5.25 美元的车票？

图 7-20 （左）BART 车票的自动售票机。怎样购买 5.25 美元的车票？（右）Welcome to...
（模拟图：A ~ H 表示按钮）

我住在美国时，主要使用的交通工具是叫作 BART（Bay Area Rapid Transit）的铁路交通，它连接了伯克利、旧金山国际机场和旧金山市中心等。图 7-20（左）就是 BART 的自动售票机。到达旧金山国际机场后要去旧金山市中心的人首先接触到的就是这种售票机。可是因为使用方法有点特殊，所以经常会出现售票机前排起长队的情况，或者有些人干脆就放弃买票了，又或者买票所花的钱超过了实际需要的金额。

下面我们来用模拟图进行说明。首先，该界面最初提示的信息如图 7-20（右）所示。中间的四方形是屏幕，两边的 A ~ H 是按钮。有一次我需要买一张 5.25 美元的票。一开始画面上显示了 3 个选项，分别是 Bill/Coin（纸钞 / 硬币）、Credit/ATM Card（信用卡 / 借记卡）、Old Ticket（旧式车票）。因为曾经在国外的自动售票机上使用信用卡时吃过亏（机器坏了把卡吞了等），所以我选择了使用正常的美元纸钞购买，也就是 Bill/Coin。但是按下（A）按钮后，机器却没有反应，触摸屏幕貌似也没有反应。稍微思考了一下，才想到可能要先投币，于是把钱塞了进去。虽然只要从上到下依次阅读画面上的文字，就会发现有提示 Insert Bill/Coin（投入纸钞 / 硬币），但是 Insert 和 Bill/Coin 之间有一段距离，而且看上去每个选项都和按钮是对应的，所以就误以为这是通过按钮来选择支付方法的画面了。

图 7-21　（左）塞入 10 美元纸钞后的画面。（右）设定成 9 美元了

如果塞入 10 美元的纸钞（刚到机场的游客身上很少有带硬币的，所以纸钞的使用率会比较高），画面就会变成图 7-21（左）的样子。国外的售票机通常是没有在维护的，所以遇到坏了的机器也并不稀奇，不过这台售票机正常吸入了纸钞。

我想买 5.25 美元的车票，但是画面上没有任何一个地方出现 5.25 这个数字。然后因为想买票，于是努力在画面上寻找 Ticket 或者 Buy 的字样，但看到的只有 Buy Multiple Tickets（购买多张车票）和 Buy BART Plus Ticket（购买 BART Plus 车票）的选项，但是我并不想买多张车票，也不想买 BART Plus 车票。

过了一会儿，我终于发现 Print 就表示出票的意思。然而又看到上面写的是 Print $10.00 Ticket，"难道只能买 10 美元的车票吗？"我纠结了半天，打算放弃挣扎直接购买 10 美元的车票时，终于注意到了一个平时没怎么见过的 Subtract $1（减 1 美元）选项。于是尝试性地按下了（B）按钮，结果右列中显示的 Print $10.00 Ticket 变成了 Print $9.00 Ticket（图 7-21 右）。

同时，画面上还出现了 Add $1（加 1 美元）和 Add 5¢（加 5 美分）等选项。于是我推测"要买 5.25 美元的票，需要连续按下 5 次 Subtract $1，然后再按下 5 次 Add 5¢就可以了"，但是实际操作后发现按下 4 次 Subtract $1 后就会如图 7-22（左）所示，Subtract $1 这个按钮消失了，无法再

继续减去 1 美元了。我感觉很困惑，又仔细看了下画面，发现画面右上方有备注 Min. Ticket Value $5.05（车票的最低价格为 5 美元 5 美分）以及 Max change $4.95（找零最多为 4 美元 95 美分）的说明（不过字非常小，很难注意到……），明确说明了不能设定到 5 美元 5 美分以下（图 7-22 右）。因此，我要从 Print $6.00 Ticket（打印 6 美元的车票）开始减去 75 美分，要想达到 Print $5.25 Ticket（打印 5.25 美元的车票），需要按下 15 次 Subtract 5¢（减 5 美分）。

完全没想到为了买一张 5.25 美元的车票竟然需要进行 19 次操作（Subtract $1 × 4 次 + Subtract 5¢ × 15 次）。操作到一半时我觉得好可笑，差点笑出来。其实也可以这样操作："Subtract $1" × 3 次 + "Add 5¢" × 5 次 + "Subtract $1" × 1 次）"，不过当时后面已经有人开始排队了，所以没有想到这种操作方法。人一开始着急，脑子就会变得不好用。

顺便再说一下，我和朋友一共 6 个人去旧金山时，其中英语比较好的 2 个人明明要买的是 8.65 美元的车票，但是在使用这种自动售票机时因为不知道使用方法，于是买成了 10 美元的车票。后来我又在另外一个场合讲到这个售票机的话题，发现竟然还有人因为不清楚怎么操作而买成了 20 美元的车票。这个操作系统对游客来说真的是太不友好了。

图7-22 （左）减到6美元时的状态。(右) 画面上提示了Min. Ticket Value $5.05和Max change $4.95。也就是说，不能设定到 5 美元 5 美分以下。从这里开始要按下 15 次 Subtract 5¢ 才能设定成 5.25 美元

输入数字型的自动售货机：怎样购买 12 号商品？

图 7-23　想要购买 12 号商品时应该怎么操作（提供者：佐竹澪女士）
其实只要按下数字键 "12" 就可以了，结果一不小心连续按下了数字键 "1" 和 "2"。这时买到的是 1 号商品

当用户在关注某一点（注意力都集中在某一点）时，容易忽略其他说明内容或者 UI 的特征，导致操作错误。比如图 7-23 是某零食自动售货机及其操作界面。当你想在这台自动售货机上购买 12 号零食时，会怎么操作呢？

大多数人应该都会想到去按 12 号按钮。但是有些用户会无视 "12" 这个按钮，而是连续按下 "1" "2" 按钮。这是为什么呢？

首先，用户会从陈列的零食中选择要购买的商品，然后确认编号（12 号）以及价格，投入相应金额的钱币后，就会去看数字按键。此时用户最先看到的是 "1" "2" "3" 按钮（因为投币口在数字按键的上方）。看到这种数字排列，一部分用户就会认为只有 0 ~ 9 的数字键（通过 10 个数字键的组合来输入数字），条件反射式地进行操作，

所以就会出现通过依次按下 "1" 和 "2" 来选择12 号的情况。但是，再往下看数字键，就会发现 "9" 后面还有 "10" "11" "12"。也就是说，要购买 12 号面包时应该按下 "12" 按钮。如果按下的是 "1" "2"，那么在用户按下 "1" 时机器就会开始进行相应的处理，吐出 1 号零食。

不知道是不是因为使用该售货机时买错商品的人太多了，才会像图 7-24 那样在售货机的 2 个不同的地方都贴了提醒纸条。但是，即使有提醒纸条，人们还是会根据一眼看到的按钮来操作，所以不断有操作错误的情况出现。

在本案例中，用户购买商品时首先会去看零食的陈列架，然后是投币口，最后是数字键，所以不容易注意到提醒纸条（其实在本案例中，为了引起用户注意，已经特意牺牲掉原来摆放 6 号零食的位置来贴提醒纸条了，但是看起来效果还是

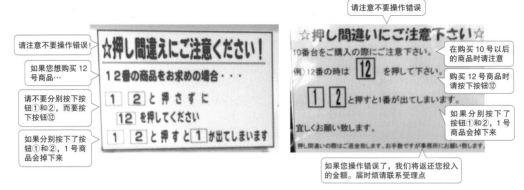

图 7-24　提醒纸条（机身上贴着提醒纸条就说明有不少人都操作错误过）（提供者：佐竹澪女士）
如果频繁出现这种错误的话，"10" 之后的编号改成英文字母 "A" "B" "C" "D" 等就可以了

不明显）。

由于在这样的 UI 下总会有人在选择 10 号、11 号、12 号时出错，所以如果能将编号从 "10" "11" "12" 换成 "A" "B" "C" 等其他表现方式，包括零食下方的编号和按钮上的编号都分别改成 "A" "B" "C"，那么这个问题就能解决了。或者干脆 "1～15" 改成 "A～O"，全都用英文字母来表示，这也是一种方法。在更改编号时，如果只是在按钮上贴标签，因为会有很多人去操作，所以标签可能会脱落，因此最好可以直接更改按钮上的数字印刷。不过如果这个比较难实现的话，通过贴标签来更改编号也好过什么都不做，至少可以减少操作错误的情况出现。希望这种售

货机的 UI 可以有所改进。

顺便提一下，在类似的自动售货机中，也有一种是通过依次输入 0～9 的数字来购买商品的（选择 12 号商品时，要依次输入 "1" "2"，然后再按下 "购买" 按钮）（图 7-25）。在这种 UI 中，因为可以在按下 "购买" 按钮前再次确认，所以相对不容易出问题。

大多数人不会在全面了解整个 UI 后再开始操作，而是视线首先掠过的部分开始。因此，在设计 UI 时需要考虑人们的视线会怎么移动、会按照什么顺序去观察 UI 等。

通过以上说明，你是否能理解将 UI 中存在的制约明确告诉用户的重要性了呢？

图 7-25　通过 0～9 的数字键输入商品编号的自动售货机
购买 12 号商品时，要在输入 "1" "2" 后，按下 "购买" 按钮

教学大纲注册系统：应该输入什么样的数值？

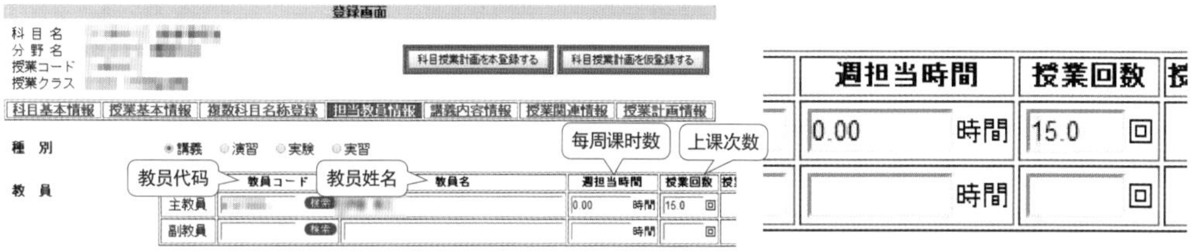

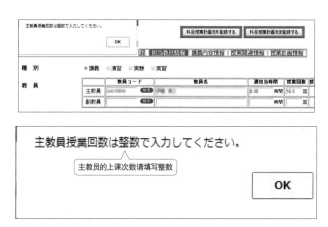

图 7-26　教学大纲注册系统的初始状态。如果上课次数是 15 次，需要更改数值吗（提供者：匿名者）

图 7-26 是某大学教学内容的注册系统。可以在该系统中输入或者修改"教员代码""教员姓名""每周课时数"和"上课次数"等信息。

提供该信息的匿名者想在该系统中输入自己负责的课程的信息，进入页面后发现"每周课时数"栏中已经填入了"0.00"小时，"上课次数"栏中已经填入了"15.0"次。他认为既然是初始值，那么应该就不用再修改什么了，于是针对这两项没有进行任何编辑，直接进行了提交操作。但是结果系统却弹出了出错提示——主教员的上课次数请填写整数（图 7-27）。如果上课次数需要输入整数的话，一开始的默认值就应该直接显示成"0"和"15"，为什么会是现在显示的"0.00""15.0"这种带有小数点的值呢？真是太奇怪了。可能是因为非主教员会用到小数，但是即使是这样，也应该在主教员和副教员后面分别显示正确格式的数值。

在网页上的输入表格中，如果对于输入值有制约，比如要求是整数还是允许带有小数，要求是半角还是全角等，提前让用户了解该制约是非常重要的。这种制约可以通过在输入框的旁边备注"请填写整数""请填写小数""请用半角字符填写""请用全角字符填写"等，或者提供填写示例等方式进行一定程度上的提示。另外，如果已经有一些值作为初始值（默认值）填了，那么用户就会把这个当成一种提示，认为"因为初始值是使用这样的值，所以只要按照这种样子填写就可以了"，所以初始值也能起到一定的引导作用。但是在本案例中，初始值并不符合用户填写格式的要求，所以反而导致发生了错误。从这个意义上来说，该 UI 提示了错误的制约信息，是一个有趣的 BAD UI。

各位在制作网页输入表格并要提示用户应该如何输入时，请务必提供合适的初始值，以便让用户可以产生"因为是这样的值所以应该这样输入吧？"这样的联想，从而输入正确格式的值。

图 7-27　要求输入整数的出错提示。既然如此，为什么初始值是带有小数的（提供者：匿名者）

防止出错的表格：不允许自由填写！

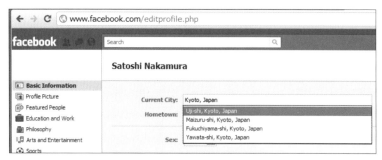

图 7-28　在 Facebook 上填写现在居住地时的状态。输入"Kyoto,Japan"后，
就会提示出相关的候选项（当时是 2011 年 2 月）

某日，我在浏览 Facebook 的时候网页上突然弹出一个提示"请设定居住地"，当时认为这种程度的个人信息即使公开也没关系，于是就进入了个人信息编辑画面。

图 7-28 是在填写居住地时的状态。当时我住在京都，所以输入了"Kyoto,Japan"（京都，日本）。此时输入框下方自动提示出一些含有"Kyoto,Japan"的候选项，比如"Uji-shi,Kyoto,Japan"（宇治市，京都，日本）、"Maizuru-shi,Kyoto,Japan"（舞鹤市，京都，日本）等。我当时还感慨这样真不错，但是却发现其中居然没有关键的"Kyoto-shi,Kyoto,Japan"（京都市，京都，日本。另外，Current City 后面的"Kyoto,Japan"是我手动输入的）[①]。没办法，我只好直接手动输入信息，但是这样的信息却无法保存。

① 宇治市、舞鹤市和京都市都是日本京都府下面的市级城市。——译者注

我想知道这个页面到底是怎么回事，就随便先选了一个，结果如图 7-29 所示，手动输入的"Kyoto,Japan"被清空了。估计是为了不让用户输入奇怪的值才这样设计的，如果要选择京都市内的区可能也需要通过其他的输入方法来输入。但不管怎么说，这个系统的用户体验都不好。

虽然该设计是试图通过动态修改或者补充完整用户输入的信息来进行一定程度的制约，同时帮助用户完成填写。出发点是好的，但是从结果上来说却是因无法输入正确内容而给用户带来烦恼的 UI。在全世界数量庞大的服务中，这样的问题并不少见。

出于为用户着想的考虑而进行的设计在很多时候并没有帮到用户，本案例就是其中之一，真是有意思的案例。

图 7-29　输入的内容被清空了（当时是 2011 年 2 月）

使用时 / 不使用时的状况

洗手盆和烘手机的位置：没办法洗手！

图 7-30 （左）洗手间的洗手盆和烘手机（提供者：山下智也先生）。（右）面对盛色拉的
盘子、色拉酱、拌色拉的蔬菜这种摆放顺序摆，人们排起了奇怪的队伍

图 7-30（左）是某洗手间里的洗手盆和烘手机。在这个洗手间里，会出现洗手盆后面有人排队的情况，而且有很多人都不洗手或者不用烘手机吹干手就直接出去的，这是为什么呢？

理由就在于洗手盆和烘手机被安装在了很近的地方，两个人无法同时使用这两个设备。虽然洗手不是很花时间，但是用烘手机吹干手却是需要一定时间的。因此如果有人使用洗手盆洗手然后又用烘手机吹手，那么这期间内其他人都无法使用洗手盆或者烘手机。因此，有时候洗手需要排队，并且出现了干脆不洗手或者不吹干手的人。虽然洗手盆和烘手机本身并没有问题，但是它们的安装位置导致出现了问题，这是个让人感到惋惜的 BAD UI。

以该案例为代表，我们可以发现在决定各物品摆放位置时，需要考虑用户的行动路线（人的动作轨迹），考虑他们会在哪里花费多少时间。比如，在自助餐厅等场所，如果完全不考虑用户的行动路线，那么就会出现要花很长时间才能将所有想吃的菜品都装到盘子里的情况，或者排起奇怪的队伍（图 7-30（右））。

图 7-31（左）是列车内洗手间里的婴儿座椅和洗手盆，两者的安装位置也需要相关人员进一步考虑。对于带着孩子的父母们来说，这里有婴儿座椅是一件令人感激的事情，但是孩子可能会将手伸到水龙头下方玩耍，弄得到处都是水。图 7-31（右）是洗手间隔间里的婴儿座椅和隔间的门锁。对于带着孩子的父母们来说，这又是一个很有用的装置，但是因为坐便器离婴儿座椅有一段距离，人坐在坐便器上时伸手是够不到孩子的。而婴儿座椅离门锁很近，所以孩子有可能会玩门锁导致隔间的门被打开。相信通过这几个案例的说明，你已经了解到考虑用户会做什么以及其行为会导致什么后果是何等重要了吧。

图 7-31 （左）婴儿座椅和装有感应式水龙头的洗手盆。（右）婴儿座椅和洗手间隔间的门锁

推荐候选项的提示场所：不能输入目的地！

图 7-32　（左）输入"京都"后，作为含有"京都"字样的候选项，会提示出京都精华大前、京都、京都市役所前这几个车站。（右）输入京都站后的状态。尽管没有候选车站，但是候选车站显示框还是会跳出来，而且里面内容是空的（当时是 2013 年 1 月）

列车换乘向导对用户来说十分有用，在当今社会已然是不可或缺的了，简直无法想象当年没有它时人们是怎么过来的。这里要介绍的，就是换乘向导的 UI。

日本有很多名称相似的车站，因此在换乘向导系统中，输入车站名称的一部分后系统会自动提示相关候选项。例如输入"京都"后，系统就会提示以"京都"开头的车站名称"京都精华大前""京都""京都市役所前"（图 7-32 左）。这样的设计对用户来说很有帮助。因为用户经常会记不住正确的车站名，而且一般来说只输入一部分车站名就能自动提示出候选车站的联想功能使用起来也非常方便。但是，这次介绍的系统是一个一点都不会灵活变通的 UI。在该系统中输入"京都站"后会呈现出图 7-32（右）的状态。

输入"京都站"后，没有其他候选车站，但是候选车站显示框还是弹出来了。如果只是显示的话，至少能让用户了解到"没有其他选项"，勉强也能算是有用的信息。但问题是这个弹出框遮盖住了下方输入目的地的输入框，导致用户无法输入目的地。要关闭该弹出框必须要点击一下其他地方（图 7-33）。

经常会遇到这种为了关闭对话框不得不进行某些操作的界面，比如必须要在该操作界面以外、什么都没有的地方进行点击操作等。但是这种操作并不是凭直觉就能想到要去做的，对于我父母这种不太会用计算机的用户来说，这种界面就很不好用。

如果是用惯了的用户，应该会直接通过手动输入来指定车站名吧。实际上只要使用 Tab 键，就可以将输入光标从"出发地"移动到"目的地"。但是这个弹出框还是不会关闭，所以用户看不到自己在目的地框中输入的文字。至少将候选项提示框显示在旁边，而不是下面，也就没有这么大的问题……

这是个让人感到遗憾的 BAD UI，原本是为了方便用户而提供的候选项联想功能，结果反而成为了用户使用中的障碍因素。不过值得高兴的是，在写这本书（2014 年 9 月）时这个问题已经解决了，现在的界面使用起来非常方便。

图 7-33　为了关闭候选项提示框，必须要点击浏览页面的其他地方。点击后就能看到目的地输入框（当时是 2013 年 1 月）

让人发愁的饮水机：怎样放出热水？

图 7-34　用户为什么会为放出热水的方法而烦恼？（左）摆放在某公共区域的饮水机。（中）放出热水的方法说明（通过 3 个操作步骤放出热水）。（右）试图放出热水的状态（提供者：菊池和纪先生）

有一些 UI 初看时并不觉得有问题，但是真的要使用时就会发现其实是有问题的。图 7-34（左）是摆放在某公共场所的饮水机。有了饮水机，人们就能轻松喝到可口的冷水或者热茶，非常方便。

饮水机一般会放在便于众人使用的公共空间（比如政府机关和药店的等候室、食堂或医院的休息室等）。不仅成年人，连孩子也能轻松使用。如果是提供了热水功能的饮水机，万一放出热水的方法过于简单，孩子一不小心（或者恶作剧）放出热水来，就可能有被烫伤的危险。因此，从安全性的角度考虑，放出热水的操作经常会被特意设计成比较复杂的 UI。

请看图 7-34（中）。该饮水机要放出热水需要进行 3 个步骤——抬起手柄、沿着箭头方向滑动、保持该状态按下。在前言中我也说明过，从安全性、保护用户的角度出发而使操作复杂化的 UI，只要其复杂程度在可理解范围内，就不算是 BAD UI。所以这个 UI 乍一看是没什么问题的，不过实际不然。请问你是否发现问题所在了呢？

只是看照片的话，可能很难发现问题。那么我们就站在要用该饮水机放出热水的用户的角度来思考看看吧。首先，观察图 7-34（左）的外观，我们可以从出水口上的颜色上看出左边的是热水，右边的是冷水（一般情况下冷水会用蓝色表示，热水会用红色表示）。因此，要放出热水时应该如图 7-34（右）所示，将纸杯放到红色出水口的下方。接下来就是问题所在了。正如刚刚所述，该饮水机放出热水的操作略显复杂，如果没有说明的话很难掌握，即使反复尝试也很少有人能试出

来。但是从图 7-34（左）中可以看到，使用方法说明就贴在热水出水口的下方，所以一旦用户已经将纸杯放在出水口下方准备接热水，就会看不到这个说明（图 7-34 右）。用户完全不知道纸杯遮住了说明，只有在放弃喝热水时拿走纸杯后才会注意到使用方法说明的存在。

贴这个使用说明的人可能会觉得这个界面从一开始就已经提示了放热水的方法，所以只要用户认真阅读了就能使用。但是，对用户来说，他可能完全没有想到放热水会是一个那么有难度的操作，所以自然而然地就先把杯子放过去了。而且，这张贴纸上最醒目的信息是"小心热水"，使用方法说明看上去像是从属于"小心热水"这个标题的内容，所以用户只会关注"小心热水"这四个字，其他部分不会认真去看。再加上用户用纸杯去接水时也意识不到自己遮住了说明文字，所以除非放弃热水否则就看不到说明，这就是这个界面成为 BAD UI 的理由。

这是一个有趣的案例，由于用户自己的行为而产生了制约。

图 7-35 也是一台使用方法说明会被遮住的饮水机。但是，这台饮水机上在出水口上方还贴了一张英文版的说明。由于说明带有图画，所以即使不懂英文的用户也能大概知道使用方法。图 7-36（左）中的饮水机上，使用方法说明贴在了适当的位置，而且还有一个大大的"当心烫伤！"的提醒，简单易懂。另外，因为这是给孩子看的提示，所以采用了儿童插画的形式，非常容易理解，是一个很好的例子。设计者能够考虑到这些真的很重要。

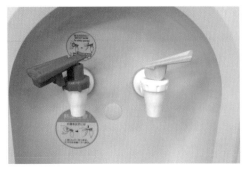

图 7-35 这台饮水机上的使用说明也会在接水时被挡住，但是好在出水口上方也有说明，所以能被用户看到

另外还有一个用户行为等导致信息缺失的有趣的案例，那就是贴有提示电梯会停靠在哪层楼的电梯门（图 7-36 中和右）。该电梯是并排多部电梯中的一部，每部电梯的停靠楼层都有所不同。请看图 7-36（中）的照片，左边的电梯会在 B3F、1F、2F、3F、4F 停靠，而右边的电梯则只在 B3F 和 1F 停靠。这里请注意停靠楼层提示信息所在的位置。由于停靠楼层信息显示在门上，所以在门打开的期间用户是无法确认到这个信息的（图 7-36 右），这就可能导致用户乘上错误的电梯。

像这种用户行为导致使用说明等信息被隐藏的情况有时也是存在的。所以在设计 UI 时需要充分考虑人们在进行操作时会有哪些行为，以及这些行为会导致什么结果。

由于预测人们会有哪些薪给是一个很难的事情，所以 BAD UI 的案例非常有用。大家可以充分有效地运用本书中、"有趣的 BAD UI 的世界"以及 "BAD UI 论坛"[1] 中的案例。

---

① http://up.badui.org

图 7-36 （左）提醒当心烫伤的说明和使用方法说明都贴在恰当位置上的案例。这样就不会有问题了。（中）电梯停靠楼层的信息。（右）电梯门打开后信息就被隐藏起来了（提供者：铃木先生）

笔上的按钮：明明正想写字呢！

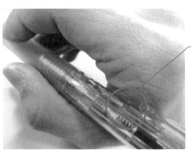

有问题的按钮

图 7-37 （左）多色圆珠笔。（右）写字时握笔的样子

不同的使用者对书写用具的评价（比如是否好用、是否喜欢等）也各不相同，每个人关注的重点都千差万别，所以一讲到书写用具，基本上每个人都会发表一些自己的见解。

这次要介绍的就是关于书写用具的案例。图7-37是一支多色圆珠笔，按下笔杆末端的按钮，与按钮同色的笔芯就会从前端伸出。乍一看这支笔没什么特别的，但是仔细看的话，可以发现圆珠笔别针部分（用于夹在口袋等地方）的前面有一个类似按钮的东西。图7-37（右）就是手握笔时放大这部分所拍摄的照片。在食指根部的附近有一个浅蓝色的按钮，你看到了吗？按下该按钮笔芯就会被收回。

看到这里还是觉得没什么问题，但是因为这个按钮所处的位置刚好就在手握笔时食指根部的附近，所以很有可能使用者在书写的过程中不小心碰到这个按钮而导致笔芯被收回。如果换一种握笔姿势，可能就不会有问题了。但是对于像我这样握笔的人来说，就很有可能发生上述问题。所以最好可以尽量将"书写"和"收回笔芯"这两个对立的功能独立开来。

图7-38是一个和图7-37差不多的案例，是我在上课过程中多次进行了错误操作的电子手写板。这是安装在某大学教室里的设备，可以在当前显示中的PowerPoint页面上直接书写，或者也可以设定成白板模式来写板书，非常方便。

我在用该电子手写板专心书写的过程中，曾经多次一不小心将之前写的内容全都删除了。好不容易写下来的内容不仅全都被删除了，而且还无法复原，所以听课的学生们也对该款电子手写板给出差评。对于操作者，也就是我来说，甚至不知道为什么会发生这样的事情，有一阵子感觉很蹊跷。

这款电子手写板的手写笔上，靠近笔尖的地方也有一个按钮（图7-38右）。进行了各种尝试之后我终于发现，该按钮时用笔尖碰触屏幕的话，写下的所有内容就会被删除。因此，我在专心书写过程中一不小心就会删除所有内容。

与"书写"相对立的"删除"功能的触发按钮被设置在了书写时手指容易触碰到的地方，这就是典型的BAD UI。当存在有多个功能时，设计者需要注意各功能的触发按钮所在，并对此提供制约。

图7-38　用户在拼命书写的过程中会自己删除所有内容的电子手写板

移动电源上的按钮：为什么电量耗尽了？

图7-39　移动电源的电量为什么会耗尽了？（左）关闭状态。（右）打开状态

智能手机和移动路由器等都是对现代生活来说必不可少的设备，给我们提供了很多方便，但是电池很快就没电了是一大难题。这时，只要事

先在家里给移动电源充好电，到了外面它就能给手机等充电，十分方便，是我很喜欢的一个设备。尤其是在出差等无法确保电源的情况下，更是我

不可或缺的装备。而且，因为我正在进行生活轨迹的研究，要记录下日常生活的点滴，所以为了给随身携带的设备充电，几乎每天都要使用移动电源。

图 7-39 就是我喜欢使用的移动电源。该移动电源上有一个按钮，按下后即可在禁止充电模式（图 7-39 左）和允许充电模式（图 7-39 右）之间切换。在右图中的状态下，如果用 USB 线连接上智能手机等设备，就能给这些设备充电。

这个移动电源使用起来非常方便，但是它有一个问题。移动电源基本上是放在包里随身携带的，需要时拿出来使用，但是如果在携带过程中不知道什么时候按下了开始充电的按钮，就会开始放电。即使 USB 端口上什么都没有连着，也会持续放电直到电量耗尽。于是等到我想用的时候却发现它没有电了，以为是自己忘记充电而懊恼半天。这种情况在我身上已经发生过好多次了。

直到有一天发现包里的移动电源变烫了，才意识到问题所在。在那之后，我外出时就开始格外注意不要碰到这个按钮。

如果具备什么都没连接时就不会放电的功能，或者无法轻易打开开关的上锁功能，就不会发生这样的问题了。这个 BAD UI 告诉我们，用户没有在使用产品时的情况也需要考虑在内。

上面的案例是用户在无意中打开开关，图 7-40 也是无意中被打开开关的散热风扇。该开关有三挡，其中 I 表示强风、II 表示弱风、○表示停止。但是从物理角度来说，停止状态时该开关处于一个不稳定的状态，稍微不小心碰到就很容易被打开，风扇就会开始工作。当然，要想让其处于绝对停止的状态只要把电源拔掉就可以了，不过无论怎样这都可以说是一个十分有趣的 UI。

图 7-40　散热扇的开关。I 表示强风，II 表示弱风，○表示停止。
风扇关闭时开关处于不稳定的状态（提供者：EN）

空调和开关：在调节温度时为什么会关闭照明？

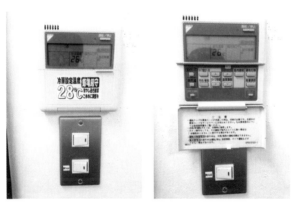

图 7-41　（左）空调的控制面板和照明开关。（右）想要更改设定温度，于是打开盖子，
结果却关闭了照明，这是为什么呢（提供者：矢野秀斗先生）

图 7-41（左）是某家培训机构里的空调的控制面板（上）和照明开关（下）。初看并不觉得两者有什么问题。

通过控制面板右上方的"运行 / 停止"按钮，

空调即可在运行状态和停止状态之间切换。如果想切换制冷、制热模式，或者想调节风向、风量，又或者想要调节温度时，则需要打开控制面板的盖子进行操作。图 7-41（右）是打开控制面板盖子后的状态，可以看到盖子下面有各种按钮。

在该案例中，问题并不在于其中的按钮，而是在盖子上。控制面板下方两个照明开关中，上面那个会被盖子遮住。如果只是因为被盖子遮住而不方便操作的话倒还好说，可是打开盖子后，顺着惯性盖子会敲打在照明开关上，这就会导致房间里的照明被关闭。实际上也的确出现过使用者在讲课中想要调节温度，结果却关闭了房间照明的情况。

在该案例中，责任并不在控制面板和开关的设计者身上，而是由于两者的组合方式不好才出现了 BAD UI。虽然每一部分都没有问题，但是组合在一起就可能出问题，本案例就是具有代表性的例子。如果空调控制面板和照明开关是左右并排安装的，或者上下位置互换一下，又或者两者之间多留出一些空间，就不会出现这样的问题了，所以可以说这是一个"完美"的失败。同样的案例还有很多，比如冰箱的摆放位置有问题，一打开门就会顺着惯性敲下照明开关；或者和照明一起使用就会有影子忽闪忽闪，使人无法专心做事，因此一直都是关闭状态的吊顶风扇（图 7-42）等。

在第 6 章中我也已经介绍过（P.120），由于配套使用而发生问题的"UI 中的搭配问题"，大多数的原因其实与设计师无关，这点非常值得我们深思。

图 7-42 不能和照明同时使用的吊顶风扇（天花板）

行为的 7 个阶段理论

本章也介绍了各种各样的 BAD UI。这里为了整理用户为什么会有困扰，以及在哪里会产生困扰等问题，我准备简单介绍一下唐纳德·A.诺曼提出的人类行为周期（Human Action Cycle）中的 7 个阶段模型[1]。

这种分析行为的方法基于"人类的行为就是不断地重复树立目标、实施、判断，如果有问题则再次树立目标、实施、判断的过程"这种思考方式。

其中，"实施"可以分解成以下 3 个步骤。

- 决定为了达成目标要做些什么（明确意图）
- 考虑具体的操作顺序（明确行为体系）

- 按照事先想好的顺序实施（实施行为体系）

而"判断"则可以分解成以下 3 个步骤。

- 了解系统处于什么状态（认知状态）
- 根据可知的状态来理解当时的状况（理解状况）
- 根据该状况来判断是否达成了当初的目标（判断）

综上所述，人类的行为包括树立目标、实施的 3 个步骤、判断的 3 个步骤，加起来一共 7 个阶段。

可能看起来有点难，但这种方法其实就是一步一步分解下去，找出问题所在。比如本章中介绍的在输入数字型的自动售货机上买零食的案例

---

[1] *The Design of Everyday Things*.Donald Norman. Currency,1990。

（P.147），如果按照这个步骤分析，则如下所示。

1. **目标：**累了，想吃甜食
2. **明确意图：**从眼前的自动售货机中购买零食
3. **明确行为体系：**
   （A）选择零食，了解价格和编号
   （B）将购买相应零食所需的钱币投入到自动售货机中
   （C）输入与该零食相对应的编号
   （D）从自动售货机的取货口拿出零食
4. **实施行为体系：**
   （A）看中 12 号零食，确认售价为 200 日元
   （B）确认投币口
   （C）从钱包里取出钱币，向自动售货机中投入 200 日元
   （D）连续按下"1"按钮和"2"按钮

   （E）从取货口取出掉下来的零食
5. **认知状态：**取货口里有零食掉出来，但是零食的包装不对
6. **理解状况：**拿到的零食是辣的！出来的好像是 1 号零食
7. **判断：**买了错误的零食！！某个步骤操作错了？

这次操作中，1 ~ 3 和 5 ~ 7 是没有问题的。有问题的是 4，尤其是 4-（D）。进行的操作是连续按下"1"按钮和"2"按钮，但其实应该要按下"12"按钮。像上面这样整理用户对某 UI 的行为体系，就可以发现哪里有问题，以及应该怎样改善。

当用户面对某 UI 感到困扰时，按照这种方法来分解，也能清楚地了解到哪里有问题，以及应该怎么改善。

物理性制约、常识性制约、文化性制约、逻辑性制约

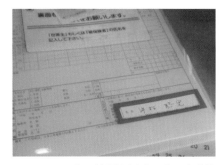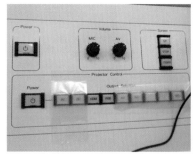

图 7-43 物理性制约（左）限定了应该填写的地方。（右）限定了可以按下的按钮

本章所介绍的制约有各种各样的形式。这里将主要针对物理性制约、常识性制约、文化性制约、逻辑性制约这 4 种制约稍作说明。

首先，物理性制约是指物体本身具有的物理制约，比如可以嵌入、可以从中间穿过、无法悬空置物、必须要是很大的力气才能破坏，等等。例如，如果钥匙孔是横向的，那么将钥匙竖放就不可能插入；或者按钮外面包裹了一层透明外壳，那么就必须要将外壳拿掉才能按下按钮；又比如人类不可能进入小于自身体积的空间。这种制约人们一眼就能看出，所以通常都是有效果的。图 7-43（左）就是其中的一个例子。透明文件夹上有一个地方是挖空的，说明只有这个部位是可以写字的。这种减少行为可能性的做法提高了各种工作的效率。而图 7-43（右）中，为了说明在众多按钮中有不允许按下的按钮，于是用胶带盖住了相应的按钮。通过这个制约，有效地减少了由于按下不该按的按钮而产生问题的情况。

所谓的常识性制约，就是在用户所处的环境或者状况下已经存在的约定俗成的制约。此时也需要用户具备一定的常识。比如，照亮室内的灯装在天花板上，不过控制这盏灯的开关会装在墙上，由于用户具备了这样的常识，所以在开灯时就不会满屋子找开关。再比如，内存卡和耳机是不能直接连接的，将内存卡放在耳边也听不到任何声音。听音频时用户需要将耳机一头插在音频播放器上，另一头置入耳内，内存卡则要插入音频播放器后使用。基于这些常识，摆在眼前的内

存卡、耳机、音频播放器的使用方法上就自然而然地出现了制约。而且，箭头表示朝这个方向移动或者插入，因此根据该制约用户就不需要为内存卡应该朝哪个方向插入而烦恼了（图7-44）。除此之外，计算机上的回收站图标、智能手机上的电子邮件图标等也作为常识性制约起到了一定作用。如上所述，常识性制约是以常识为基础，用户在理解了当时的状况和外界环境之后可以据此缩小行为可能性的范围。

文化性制约是指与第5章中介绍的习惯和经验有很大关系的制约。比如，本章中介绍过的要穿过玻璃门的时候，人们会选择打开，而不是打破玻璃门，这就是制约的效果。当洗手间有两

个入口时，在日本国内一般男洗手间会用黑色或者蓝色表示、女洗手间会用红色或者粉色表示，所以颜色就会成为制约，告诉用户这是男洗手间还是女洗手间。这就是所谓的文化性制约，但对地域文化不同的用户来说这种制约就无效了。比如，图7-45（左）中浴室入口处的标识，对日本人来说可以据此选择正确性别的浴室，但是对外国人来说这就是个难题。另一边，图7-45（右）中男女标识都是黑色的，日本人很有可能会误将女洗手间当成男洗手间而进错。在不根据标识颜色来区分性别的国家，形状才比较重要，但是日本人却会因为这个标识的颜色而进行错误的理解，从而进错洗手间。

图7-44 常识性制约。关于内存卡、耳机、音频播放器之间应该如何连接。另外，由于内存卡上明确提示了箭头和形状，所以朝向和插入方向也受到了限制。这是设计者为了保证使用该播放器的广大考生不会出错而下的功夫

图7-45 文化性制约（左）根据颜色提示性别，对日本人来说这是一个有效的制约，但是对于外国游客来说该制约并不生效。（右）这个黑色的洗手间标识对于日本人来说反而起到了错误的制约作用

逻辑性制约是指，根据当时环境里的物品和物品之间的相互关系等系统地进行考虑，对行为做出限定。比如，拼图拼完后还有碎片剩下来基本就是不太可能的事情（图7-46左）；适用于初学者的将棋残局，大部分都需要将手上的棋子都用完了才能将死对方。另外，在国外用的电源转换插头也应该是根据当地插座上的插孔，用完所有元件组合出来的（图7-46右），所以也可以限制用户的行为可能性。除此之外，因为螺丝不可能只剩下1个，所以这个螺丝肯定应该拧在某处；又

或者如图7-44那样，音频播放器上画有内存卡的图标和箭头，所以可以提示用户将内存卡将画有箭头的那面朝上插入。如上所述，逻辑性制约就是根据逻辑思考，"因为A所以B"从而对可进行的操作所进行的限制。

如果可以有效使用这4个制约来限制用户行为可能性，就能设计出方便使用的UI。反之，如果忽视制约的话就容易产生BAD UI。希望大家能注意这点。

图 7-46　逻辑性制约（左）不可能有拼图碎片剩下，应该都要用完才对。
（右）电源转换头插头应该用上所有元件组合出来

总结

　　本章针对制约和视线引导的重要性进行了介绍，中间还穿插着介绍了 BAD UI。

　　所谓制约，就是在用户使用 UI 时限制其应该朝着什么方向安装、应该按照什么顺序进行怎样的操作等。如果制约生效了，用户自然而然就会知道正确的操作是什么，于是这个界面也就成为了简单易懂的 UI；反之，就会变成难用的 UI。

　　制约最重要的一点就是限制用户可以进行的操作。比如，电池的安装方向虽然只有两种可能性，但是如果 UI 设计成只能以固定方向装入电池的话，就能保证用户不会出错了。USB 接口就是制约失败的一个典型案例，经常让用户烦恼。

　　如果大家有机会制作 UI，希望可以考虑到这种制约，努力让用户意识到这种制约。同时，在购买各种商品时，除了看商品的外观以外，如果也能注意其是否明确地提示了制约，就能减少日常生活中的麻烦。而且，如果自己的生活空间中就有 BAD UI，希望可以研究一下如何加上补充说明来让用户意识到制约。

　　请一定要在每天的日常生活中运用本章中学到的知识。

练习

☞请收集在操作顺序上有制约的 UI。同时观察这些 UI 上有什么补充说明，并考虑是否有更好的补充说明方法。

☞请寻找身边的箭头提示，并调查该提示是否恰当。如果提示不恰当，请思考一下应该怎样改善。

☞请讨论一下怎样可以改善本章中介绍的 BAD UI。注意，请尽量寻找不花费成本的解决方法。

☞请思考一下本书中介绍的其他 BAD UI 分别属于物理性制约、常识性制约、文化性制约、逻辑性制约中的哪一种。

☞请收集对立功能相邻排列的 UI，并收集同类产品的 UI 来进行比较。

☞请使用行为的 7 个阶段理论来分析本书中介绍的 BAD UI，弄清楚它们都是哪里有问题。

第8章 维护

即使做出了好的 UI，这个 UI 也不可能永远都是好的 UI。

比如，现在是 2014 年，在日本一般会用黑色或蓝色代表男性，用红色或者粉色代表女性。但是，不一定永远都是这样。将来也有可能有越来越多的情况下会用粉色代表男性，用蓝色代表女性。

这个例子也许比较极端，但是实际上类似的情况不在少数，比如随着时间的流逝指示板褪色了，有一部分文字或者箭头看不见了，导致用户完全看不懂这个指示板是在说明什么。而且我们也经常能遇到由于没有充分维护，打开时会一卡一卡的门或者不出水的水龙头。还有一种情况，那就是以前很少会有外国人来访的地方，由于在国外的电视节目或者某著名杂志上被报道，或者被注册成为世界遗产，导致外国游客的数量骤增，这时就会出现外国游客看不懂标识的问题。

如上所述，UI 并不是做好后就可以扔在那里任其自生自灭的，而是需要有人负责检查、维护、更新的。

本章将会介绍一些由于没有进行维护，或者由于完全没有考虑到这方面而出现的 UI 的问题。希望你能了解到维护 UI 的重要性。另外，还会介绍一些通过 DIY 进行维护的案例。

那么，接下来就让我们看看与维护有关的 BAD UI 吧。

年久失修导致的 BAD UI

洗手间里的两个水龙头：哪个能放出水？

图 8-1 （左）A 和 B 中的哪个能出水呢？（右）从另一个角度放大拍摄的 B

按钮等 UI 是通过物理接触使用的，而通过手靠近来操作的非接触型 UI 则与之不同，不存在明确的操作对象，所以很难提供操作的线索。因此，非接触型 UI 如果不好好维护的话，用户将很难分辨出是不是由于什么原因而无法操作了，所以会感到困扰。

图 8-1 是我在法国机场遇到的洗手间的洗手池。A 和 B 中有一个是出水的，还有一个是装洗手液的。使用完洗手间后要洗手时，你会选择使用 A 还是 B 呢？理由是什么呢？请务必思考一下。

之前我对将近 300 名学生提过同样的问题，得到的答案各占一半。不过，正确答案是 A。A 是手靠近后就会自动出水的非接触型（感应式）水龙头，B 是按下后会出洗手液的皂液器。我当时选择的是 B，液体流出来后被它的触感（以为是水结果却是黏黏的液体）吓到了。从 UI 的角度来看，因为 B 比 A 的操作线索更明显，所以会有人在要洗手时去操作 B。不过这个并不符合本章的主题，我们就不深究了。

也有一些人一开始想用 A 来洗手，但最后还是去操作 B 了，结果也是因为出来的是洗手液而被吓了一跳。为什么一开始选择了 A 的人后来又会想用 B 来洗手呢？

实际上这个洗手池的非接触型感应装置反应不太灵敏，只是将手靠近一点点是不会有水出来的。我进行了各种尝试，当手腕放到水龙头下它才终于有了反应，所以结果洗的是手腕而不是手。就因为是这样一个情况，所以一开始想用 A 的人才会因为 A 没有水出来，就去操作 B 了。

非接触型 UI 和按下式按钮这种物理性接触型的 UI 相比，几乎没有可以用来判断操作是否有问题的依据。比如，如果是物理性按钮，可以通过按钮的手感判断出它"按不下去"或者"生锈了"。但是如果是使用距离感应装置的非接触型 UI，只有在最后的操作结果是放出水来的时候，才能判断出前面操作没有反应的原因是"感应装置反应不灵敏"或者"可感应的距离变短了"。如果一直都没有反应的话，就很难判断是"出故障了"还是"这个其实并不是水龙头"。从以上说明中，你应该能明白非接触型 UI 必须要好好维护这一点了吧。

顺便说一下这个感应装置反应变迟钝的理由。因为我发现感应部位有口香糖的痕迹，所以可能是人为的恶作剧导致了感应装置的反应变差，导致水龙头变得不好用了。

接下来，我们继续谈非接触型 UI 相关的话题。图 8-2 是我在美国遇到的洗手间里的洗手池。这个也是因为水龙头上检测手的感应装置反应不灵敏，必须要将手靠得很近才能有水出来。原来是希望能在图 8-2（左）这样的状态下就出水，但是直到手几乎要碰到感应装置时（图 8-2 右的状态）才出水。看到好几个人都没有洗手就出去了，我不禁感慨万千，却又无从说起。

图 8-2　美国某洗手间里的洗手池。检测手的感应装置反应不灵敏，必须要像
右图这样将手放到距离感应装置很近的地方才会出水

如果感应装置的反应不灵敏，像图 8-3 那样设置提醒用户的信息可能会比较好。在这个洗手间的洗手池上，放置了一张写着"请将手伸至红色标记处"的提示，于是用户总算能勉强使用这个不灵敏的感应装置。实际上不用将手伸到红色标记处这个水龙头也能出水，不过在伸手的过程中就出水的话用户马上就能知道，所以也没什么问题。当然最好是能修一下这个感应装置，但是请人来修理是需要费用的，所以也可以考虑这种几乎不花成本的改善方法。

在看不到的空气中进行操作本身就是一件有难度的事。希望各位在设计或者安装这类非接触型 UI 时能考虑到简单易懂性，并且积极维护。当出现有用户感到困惑的情况时，就要考虑添加提示说明等。

在描述未来生活的电影或者漫画中，经常能看到通过手势操作的非接触型 UI。这种 UI 非常帅气，魅力无穷，但是设计起来并不容易。而且正如这里介绍的那样，当非接触型 UI 发生故障或者精确性降低时，用户很难发现这个事实。我在看电影时总是会从这样的视角出发，不停地胡思乱想，比如某种 UI 如果不进行维护的话会出现什么状况，这种状况持续下去这个 UI 未来又会是什么样子，等等。这个暂且先按下不表，关于在科幻电影中出现的 UI，在 *Make It So: Interaction Design Lessons From Science Fiction*[①] 一书中有汇总，推荐大家阅读。

---

① *Make It So: Interaction Design Lessons From Science Fiction*，Nathan Shedroff、Christopher Noessel，Rosenfeld Media，2012。

图 8-3　请将手伸至红色标记处

门把手：为什么门打不开？

图 8-4　看起来很普通的门把手。为什么门打不开？（提供者：金轮一辉先生）

图 8-4（左）是一个初看完全正常的门把手。请问你会怎么打开这扇门？

乍一看，感觉只要向下扳倒把手，做出拉或者推的动作就能打开。但是，请看图 8-4（中），可能你已经发现了，即使向下扳倒门把手，门侧面的门闩（用于锁门的门扣）也没有收缩到门扇内。因此，即使向下扳门把手也无法成功开门。反之，如果像图 8-4（右）那样向上提起门把手，门闩就会收进门扇内。也就是说，要打开这扇门需要向上提起门把手，而不是向下扳。

提供该案例的学生当时认为这是 BAD UI，后来据我从事建筑业的朋友说这是门把手坏了，最好在门真的打不开了之前找人来修理一下。在搬进公寓时，扳下门把手就已经不能打开这扇门了，所以可能是房东疏于维护才导致这样的状况出现（也有可能是单纯的施工错误）。

下面再介绍一个没有及时维护导致 BAD UI

程度加重的案例。图 8-5 是某酒店浴缸里的手柄。你看得出应该怎么放出热水吗？这个手柄，不管是顺时针旋转还是逆时针旋转，都不会有热水放出。别说热水了，连冷水也放不出。而且按下或者提起都没有反应。

实际上，应该对该手柄进行的正确操作是"用上吃奶的力气拼命提起，需要的力气之大以至于让人担心是不是会弄坏这个手柄"。因为要使很大劲才能拉动这个手柄，所以让人不禁怀疑里面的部件可能生锈了。

这个 UI 本身就不太好懂，操作线索不明显，再加上使用时间有点久，必须要用很大的力气才能拉动，导致 BAD UI 的程度上升了 2 个等级。可以说这是个有双重问题的 BAD UI，给用户带来了困扰。

如上所述，由于年久失修而产生的 BAD UI 真是让人头疼的问题。

图 8-5　应该怎么放出热水呢？（提供者：福本雅朗先生）

自然的力量：公交车站在哪里？

图 8-6 （左）公交车站在哪里？（右）公交车站隐藏在繁茂的绿色植物里

因为要修理某个零件，所以我要去一趟千叶县的一家修理中心。打电话给该修理中心咨询具体地址时，对方说"从○×车站坐公交车过来，大概 20～30 分钟"，所以到了车站后马上走向公交车站。但是开往我要去的目的地的公交车 1 个小时才 1 趟，而且 5 分钟前刚开走一趟，于是我决定放弃公交车改为乘出租车。打车花了不少钱，所以决定回去的时候一定要乘公交车。到了修理中心后，工作人员帮忙修好了零件，打算回去的时候听说再过 10 分钟那辆 1 小时 1 趟的公交车就要来了，于是向修理中心的工作人员打听了公交车站的位置，匆匆忙忙地赶了过去。

按照修理中心工作人员提供的信息"沿着这条路走，左转过马路后再稍微往前走走就能看到公交车站"，我走到了指定地点，但是却没有找到公交车站（图 8-6 左）。心想如果错过 1 小时 1 趟的公交车就糟糕了，于是焦急地在附近来回找，甚至怀疑自己听错了，还往反方向找了找，不过依旧没有找到。工作人员说的是"再稍微往前走

走"，难道其实应该再走更远一点？于是我又再往前走了走，不过还是没有看到公交车站。"糟糕！到时间了。不会搞错路了吧？还是公交车已经走了？"在各种猜测中我决定放弃，回到原来的那个地方，结果却突然发现了公交车站，原来它被繁茂的植物隐藏了起来（图 8-6 右）。刚刚我应该有从车站边上走过，但是完全没有看到。实际的公交车到站时间貌似没有工作人员告诉我的那么早，时间上还有一些宽裕，这时才发现我因为刚才心急如焚现在已经浑身是汗了。

除了这个案例，还有不少类似的情况。比如指示牌被樱花树挡住看不见了，或者指示牌被大自然吞噬了（图 8-7 左），等等。像这种缺乏维护导致标识不再起作用的案例不胜枚举。例如，一般红色是比较容易褪色的色彩，所以会出现原本是为了醒目而用红色写下的文字经过一段时间后却渐渐消失了（图 8-7 右），或者洗手间标识上表示女性的红色图标看不见了，只剩下黑色的男性图标等情况。因此 UI 是需要好好维护的。

图 8-7 （左）指示牌被渐渐吞噬。（右）红色的文字由于褪色而渐渐消失

手机和充电座：为什么不能充电了？

图 8-8 用了将近 6 年的手机。本来是只要放到充电座上就会自动充电的好东西，但是充电座没过几个月就不能用了。这是为什么呢

有些 BAD UI 在购买或者安装的时候是看不出来的，等过了一段时间才能发现这是个 BAD UI。

这里要介绍的案例就是这种类型的。图 8-8 是我用了将近 6 年的心爱的手机。这部手机上除了数字键以外还搭载了 QWERTY 键盘，这对经常使用键盘输入的我来说十分好用（即使是现在，我也还在期待能有一部智能手机可以使用横向的 QWERTY 键盘）。另外，这部手机还有一个很方便的功能，那就是可以直接将手机插到另售的充电座上充电，而不需要将电源线插到手机上。

一般的手机在充电时，需要打开充电端口的防尘塞（防尘塞是为了保护充电端口，不让水或者灰尘进入），然后插上电源线。而这部手机，不需要进行这些操作，只要直接将手机插到充电座上就可以充电了。

刚开始时，这部手机和充电座的组合用着很方便，但是过了几个月就出现问题不能充电了。首先，在这部手机的尾部有充电座连接口、耳机插孔以及用于直接插电源线的 AC 电源接口。其中耳机插孔和 AC 电源接口上都有橡胶防尘塞。但是不知道是这个橡胶塞的质量不太好，还是橡胶制品就是这样的，尽管没有经常打开或关闭防尘塞，但是防尘塞却越来越长以至于弯曲。图 8-9 就是橡胶变形而导致防尘塞部分隆起的样子（本来防尘塞没有这个弯曲的部分，和底部是严丝合缝的）。

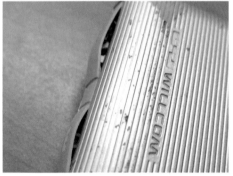

图 8-9 由于时间久了，橡胶塞凸出来了

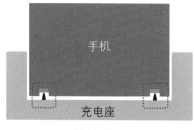
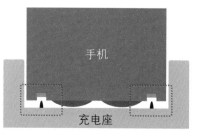

接触到了　　　　　　　　　　　　　　　没有接触到

图 8-10　手机和充电座的剖面图（左）充电中。（右）没有在充电

那么这样会出现什么问题呢？这样就导致手机尾部的充电座连接口和充电座上的接口之间出现了空隙，即使将手机插入充电座，也不再能充电了。图 8-10 就是解说图（为了方便理解，解说图有些地方会比较夸张）。图 8-10（左）代表的是正常状态，充电座上的接口（黑色凸起部分）和手机尾部的连接口（橙色的部分）是接触的，所以就会充电。另一边，图 8-10（右）代表的是橡胶制防尘塞弯曲了的状态（褐色的部分），由于防尘塞的弧度导致充电座上的接口和手机上的连接口接触不到，所以无法充电。

结果就是难得的好功能不能用了。当然，只要将橡胶塞拿掉还是可以充电的。但是没有了防尘塞就会有灰尘进去，如果想通过直接插电源线来充电的话还必须要先清理下污垢，反而麻烦。在网上搜了一下，发现有不少用户也遇到了同样的问题，可能是测试不够充分才导致这样的 BAD UI 吧，真希望设计者当时能多考虑一些。当然，也有可能是因为这个充电座是另外出售的，所以本来就没想过要在这上面花太多力气……类似于

这种在使用过程中 UI 渐渐变样或变形的情况并不少见。

话说也可以通过在撬开这个手机的防尘塞后露出的 USB 连接口上插上 USB 线来充电。但是这种充电方式比较特殊，需要计算机先识别出 USB 的端末设备。如果手机的电池电量已经是 0% 了，那么就既无法通过 USB 线来充电，也无法使用移动电源来充电。我非常喜欢这款手机，6 年来使用了 3 台，其中甚至有请朋友转让给我的，不过这款手机使用起来有时候也挺麻烦的。

图 8-11 是美国某家餐厅的洗手间里的水龙头。你知道哪个是控制热水的哪个是控制冷水的吗？正如在一致性的章节中介绍过的那样，因为有规定要求"左边的是热水，右边的是冷水"，因此大多数人都可以毫无困难地使用。但是这个水龙头上原本表示 Hot 和 Cold 的标识不见了，所以还是会有不少用户感到困惑。现在实现起来可能还有些难度，不过希望今后当这种标识不见了的时候，可以使用 3D 打印机来解决问题。

图 8-11　某洗手间里的水龙头。本来上面应该分别有表示 Hot 和 Cold 的标识，但是不知是随着时间的流逝自然脱落了，还是被人为弄坏的，导致现在分不清哪个是哪个

文化方面的改变导致的 BAD UI 化

公共浴场里的洗手间：错入女浴室了？！

图 8-12 为什么男浴室里只有女洗手间

有一次，研究室所有人一起外出时住在了某家温泉胜地的旅馆。因为我超爱泡温泉，所以办理好入住手续后将行李往房间里一放就前往温泉浴场。钻过门帘进入脱衣室后发现一个人都没有，于是暗自窃喜自己是第一个进来的。当时我想先去个洗手间，但是走到洗手间门外时吓了一跳。洗手间门上贴着女性标识（图 8-12）。

因为该脱衣室里只有这一个洗手间，所以我以为自己误入了女浴室，急忙拿上浴袍走了出去。不过再三确认后，发现入口处挂着的门帘表明了这的确是男浴室。此时心中充满了问号，再次进去确认了一下洗手间的标识，果然还是女性图标。最后我才了解到该脱衣室和浴室都是男用的，包括那个洗手间也是允许男性使用的。

那么为什么在男浴室里只有贴着女性标识的洗手间呢？请猜测一下。我的推理如下。

1. 本来这家温泉旅馆里有男用公共浴场和女用公共浴场，两个公共浴场的脱衣室里都分别提供了男洗手间和女洗手间。

2. 从某个时期开始流行这样的做法：两个公共浴场根据不同的时间段或者日期轮流对男性或女性开放。

3. 为了赶上潮流，将"本温泉旅馆可以隔天轮流体验两个公共浴场哦！"作为卖点，两个公共浴场开始轮流对男性或女性开放。

4. 现在每天男浴室和女浴室都会互换，但是洗手间的标识问题却被彻底抛在脑后了。

以上只是我的猜测，很有可能有不对的地方，但是我个人觉得挺合理的。实际上，第二天男浴室和女浴室的确交换了，进入当天的男浴室（前一天是女浴室）后发现里面只有男洗手间的标识。

由于那天在这个公共浴场受到了不小的惊吓，于是我后来坐在角落观察了一阵子。发现随后来泡澡的人里也有人想去洗手间结果被吓了一跳，慌慌张张地跑了出来。这可以说是一个"喜欢吓人的 BAD UI"。男性一旦进入了女浴室，一般会被认为是偷窥狂而被警察抓走。当男性以为自己进错浴室时会有一瞬间认为自己的人生就此结束了，眼前一片漆黑。哪怕是为了避免这种情况出现，也希望相关人员能尽量去更新这些设备的标识。

正如上述案例所表现的那样，UI（尤其是标识）如果不随着时代、文化或者情况的变化而实时更新，那么就很容易变成 BAD UI。比如电话图标经常会采用黑色电话图案，但是现如今已经很少能见到这种黑色电话了，手机则更为常见，所以会有越来越多的人不知道这种黑色电话图案代表的是什么含义，那么用这个图标来表示电话就不是很合适了吧。另外，常用于表示保存文档的软盘图标（现在也被经常使用）也一样，在已经不再使用软盘的当下已经不太恰当了吧。还有"倒带"[①]这个词，相信也有越来越多的学生听不懂了。这种标识、图标、用语希望可以进行适当的更新。不过要一下子都改过来应该还是有一定难度的……

---

① 播放磁带或者录像带时要回放某一段时，需要倒着往回卷带子，这称为倒带。不过现在使用的播放媒介已经很少是磁带或录像带了，所以回放时不需要倒带，可以直接快退再播放，因此年轻人已经不熟悉这个词了。

电梯上的文字提示：为什么没能按下去其他楼层的按钮？

图 8-13　电梯上的操作面板。为什么外国游客会对此感到苦恼

对日本人来说简单易懂、可以正常使用的 UI，对于来自国外的游客来说可不一定也是好用的。在都是日本人的环境下没有问题的 UI，在日益国际化的今天也有很多都成为了 BAD UI。

图 8-13 是关西某著名观光城市地铁站里的电梯操作面板。电梯里站在我前面的是一家带着很多行李的西班牙人，他们不知道怎样操作才能去目的地（检票口所在的地下），十分苦恼。

请试想一下，一个不认识日语的外国人，看到这个操作面板时会怎么想。我觉得有 3 个问题。

- 用于选择升降方向的按钮上写着"上""下"，不懂汉字的人会分不清哪个是哪个
- "上""下"按钮是左右布局的，从空间角度来说没有和其实际表示的方向一一对应起来
- 写有"检票楼层"的标签看上去像是在进行什么危险提示。当时是在上面的楼层，所以即使按下"上"按钮也不会有反应，而"下"按钮看上去有点吓人，所以不敢按

针对第 3 点我再稍作补充。写有"禁止进入""KEEP OUT"等字样的标识或者警示胶带（图 8-14 左）通常都是采用"黄色背景 + 黑色文字"的组合，这个配色在全世界范围内都被作为传递危险信息的标识来使用。

应该是工作人员认为只有"下"这样一个字不太好懂，所以才加上"检票楼层"这个标签的，但是如果能再多考虑一下配色问题就更好了。这是一个有趣的案例。

我将该电梯按钮上的文字使用工具自动翻译成了其他语言，见图 8-14（右）。这样你是不是更能体会到前面说的 3 个问题了呢？如果是我的话，肯定没有勇气去按下贴有黄色标签的按钮。

这部电梯的问题可以通过使用标签打印机制作出写有"UP""DOWN"或者"↑""↓"的标签，并贴到相应的按钮上来解决。而"检票楼层"标签哪怕只是改成白色背景 + 黑色文字，也能防止错误地传递出危险信息。可以想到各种各样的改善方案，从这点上来说，这也是一个有趣的 BAD UI。

请各位也思考一下，贴上什么样的标签比较合适呢？

图 8-14　（左）禁止进入、KEEP OUT、危险！（右）将 8-13 中电梯按钮上的文字翻译成泰语后的样子

洗手间的文字标识：D 和 H 哪个表示男性哪个表示女性？

图 8-15　D 和 H 哪个表示男性哪个表示女性

这次是在德语系国家的机场，我为了打发登机前的等待时间，找了一家店去坐着，并要了一杯啤酒。过了一会儿想去洗手间，于是走到店外到处找洗手间。当时我看到了两扇门，上面分别贴有"D"和"H"标识，如图 8-15 所示（因为没有照片，所以使用模拟图说明）。种种迹象表明这里应该就是洗手间，但是"D"和"H"哪个表示男洗手间哪个表示女洗手间呢？请假设自己就在现场，你会进哪扇门？请一并思考一下你这样选择的理由，想清楚后再往下看。

在揭晓正确答案之前，作为提示，我先介绍另外一个案例。在奥地利的某著名观光胜地，那里的洗手间的提示标识一边是"Herren"（图 8-16），而另一边则是"Damen"。你是否明白了？图中的"H"和"D"分别是这里的"Herren"和

"Damen"的首字母。那么，"Herren"代表的是男性还是女性呢？

我在该图中的洗手间门前等着里面的人出来，但是等了好一阵子都没有人出来，实在憋不住了，我在自己的脑海中展开了下面这样一番对话。

"我快忍不住了。不能在国外尿裤子啊（当然在日本国内也不行）！"
"D 和 H 哪个像是代表男洗手间的？"
"D 的发音属于浊音，感觉比较强势、硬气。"
"H 的发音不是浊音，感觉比较柔和。"
"而且，D 听上去像是 Gentleman（当然，我知道 Gentleman 的拼法……）"
"应该是比较强硬的代表男性吧！"
"那就是 D 表示男性！"

图 8-16　Herren 代表的是男洗手间还是女洗手间

图 8-17 （左）写有"男""女"的洗手间标识。（右）哪个是 Bouba 哪个是 Kiki？

推开贴有"D"的门，里面没有男性用的小便池，只有一排隔间，这才得知自己搞错了，所以连忙退出来关上门。不幸中的万幸是当时里面一个人都没有，真是太好了，没有人看到我进女洗手间。然后，我又打开贴有"H"的门，看到了男性用的小便池，终于可以放心使用了。所以"D"表示女性，"H"表示男性。

另一方面，在看到图 8-16 中的洗手间时，我的脑海中也展开了如下的对话。

"感觉 Damen 的发音是'大门'，Herren 的发音是'海伦'。"

"'大门'感觉比较强势，而'海伦'听起来比较柔和。"

"'海伦'本来就像是女生的名字（比如西川海伦、海伦克拉等）。"

"所以 Herren（海伦）代表女洗手间，Damen（大门）代表男洗手间！"

可惜这个推理也是错误的。也就是说，Herren 表示男性，Damen 表示女性。还好当时手上拿着旅游书，而且里面有人出来，所以没有误入女洗手间。果然这种标识对日本人来说是很难看懂的，和学生一起出差时，学生也差点进错洗手间，还好我及时纠正了他。

每次上课时我都会问学生："D 和 H 你们会进哪一扇门呢？""D 是 Damen 的缩写，H 是 Herren 的缩写，D 和 H 你们会进哪一扇门呢？"针对前一个问题，约有六七成的人会选错，而如果是后面那种问法，则有八九成的人会选错。询问了下为

什么会认为 D 代表男性，有一些学生回答说"因为 D 是 Dandy 的意思"。

为了减少有人因为这个 UI 不小心进错洗手间而被当成色狼的情况出现，希望这个 UI 能有更多一点的提示。尤其是 Damen 和 Herren 还能通过词典等查到是什么意思，只有"D"和"H"的话，即使去查词典也还是不知道什么意思吧。因此在会接待外国游客的场所，希望相关人员能好好维护，多下点功夫。日本也有只写"男""女"的洗手间，这种应该也是容易出问题的 UI（图 8-17 左）。

另外，声音给人的印象也是很有趣的。请看图 8-17（右），这张图中有两个形状，其中一个叫作 Bouba，另一个叫作 Kiki，那么哪个是哪个呢？大多数人会认为左边的是 Kiki，右边的是 Bouba。这就是所谓的 Bouba/Kiki 效应，目前有很多人在针对这种声音具象化进行各种研究。对于日本人来说，拟声词就会传达出这种印象，十分有趣[1]。

我还见过图 8-18 这样的标识（因为没有照片，所以使用模拟图说明），不知道你是否认为这个图标可以在国际上通用。虽然染色体是 XX 的话正常会发育成女性，染色体是 XY 的话正常会发育成男性，但是也有一些例外情况，而且不是所有人都知道 XX 通常代表女性，XY 通常代表男性。虽说大学中会学习这些内容，但是这还是一个会让人困惑的 BAD UI。

---

[1] オノマトペ研究の射程——近づく音と意味（拟声词研究：相似的发音及其含义）. 筱原和子、宇野良子编著. ひつじ書房，2013 年。暂无中文版。

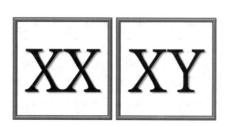

图 8-18 XX 和 XY。哪个代表男性，哪个代表女性

受过去影响的 BAD UI

自动门锁的呼叫号码：2-B 应该怎么呼叫？

图 8-19 这是用于呼叫目标房间的 UI，上面提供了数字键盘。
那么要呼叫 2-B 房间的话，应该怎么做呢（提供者：NH）

出于安全和使用方便的考虑，最近越来越多的公寓开始在入口处使用自动门锁系统。这种自动门锁系统是这样设计的：住户可以在入口处的数字键盘上输入密码，打开门锁进入公寓（也有一些公寓是使用物理钥匙开锁的）；而来访者则需要使用数字键盘呼叫目标房间，然后住户通过遥控操作来开锁。这样一来，当有朋友来访或者有快递送到时，就不需要特意走到大楼门口去开门了，而且还能将行为可疑的人拒之门外，非常方便。

图 8-19（左）和图 8-19（中）的数字键盘是一个学生所住的公寓中自动门锁系统上用于开锁、呼叫的 UI。数字键盘上有 0 ~ 9 的数字按钮，用户可以通过这些按钮输入房间号。除此之外还有两个按钮，一个是输错数字（房间号）时用来删除输入内容的"删除"按钮，还有一个是呼叫输入的房间号的"呼叫"按钮，乍一看好像没什么问题。

在离数字键盘有点距离的地方有一个邮箱，如图 8-19（右）所示。如果一时忘记朋友的房间号，则可以查看邮箱上的名字，确认相应的房间号码。这时用户会发现上面贴着大大的"2-A""2-B""2-C"这样的房间号。假设要去的房间号是"2-B"，你会在图 8-19（中）的数字键盘上怎么输入房间号呢？

答案是"输入'202'这 3 位数字"。也就是将 ABC（字母）替换成 123（数字），中间的"-"用 0 来表示。可能也有一部分读者回答正确了，

但这还是一个可能让人呼叫错房间的恼人的 UI。

照片上可能看不太清，实际上在邮箱上"2-A""2-B""2-C"这些房间号的下面，还贴了小小的写有"201""202""203"的标签，这个就是将字母转换成数字后的房间号。但是这个标签太小了并不醒目，而且也没有哪里明确写着这个就是呼叫房间时用的号码。而且，如果用户一开始就记得房间号的话，也不会在邮箱前驻足吧。所以这是一个站在数字键盘前却不知道该怎么输入 ABC、让人手足无措的 BAD UI。比如在叫披萨外卖时告知对方自己的房间号是"2-B"，送外卖的人一般都不会去确认邮箱，所以他们可能就不知道该怎么使用这个数字键盘来呼叫目标房间了。

为什么会产生这样的 BAD UI 呢？我推测是因为一开始并没有采用这样的自动门锁系统，所以物业不需要顾虑什么，给房间分配的编号是"2-A""2-B""2-C"这样的。后来为了防盗引入了自动门锁系统，但是因为长久以来一直使用的是"2-A""2-B""2-C"这样的房间号，各种登记中用到的住址也都写的是这个，所以已经无法更改了。因此，房间号还是保持原样，并另外制定了字母和数字之间的转换规则。如果实在无法更改房间号，那至少把"201""202""203"的标签放大一点，也能让更多的人不再迷茫……请大家也都猜测一下为什么会出现这样的 UI。

406	405	403	402	401	楼梯	D05	D03	D02	D01
306	305	303	302	301	楼梯	C05	C03	C02	C01
206	205	203	202	201		B05	B03	B02	B01
						A05	A03	A02	A01

房间布局

图 8-20　某公寓里房间的布局。下面是 1 楼，最上面是 4 楼。A ～ D 和 1 ～ 4 都是用于表示楼层的，因此既有 201 也有 B01（信息提供者：大槻麻衣女士）

下面介绍一个与房间号中的字母有关的 BAD UI 吧，这个 BAD UI 也很有趣。图 8-20 是某公寓各楼层的平面布局图。1 楼有 A01 室～ A05 室，而 2 楼有 B01 室～ B05 室以及 201 室～ 206 室。

在前面介绍的案例中，2-B 对应的是 202，而在本案例中 B02 和 202 同时存在。也就是说，如果像前面的案例中那样将 B 转换成 2 的话，就有两个 20X 房间了。另外，这栋公寓里的邮箱布局也不是很好懂，而且也很有趣。请记一下图 8-20 中各楼层的房间布局，然后看图 8-21 和图 8-22。你发现有什么不合理的地方了吗？

请看表示楼层的第 1 位字符（最左边的那个字符），可以发现全数字的房间号（201、301、401 等）的楼层是从左往右依次增加的；而相对地，带有字母的房间号（A01、B01、C01 等）的楼层则是从下往上依次增加的。这个 BAD UI 很"棒"，邮递员必须特别注意，否则就会造成各种错误。实际上也的确如此，时不时地就会出现投递错误的情况。那么这个 UI 为什么会是现在这样的呢？真是值得深思。我猜测是因为有一部分房间是后来增建的。这个 BAD UI 告诉我们，随着情况的变化来改变 UI 是很重要的。

图 8-21　邮箱的布局也有些复杂。为什么横排和竖列乱七八糟的（提供者：大槻麻衣女士）

206	306	406	D01	D02	D03	D05
205	305	405	C01	C02	C03	C05
203	303	403	B01	B02	B03	B05
202	302	402	A01	A02	A03	A05
201	301	401				

邮箱布局

图 8-22　图 8-21 中邮箱布局的模拟图（信息提供者：大槻麻衣女士）

扩建的不易之处：去会议室要怎么走？

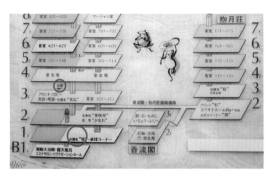

图 8-23　当前位于玄关处（红圈），要去会议室"桂"（蓝圈）应该怎么走

某次研究会是在一家颇具历史的旅馆召开的。我和多名研究人员都顺利抵达了旅馆，但是却在去会议室的途中迷路了（图 8-23）。

这家旅馆所处的地理位置有点特殊，从旅馆正面进入玄关后直接就在 3 楼了。在玄关处看到有一张指引牌，上面写着"会场设在 1 楼的'桂'房间"。我和同行者都有不少行李，所以想乘电梯下去，找了一会儿发现在距离指引牌不远处有一部电梯，但是下行只到 2 楼。心想"反正 3 楼到 1 楼只有 2 层楼，干脆就走楼梯下去吧"，于是大家一起走楼梯。结果到了 2 楼却没有找到去 1 楼的楼梯，电梯也只能从 2 楼往上走（图 8-24 左）。无奈之下只能在附近毫无目标地寻找。后来终于找到了往下走的电梯，但是不知道为什么这部电梯只能直达地下 1 楼，不在 1 楼停靠（图 8-24 中）。后来，在稍远一些的地方发现了通往楼下的台阶。但是这个台阶和最开始走过的楼梯相比感觉大不相同，所以我们也不确定是不是应该从这儿下去，内心略有不安。将信将疑地走下去后，来到的却是停车场。最终只能放弃自己寻找，回到 2 楼，打算找前台咨询一下该怎么走，就在此时，我们看到了这张楼层指引图。

这张图里包含了很多内容，所以可能看起来有点吃力，不过可以看出 3 楼玄关（图中红圈所示处）旁边的长方体（电梯）往下只能到 2 楼。再往前走一点有一部可以到达 1 楼的电梯，但是却不在 2 楼停靠。也就是说，无法直接从 2 楼到 1 楼，需要从一开始到达的 3 楼（玄关所在楼层）直接下到 1 楼（图 8-24 右）。

本案例应该是由于长久以来的多次翻修扩建而产生的 BAD UI。不仅仅是这家旅馆，很多有历史的场所都有类似的问题（同一楼面但是楼层不一样，或者房间排序不规律等），来访者很容易迷路。

再重新改造建筑物是不太可能了，不过如果在玄关处的指引牌上写的不仅仅是"会场设在 1 楼"，而是"会场设在 1 楼，只能使用里面的电梯到达"，那么可能情况就会好很多。不过仔细看图 8-25 的话，可以看出制作这张平面布局图的人也是下了一番功夫的，很不容易。尤其是从 2 楼直达地下 1 楼的电梯，1 楼和地下 1 楼的位置关系等，采用了立体的表现形式。但是很可惜，用户还是不那么容易理解，心里始终会有一丝不安。

图 8-24　（左）这部电梯只能从 2 楼往上走。（中）这部电梯只能从 2 楼直接下到地下 1 楼，不会在 1 楼停靠。（右）这部电梯从 3 楼直接下到 1 楼，不会在 2 楼停靠

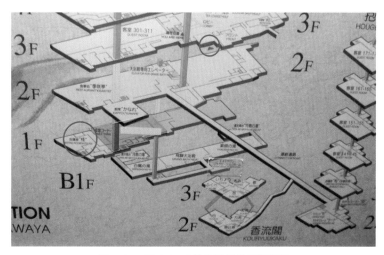

图 8-25　图 8-23 中的旅馆的楼层指引图

　　和建筑物的扩建类似，如果全盘接受甲方或
者用户提出的需求而不断增加功能，结果就可能
导致用户搞不清服务或者软件里什么是什么了，
这种情况很常见。比如我以前开发的一个名为
WeBoX 的软件，当时收到了用户提出的各种功能
需求，我不假思索地就将其中自己觉得还不错的
功能都加了进去。结果菜单杂乱无序，用户反而
搞不清什么是什么了（图 8-26）。里面尽是些开发
者自己都没有掌握的功能，十分混乱。虽然初衷
是好的，但结果却是做出了 BAD UI。为了避免这
类问题的出现，开发者在开发软件时需要有强大
的信念，对于一些不太使用的功能，有时候需要
下狠心删除。

　　除此之外，我还不止一次地遇到过曾经使用
简单又方便的网站服务，由于一直不间断地增加
功能，不仅处理变得缓慢，而且还出现了很多不

知所谓的内容，非常失望。开发者在给服务增加
功能时，需要暂缓一下脚步，做一下整理，考虑
一下该功能是否会导致用户混乱，以及现有服务
是否存在一些不必要的功能等。

　　下面的内容跟上述话题其实没什么关系，不
过既然刚好讲到软件了，就想提一下。如果是开
发者无偿提供的免费软件（尤其是个人开发的软
件），即便各位在使用时觉得不好用，也希望你
不要抱怨"这个是 BAD UI！太糟糕了！"（不过
既然我本人在写关于 BAD UI 的文章，所以不管
你对我开发的软件有任何抱怨，我都可以接受）
BAD UI 这个词，希望你在使用的同时，心中也对
该 UI 或软件怀有满满的爱。不过这点我其实也不
能 100% 做到，有些地方还需要反省……

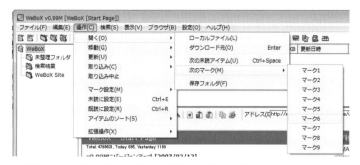

图 8-26　WeBoX 的菜单结构。因为只是单纯地不断往里面增加功能，所以杂乱无序，而且层次也越来越多

复杂的路线图：去目的地应该乘哪辆公交车？

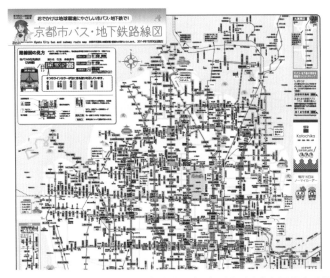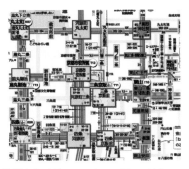

图 8-27 （左）京都的公交车路线图（一部分）。（右）左图放大后的样子（当时是 2014 年 10 月 10 日）
以前的版本更加难懂，相信这个版本已经下了不少功夫来改善，不过即便如此，看起来还是很吃力

如果信息量很大，或者新信息不断增加，那么无论如何都会产生 BAD UI，这是无法避免的。

我刚搬到京都时，有一次要去一个地方，但是不知道该怎么去，于是打开京都市公交网站，从中找到了 PDF 版的路线图[1]。当时想马上打开该文件查看，但是怎么也显示不出来。等了一会儿，终于全部显示出来了，但是信息量实在太大，完全没信心能找到相应的路线。图 8-27 就是那个路线图（这里介绍的是 2014 年 10 月的最新版本）。

京都是首屈一指的观光城市，有众多观光胜地，所以公交车要开往的目的地有很多，同样出发地点也有很多，当然也就有各种各样的路线了。这方面所有的信息都在一张路线图中表现出来，结果就是该路线图阅读难度极高。

这看起来简直就是一种试炼。而且在京都，除了京都市公交以外，还有京都公交和京阪京都交通等其他公交运营公司。有些地点可能会有几条相似的路线经过，所以更加麻烦。即使是居住在京都的人，大部分应该也只记得自己常坐的公交路线。而且，同一路车还分顺时针方向运行和逆时针方向运行。在我认识的人当中就有好几个人因为上错车而被带到了其他地方，结果没能准时赴约。我自己也曾经多次搞错应该乘坐的公交车，导致不仅没赶上集合时间，而且还迟到了很多。

就目前而言，只能根据不同的目的将地图分割成几块仔细查阅，或者制作用户能够通过操作来进行交互式搜索的软件，又或者根据出发地点或目的地等加以整理，除此之外别无他法。不过还是期待有一天可以有 UI 能将这种路线图简单易懂地呈现出来。各位有兴趣的话，可以将这个任务作为对自己能力的一种挑战来试试看。

另外，有一本叫作《数据可视化之美》[2]，介绍了路线图等各种信息应该如何可视化，如何有美感地呈现出互有关联的庞大数据等。这本书中提到的路线图现在是 iOS 里的应用[3]。如果你有兴趣，不妨一读。

---

[1] http://www.city.kyoto.lg.jp/kotsu/cmsfiles/contents/0000019/19770/omote.pdf，出自京都市交通局网站。

[2] Julie Steele 、Noah Lliinsky 编，祝洪凯、李妹芳译. 机械工业出版社，2011。

[3] http://www.kickmap.com

飞机里的烟灰缸：明明是全面禁烟为什么还会有烟灰缸？

图 8-28 （左）飞机里的烟灰缸。（右）这里的垃圾箱上写着"请不要往这里扔烟头！"

需要根据情况的变化灵活应对的案例还有飞机上洗手间（化妆间）里的烟灰缸。在全世界都在推广飞机内禁烟的背景下，日本航空和全日空于1999 年 4 月决定国内航班和国际航班一律禁烟。图 8-28 是前两天（2014 年 3 月）我乘飞机时拍摄的照片，飞机上不仅还存在烟灰缸，而且垃圾箱上还画有禁止扔烟头的提示。

但是就在烟灰缸所在的地方，还用大字写着"洗手间内禁烟"（图 8-29）。为什么一边禁烟一边还提供烟灰缸呢？我看到这个时认为是这方面缺乏维护，但是其实好像是有正当理由的 [1]。

首先，美国联邦航空局认为无论怎么要求机舱内禁烟，还是会有乘客吸烟。因此，为了防止在无处可逃的机舱内由于这种不遵守规定者的行为引发重大事故（比如，烟头没熄灭就扔进垃圾箱，结果点燃垃圾，造成重大事故等 [2]），才在机舱内设置了烟灰缸，同时还在垃圾箱上画了禁止扔烟头的提示。

有些 UI 虽然乍一看像是没有好好维护，但是其实是有其理由的。这是个颇具启发性的 UI，提醒了我们很多。

---

[1] *Engineering Infrastructures For Humans*。http://www.standalonesysadmin.com/blog/2012/05/engineeringinfrastructures/

[2] 在全面禁烟的飞机的洗手间里设有烟灰缸的理由。http://www.aivy.co.jp/BLOG_TEST/nagasawa/c/2012/05/post-476.html。

图 8-29 写着"洗手间内禁烟"，但是却设有烟灰缸。当然，飞机上还有多次语音提醒，所以应该不会有人吸烟吧……

DIY 维护

本章讲到了维护的重要性，这里就介绍一些实际中通过 DIY 的方式维护 UI 的例子。

所谓 DIY（Do It Yourself），就是指不花钱请专业人士，自己亲手制作或者修整物件来改善生活环境。一般情况下说到 DIY，给人的感觉是在业余时间做做木匠活之类的，而在本书中，我们用 DIY 来表示改善 BAD UI。

很多人都会尝试去改善生活环境中的 BAD UI。这种尝试非常有趣，会成为思考"什么样的 UI 才没有问题""自己在制作 UI 时需要注意什么"的契机，并且也会为改善其他 BAD UI 提供有用的参考信息。

BAD UI 的有趣之处就在于，任何人都可以通过 DIY 改善或者改正眼前的 BAD UI，并且还能观察各式各样的人在面对 BAD UI 时试图去改善的样子。

比如由于外国游客逐渐增加而添加的英文说明（图 8-30）。在电梯的"开""闭"按钮下面分别贴上"OPEN""CLOSE"的标签，以及在自动售票机的"取消"按钮下面贴上"CANCEL"标签等。

图 8-31 中，为了提示不再停靠原本可以到达的楼层而添加了说明，或者将相应楼层的按钮封住以禁止用户按下。这种 DIY 维护，随着 3D 打印机和激光切割机等设备的普及，将能更加轻松地实现。

图 8-32 所示为贴在非接触式 IC 卡的充值终端，以及可以使用非接触式 IC 卡的检票机上的说明。这些 IC 卡刚出现在市面上时，各家轨道运营公司是分别引入了 Suica、ICOCA、PASMO、TOICA 等服务，所以曾经有一段时期在 ICOCA 普及的地区无法使用 Suica 卡，十分不便。不过后来这些服务逐渐开始互相兼容，各种 IC 卡的终端上也可以使用其他卡了。目前市场上有各种 IC 卡，不知道是不是因为有些用户不知道在哪里可以使用哪种卡，所以如图 8-32（左）所示，增加了"本机也可以使用 PASMO、TOICA、ICOCA"这样的说明。另外，随着 IC 定期票的出现，也许是因为有人看到定期票放到感应区后会显示余额，担心是机器识别错误从卡中扣了钱，所以如图 8-32（右）所示，工作人员又在设备上贴了"刷 ICOCA 定期票也会显示余额"的提示。

后面的图 8-33～图 8-42 都是试图通过 DIY 来改善 BAD UI 的各种例子，其中既有成功案例，也有失败案例，都很有趣。

在"有趣的 BAD UI 的世界～投稿网站～"（http://DIY.badui.org/）中，我们收集了很多通过 DIY 解决了 BAD UI 的案例。如果你发现了类似的情况，欢迎投稿。

图 8-30　由于有很多外国人用户而加上的英文说明（左）针对"开""关"增加了"OPEN""CLOSE"。（右）在"取消"按钮附近贴上了"CANCEL"

图 8-31 （左）如果没有"不通往地下"的说明，肯定有人会因为按下"B1""B2"但电梯没有反应而烦恼吧。（右）对不停靠的楼层按钮进行了物理性制约

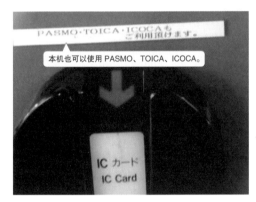

图 8-32 （左）"本机也可以使用 PASMO、TOICA、ICOCA"。（右）"刷 ICOCA 定期票也会显示余额"

图 8-33 （左）有婴儿座椅的洗手间隔间。（右）"如有用到婴儿座椅，请使用本锁扣"

（左）婴儿座椅可以让婴儿坐下固定住，自从有了孩子以后经常会用到。（右）该洗手间的隔间中，坐便器离门有一定距离，而门锁就在婴儿座椅的边上，所以小朋友玩耍时可能将门打开，引起麻烦。于是在小朋友坐在婴儿座椅中时无法碰到的高度增加了一道锁扣，并给出了相应的说明

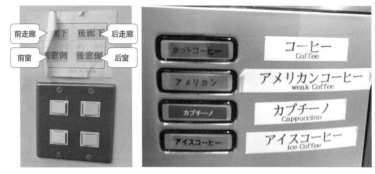

图 8-34 （左）前窗是右边按下表示打开，后窗是左边按下表示打开？（提供者：桥本直先生）。
　　　　（右）酒店里的咖啡机上贴的带有英文的说明标签

（左）不知道是出于什么理由，左边的两个按钮（前走廊和前窗）是右侧按下代表打开，而后走廊和后窗
却是左侧按下代表打开。这个没有说明的话用不来吧

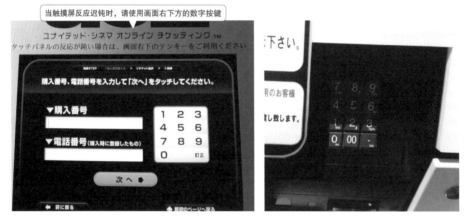

图 8-35 （左）触摸式操作画面。（右）旁边提供了数字按键

考虑到有些人不太会操作触摸屏上的数字按钮，而且触摸屏也可能反应不太灵敏，所以还提供了物理数
字按键。而且，还有补充说明提示用户可以使用物理按钮

图 8-36 （左）因为砂糖和牛奶的罐子都是白色的不好区分，所以分别贴上了标签。盐和砂糖，酱油和蘸酱通常也
　　　　会通过贴上这种标签来区分。（右）洗手间的 UI。因为无法分辨操作哪个开关能放出水来，所以一个贴
　　　　上了"冲水"的提示标签，而另一个则贴上了"紧急情况下使用"的标签

图 8-37 （左）难以发现这里有洗手间的标识。（右）在边上增加了常见的标识
洗手间标识比较小，不醒目，因此另外贴了一个较大的常见的洗手间标识和箭头

图 8-38 （左）出口在那里！（提供者：公文彩纱子女士）。（右）重叠的箭头（山田开斗先生）
（左）可能是因为有很多人搞错出口，所以在上面重新贴了一个大的指示箭头。不过，下面标出出口和指向左上方的箭头的那一排标识仍然还在。（右）在一个箭头上面重新涂刷了一下以表现另一个箭头，但是看上去效果不是很理想

图 8-39 按钮边上有供视觉障碍者使用的盲文
顺便说一下，带有盲文的标签上还写有文字感觉挺奇怪的，不过这个也有可能是给负责贴标签的健康人士看的。如果健康人士搞错标签上下贴反了的话，盲文的意思也就完全变了，那么这个标签就失去了它的意义，界面也成为了 BAD UI

图 8-40　入住某酒店时房间里的电视机和配套的遥控器

电视机上贴着一张提示"使用遥控器时请对准调谐器↓"的标签。因为人们总是会不自觉地将遥控器对着电视机（想操作电视机），所以在酒店房间这样并不宽敞的空间里调谐器很难接收到遥控器的操作信号，于是总有人会抱怨为什么打不开电视，因此贴上了这样一张标签

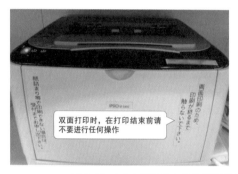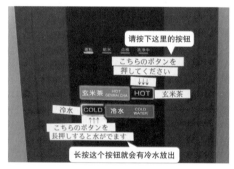

图 8-41　（左）打印机上贴的说明标签。（右）餐厅茶水机上贴的说明标签

（左）双面打印时，一面打印完成后会再次将纸卷回去在另一面继续打印，但是有些用户会在第一面打印完成后就把纸拿走，所以贴上了"双面打印时，在打印结束前请不要进行任何操作"这样的说明标签。（右）也许是因为很多人都会不自觉地去按下写有"玄米茶"或者"冷水"的部分，所以贴了张"请按下这里的按钮"的标签，提醒用户应该按下写有"HOT"或"COLD"字样的地方（提供者：佐藤晃太先生）

图 8-42　（左）因为卡片回收口在哪里不是很明确，所以贴上了写有"这里↓"的提示标签。
（右）用于说明肉的部位的纸质标签

对生鱼片、肉的部位不是很熟悉的人经常会搞不清哪个是哪个，所以有这样的提示对顾客来说很有帮助。而且对于刚入职的店员来说，即使没记住这些知识也没关系，所以从各方面来说这都是一个很有用的提示

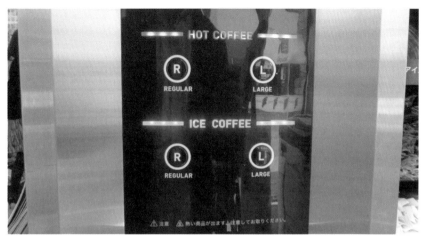

图 8-43　咖啡机

通过 DIY 来改善 BAD UI 的著名案例之一就是 7-11 便利店里的咖啡机（图 8-43）。这个咖啡机上显示了两个大大的字母 R 和 L，但是使用者却很难理解这两个字母表示的是什么意思（如果以为 R 表示右、L 表示左那就完全乱了）。对于日本人来说，REGULAR 和 LARGE 这种表达方式并不常用，所以一直不断地有人因为不清楚使用方法而苦恼。这个咖啡机产品的订单里是怎么要求的已经无从得知，而且也说不清楚这个 BAD UI 的出现到底是谁的问题（比如有可能最初的设想是由店员来使用这台咖啡机，只要用惯了就不会有问题。但是后来不知道什么原因变成了由不怎么会用的顾客来直接使用，于是出现了问题）。如果我们去观察每家 7-11 便利店里的咖啡机是如何进行改善的，就会发现他们都各自想出了不同的办法，非常有趣。推荐你去观察一下[①]。

寻找 BAD UI 这件事情本身，在刚开始时可能很有难度，不过有一个很简单的方法可以找到 BAD UI（或者曾经是 BAD UI 的 UI）。那就是看 UI 的附近有没有后来增加的提示语或者标签等。如果附近有这种增加的说明标签，那么很有可能这个 UI 过去就是一个让用户为难的 BAD UI（不过，也有一些 UI 在设计时就是以今后需要增加说明为前提的，在设计阶段就预留好了今后贴说明标签的空间，这个需要注意区分）。不过有时这些以改善为目的而增加的提示反而会导致混乱，这种情况也到处可见。既然要改善，那么就希望可以切实往好的方向改善。

虽然社会上有一种"如果被贴上 Tepra[②] 就输了"的趋势，但是我个人认为以今后会贴标签为前提来设计 UI 也是可行的。实际上，考虑到 UI 可能会在各种情况下被形形色色的人使用，所以答案不一定只有一个。比如将用户设定在 60 岁以上时和将用户设定在 10 岁以下时，追求的东西肯定就不一样。此时，可以在按钮周围预留好贴标签的空间，甚至准备好一些匹配的标签配套售卖。

而且，3D 打印机和激光切割机等设备在普通用户中普及之后，就能比现在更简便地去改善指引牌、标识、把手和按钮等了吧。使用 3D 打印机和激光切割机，只要准备好原材料和设计图，任何人都可以轻松制作出高精细的东西。但另一方面，如果用户做出了奇怪的标识或者不好用的把手等，也有可能会出现一些危及安全的情况。身为 BAD UI 的收集者，我一定会密切关注今后的走向和发展。

像这样由在现场的人亲手改善 BAD UI 是一件很有意思的事情。请留意一下发生在各个现场的"改善"行为。

① 7-11 咖啡机的样子。http://sevencafecoffeemakeradhocsignage.tumblr.com

② KING JIM 公司制造的标签打印机。

总结

本章通过各种各样的 BAD UI 案例说明了维护 UI 的重要性，不知你是否理解了呢？

随着时代的变迁和文化的转变，UI 也是需要改变的，但是实际上却很少有 UI 是在定期维护的。一方面这个维护会产生费用，另一方面做预算的人和 UI 的制作者本身可能并不太关心 UI 是否作用减弱了、是否产生损耗了、是否变得没有意义了等。在制作、安装 UI 时，希望相关人员可以稍微考虑一下今后如何维护的问题。

即使我们没有什么机会从头开始制作一个 UI，但是也可能会有改善 UI 的机会，比如在使用一些内容不太适用于现代社会的老式文档文件等情况。对于这一类物品，希望大家可以注意剔除上一个时代遗留下来的无用之物，将其改善成更好的 UI。

另外，正如在最后一节中介绍的那样，为了让难懂的 UI 变得易于使用，有时会使用 Tepra 之类的标签来进行维护。这时需要注意的是如何表达才能让用户正确理解。并不是说贴了一张说明标签就大功告成了，如果还是没有达到理想效果，请继续考虑其他说明方式，换一个标签。

明治大学的福地健太郎先生认为"Tepra 是 UI 的创可贴"，这个观点我非常赞同。实际上，Tepra 等标签对于改善 UI 很有帮助。请各位也观察一下这方面。

练习

☞身边的很多 UI 和标识，在设计时都没有考虑到如果突然有很多外国游客会怎么样。请思考如果要将这些 UI 改善成外国人也能使用的样子，具体应该怎么做。

☞请收集由于年久失修等原因而给用户带来麻烦的 UI 案例，并思考应该进行什么样的维护。

☞请寻找由于文化改变等而变得难以理解的标识，然后思考应该将其改成什么样。

☞请检查身边各种申请表格中是否残留着由于时代变迁而变得多余的项目（比如在填写申请年月日的地方写着"昭和[①]"）。同时，请找找看是否有措辞腐旧的情况。如果有问题，请思考应该怎么改正。

☞请收集身边的 UI 上贴着的 Tepra 等说明标签。观察并整理出如果没有这些标签 UI 会是一种什么样的状态，而这些标签上都下了哪些功夫。

☞针对身边的 BAD UI 以及本书中介绍的各种 BAD UI，请思考应该贴上什么样的标签来解决问题。

[①] "昭和"是日本第 124 代天皇裕仁在位期间使用的年号，时间为 1926 年 12 月 25 日 ~ 1989 年 1 月 7 日。目前日本采用的第 125 代天皇明仁的年号"平成"。——译者注

第 9 章 苛求用户的BAD UI

你是否有过这样的经历？UI 需要你记住一些内容，但是你却担心自己记不住而产生了一丝不安；有时候因为被要求使用 Microsoft Word 来进行计算，或者用 Microsoft Excel 来写文章而感到很麻烦；或者是差点被可疑的图表欺骗。

世上到处都有苛求用户的 BAD UI，有些考验用户的记忆力，有些要求甚至超越了人类能力的极限，让人心累不已。为什么会出现这样的 UI 呢？

每个案例的原因可能都不一样，有可能是因为甲方对用户需求的不理解，也有可能仅仅是系统上的缺陷却让用户来买单。另一方面，也有不少情况原本就是抱着欺骗用户的目的，故意将 UI 设计得很难懂，让用户容易上当的。这种 UI 之间的共通点就是，完全没有考虑用户需求，或者考虑充分后却出于某种目的故意做成 BAD UI。

在本章中，我们将针对之前没能介绍的"考验记忆力的 BAD UI""让人心累的 BAD UI"和"具有欺骗性的 UI"等进行具体说明。

那么，接下来就让我们看看这些苛求用户的 BAD UI 吧。

考验记忆力的 BAD UI

旅馆里周到的说明：必须要锁哪扇门？

"那么，我就为您介绍一下本旅馆的情况。本旅馆中有 3 个家庭浴室。其中，在玄关边上的浴室是石头建造的。在使用这个浴室时请从里面上锁。然后，进入玄关后从这边拐进去有一个桧木造的浴室。这个浴室的门不用锁，使用时请锁上里面那扇门。最后 2 楼有一个露天浴室。使用这个浴室时请锁上入口处的门，而不是里面的那扇。关于每个家庭浴室的使用情况，可以通过这里的指示灯来确认。如果是有人在使用中，指示灯就会点亮；如果没有人在使用，则指示灯是熄灭的。接下来是关于用餐问题，晚上 7 点开始可以在房间里用餐。如果您都准备好了，请拨打'7'联系前台叫餐。另外，早上 8 点开始在'梅之间'供应早餐。到时候我们会电话提醒，所以请您接到电话后移步到'梅之间'用餐。"

上面是我在某旅馆住宿时，旅馆的工作人员一次性进行的说明（记忆中大概的内容）。那么，到底哪个浴室要锁哪扇门呢？晚饭是只要等对方的电话联系就可以了么？还是需要我这边打电话过去联系？早饭的时候又该怎么做？我和妻子都感到脑子里一团浆糊，"使用浴室时要……晚饭的时候是怎么样来着？"完全不知所措。

因为实在太复杂了，所以原本还期待房间里会提供写有这些信息的说明资料，但是找了半天也没找到，所以两个人都不知道接下来该怎么办了（顺便说一下，每个浴室要求上锁的门都不一样好像是因为提示使用情况的指示灯的开关和其中一部分门锁是联动的）。

人类的记忆力是有限度的。在负责瞬间记忆电话号码和房间号等"短期记忆"的记忆区域，据说最多只能保持 20～30 秒左右的记忆，而且最多可以记忆 4 个组块（Chunk）[1]。

所谓的组块，就是人类认知信息的单位。比如，请用 10 秒左右的时间记住下面的数字。10 秒后请遮住这串数字，什么都不看，凭记忆背出，或者在纸上写下来。

315646495963

结果如何？是否将所有数字都准确无误地记住了？下面再试着记住下列数字，请同样凭记忆背出来或者写在纸上。

Saikoro	Yoroshiku	Gokurousan[2]
3156	4649	5963

这次回答说记住了的人应该会比较多吧。当 12 个数字只是单纯排列的时候，需要记忆 12 个组块的内容，而被分成 "Saikoro" "Yoroshiku" "Gokurousan" 后记忆对象变成了 3 个组块，在可记忆范围内。我们平常在学习中经常会采用这种谐音分段的方式来记忆历史事件或者元素周期表的一部分，其实这就是因为组块数减少了。

所以，由于一次性接收到的 "3 个浴室要上锁的门都不同" "晚餐需要自己打电话，早餐需要等电话" 等各种信息，远远超过了可以记忆的组块数，所以作为用户来说很难记住。

提供信息也是一种 UI，需要好好考虑一下人们是怎么接收信息，怎么整理接收到的信息以及怎么记忆的。另外，如果可以提前预想到用户会记不住，将说明内容整理成书面资料，提示一句"具体内容都在这张纸上"，那么就能提升用户体验。

当你成为信息提供者时，希望本案例能帮到你。

---

[1] 设计师要懂心理学, Susan Weinschenk 著, 徐佳、马迪、余盈亿译，人民邮电出版社出版，2013 年。

[2] 上面的字母是数字的日文发音的谐音，各为一个单词，意思是"色子""拜托了""辛苦了"。
——译者注

食物的名称：想要购买的菜品是哪个？

图 9-1 （左）菜单的展示板。（右）自动售券机。想买的是哪个来着

在某大学的食堂里，一般都会供应"每日一换之 Bowl A""每日一换之 Bowl B""固定 Bowl""每日一换之中国面条"等 10 种菜品，每天都会像图 9-1（左）那样在一块展示板上介绍当天的每日一换之 Bowl A、B 和固定 Bowl 等里都有些什么，十分清楚明了，而售券机则如图 9-1（右）所示。

乍一看好像没有什么问题，但是我每次站在售券机前都会因为想不起自己想买的菜品对应的是哪个按钮而感到不知所措。在决定吃什么的时候，脑海中想的总是"洋葱肉丁蛋包饭""汉堡肉荷包蛋盖浇饭"等食物的名称，所以看到自动售券机上的"Bowl A""Bowl B""固定 Bowl"等按钮也不知道对应的到底是哪一种。可能除了我以外也有很多人有同样的烦恼，所以售券机前面总是会排起长龙。

突然有一天，我来到这个食堂时发现自动售券机的 UI 被改善成图 9-2（左）这样的了。机身上贴上了食物的照片，所以用户就不再需要回去看展示板了，也不需要记忆哪个食物对应的是哪个餐券了。看到这样的变化，可以感受到相关人员想要改善原本不便于使用的 UI 的心意，我非常开心。

另外也还有一些店也在做着类似的努力（图 9-2 右），也非常棒。虽然从另一个角度来说也存在由于信息量过多地增加而出现其他问题的可能性，但是对于记忆力不太好的人来说，改善后的 UI 可以不费脑子去记忆，这是一件好事。

前面也已经介绍过，人类的记忆（短期记忆）是十分短暂的，要记住若干个相似物是有难度的。这时这种设计就很有用。不过如果做过头了就会导致按钮上的内容多而杂乱，反而让人看不清，所以也需要注意。

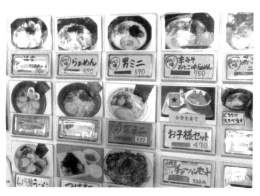

图 9-2 （左）贴上了食物的照片！（右）冲绳某拉面店的自动售券机

（左）这样一来用户就不会在售券机前苦恼了。不过工作人员每天都要更换按钮上的内容也挺辛苦的……（右）所有按钮上都贴着和食物名称对应的照片。不仅不用去记忆上次吃到后喜欢上的美味食物的名称，而且还能了解每种面分别是什么样的。对于外国人来说也同样是一款好用的 UI

关于养老金的的申请：23 年以后别忘了提交哦！

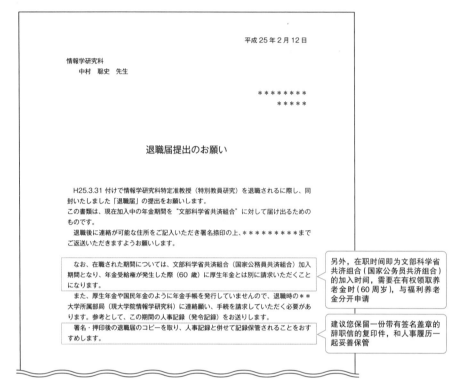

图 9-3　请在有权领取养老金时（60 周岁）与福利养老金分开申请

在离开上一个工作岗位时，行政人员给了我一份文件（图 9-3），要求我提交辞职信。

提交辞职信本身没什么问题，但是我却被文件中的一句话给吸引了。"另外，在职时间即为文部科学省共济组合（国家公务员共济组合）[①] 的加入时间，需要在有权领取养老金时（60 周岁），与福利养老金分开申请""建议您保留一份带有签名盖章的辞职信的复印件，和人事履历一起妥善保管"。

应该不会是要我 23 年以后主动去申请吧，抱着这样的疑虑去跟行政人员确认后，得到的回答是"我们是不会联系您的，需要您这边主动联系。另外，到时候需要这份资料，所以请妥善保管"。

23 年以后能有多少人还记得这件事？就算将

目前使用中的计算机或者智能手机的日历翻到 23 年后的某一天，往备忘录里记上一条"要提出申请！"这台计算机或智能手机在 23 年以后也早就不能使用了吧。即使是一些带有提醒功能的服务，23 年以后也很可能都无法使用了（要知道 23 年前网络还不普及，几乎没有人拥有手机，和现在简直是两个世界）。而且，我也没有信心可以将这份纸质资料保管超过 20 年而不丢失。

如果要长期记忆，需要通过反复提起来加深印象（比如记忆历史事件和相应的发生时间），否则是记不住的。即使成功成为了长期记忆，要再唤醒这个记忆也并非易事。希望 UI 不要做这种挑战人类极限的事，而是成为更方便用户操作的 UI（不过话说回来，这种事情都由前工作单位来管理可能也不太现实）。

[①]　类似于中国的教育系统工会。——译注

用于认证的安全提示问题：五十多年前学会的第一道菜是？

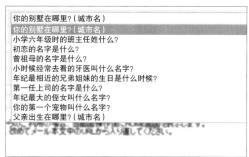

图 9-4　安全提示问题。您能回答其中的哪个问题？

我父母不太擅长使用计算机，考虑到平板电脑启动快，也可以很方便地使用我们家人平时交流所用的 Facebook、Skype、Line 等服务，并且具有简单的网页浏览功能和拍照功能，于是我决定送他们一台平板电脑。各种纠结之后，我选择了 iPad mini，进行了一些基本设定后就交给他们使用了。虽然他们在使用过程中也遇到一些问题（比如在第 1 章中介绍过的拍照模式和视频模式之间的切换问题（P.18）等），不过基本上用得还是挺开心的，所以我也觉得很高兴。

不过在其他地方还是出现了问题。在购买 iPad 等 iOS 系统的产品后需要进行一些设定。在进行设定之前，会先被要求创建 Apple ID。虽然创建账户很麻烦，但是没办法我还是帮父母进行了设定操作（这里就不免担心会不会有很多人因为没能成功创建账户而放弃使用……）

在进行设定时，有一项是用于忘记密码时取回密码的"机密问题"（图 9-4 左），那真是一些相当难回答的问题。下面就是那些问题以及我父母的答案（括号里的是我的答案）。

- 你十多岁最好的朋友叫什么名字……"将近五十年前的事情了，早就不记得了"（我也不记得了，而且十多岁这个范围也太宽泛了吧）
- 你的第一个宠物叫什么名字……"从来就没养过宠物"（同样也没养过）
- 你学会做的第一道菜是什么……"将近五十年前的细琐小事，谁还记得啊"（我也不记得那些小事了，而且所谓的"学会做的菜"的定义太模糊了。什么样的人才能回答出这个问题啊？）

- 你第一次去电影院看的是哪一部电影……"你觉得我还记得那么久之前的事么？"（能记得才怪）
- 你第一次坐飞机是去哪里……"都说了那么久之前的事不记得了"（就算这个勉强能回答出来，估计也是个大家都能猜出来的答案……）
- 你上小学时最喜欢的老师叫什么名字……"小学的时候根本就不知道老师的名字……"（不记得有喜欢的老师，而且就算是记得名字的老师也只有一个人……）

这种问题最好是可以自己设计，但是现在只能从系统提供的若干个固定选项中选择问题，结果就导致只能随便写一个答案，然后和密码一起写到记录重要内容的备忘录里。本是为了在忘记密码时能找回密码而设置的安全提示问题，现在完全失去了它的意义。而且，印象中这一类问题都不怎么靠谱。

图 9-4（右）也是某系统的安全提示问题，几乎也都是回答不出来的问题（有多少人能有别墅啊？！）而能回答的问题则是任何人只要关注微博之类的社交互动网站就都能得到答案的（这一类问题中有很多可以从微博上发布的帖子中得到答案。比如发布一条微博"今天是妹妹的生日，全家人一起吃饭庆祝"，那么所有人都知道妹妹的生日是什么时候了），还有一些问题会让人回忆起不堪回首的过往，比如初恋女友或男友的名字，这对一部分人来说也会是一个困扰。

在设计这类问题时，希望能多加考虑一般用户的可回答性。如果你有机会成为问题设计者，请一定要站在用户的角度来设计。

让人心累的 BAD UI

数值的输入方法：3 万亿日元是谁的错？

疗养费支付金额输入界面	疗养费支付金额输入界面
*必填	*必填
支付对象姓名 *	支付对象姓名 *
	中村聪史
疗养费支付年 *	疗养费支付年 *
	2013
疗养费支付月 *	疗养费支付月 *
	8
疗养费支付金额 *	疗养费支付金额 *
	1351
发送	发送

图 9-5　（左）疗养费支付金额的输入界面（示意图）。（右）疗养费支付金额输入界面的参考示例

前文中也反复提到过，BAD UI 不仅是设计师、工程师等制作界面的人应该关注的问题，而且是我们所有人身边触手可及的问题，思考 BAD UI 出现的理由和改善方法是非常重要的事情。下面介绍一个在实际中引发了问题事件的案例，大家可以从中充分体会到这一点。

首先，请看图 9-5（左），这是我凭想象制作出的当时发生了问题的系统界面，一个虚构的输入表格。那么，当"支付对象"是"中村聪史"，"疗养费支付时间"是"2013 年 8 月"，"疗养费支付金额"是"1351 日元"时，你会怎么填写这个表格？相信在没有注意事项说明的时候，大多数人都会像图 9-5（右）这样写吧？

下面请看朝日新闻对该事件的报道。

由东京都下属的各区市町村等行政单位联合组成的东京都后期高龄者[①] 医疗保险机构于 16 日宣布，在寄出的 10 879 封疗养费通知书中，错误地记载了比实际支付金额高出数十亿倍的金额。其中有一例实际支付金额为 1351 日元，但是在通知书上记载的金额后面多了 10 个 0，变成了"3 510 000 000 000"，即 35 100 亿日元。

根据该医疗保险机构的企划调整部门透露，本次发生记载错误的是根据后期高龄者医疗制度中规定于 4 月份发放的高额医疗费用支付通知书。15 日寄出了 54 009 封通知书，其中寄给大田区的部分支付对象和足立、葛饰、江户川各区的所有支付对象的通知书中的金额都是有误的。

根据该医疗保险机构的解释，是工作人员在制作通知书时在计算机操作上出现了失误。支付金额栏中需要输入 13 位数字，假设需要支付 1351 日元，那么应该在千位数"1"的前面输入 9 个 0。但是工作人员却忘记输入，导致在数据处理的过程中千位数"1"消失了，并且在数字最后自动补上了 10 个 0。支付日期也出现了同样的问题，比如"8 月"应该要输入"08"，但是由于忘记输入"0"，所以记录成了"80 月"[②]。

下面是本次事件发生的关键点。

- 制作通知书时，工作人员在计算机操作上出现了失误
- 支付金额栏要求输入 13 位数字，需要支付 1351 日元时必须在千位数"1"的前面输入 9 个 0，但是工作人员忘记了这一步

---

① "后期高龄者"是指 75 周岁以上的老年人。

——译者注

② 摘自 2011 年 8 月 17 日的朝日新闻数字版。

假如支付时间是"8 月"，应该输入"08"，但是工作人员也忘记输入 0 了

读到这个新闻时，你的第一感觉是什么？相信有一部分人会想"因为操作失误而引发问题，这种工作人员太过分了！""行不行啊，好好干啊！"但是，请先别急，按照新闻报道中所言，该系统应该像图 9-6（左）这样输入。

在工作人员正式使用该系统之前应该会有培训，或者应该有关于如何输入的说明书。毕竟没有任何说明就能了解这种输入要求几乎是不可能的，所以可能会像图 9-6（右）那样，表格中的每一项都带有注意事项说明。

好了，现在看到这个输入结果你会怎么想？依然是"居然会出现输入失误，不可原谅！"还是会觉得"这个系统设计得有问题吧？"

我个人认为这种 UI 太不合理了。作为疗养费的支付金额，几乎没有机会去输入以万亿为单位的金额，而且只要系统对金额进行靠右处理应该就不会发生这种问题了。就算金额的这种处理方式勉强说得过去，这个世界上也根本就不存在 80 月，所以输入"8"后会处理成"80"的系统，怎么想都有问题啊。

人类本来就是会犯错误的生物，对于这样的人类还强迫他们使用非常容易出错的 UI，这就是问题所在。

在本案例中，发起系统开发委托的人、接受系统开发委托的公司、交付和验证的人，大家都有问题。如果记者的报道方向是批判"居然提供这种不合理的 UI，这是不对的！"那么相信人们对 UI 的思考方式就会渐渐发生转变。

在这个 BAD UI 的案例中，负责输入的工作人员完全没错。而且有关部门针对这件事进行了各种调查后了解到，这种针对后期高龄者的疗养费支付，从法律的制定到实施只有很短的时间。而且主要的计算机系统是国家委托开发的，系统规范的发布也有大幅度延迟。但在这种情况下，地方自治团体却还是要按照既定的目标做好准备。也就是说，系统开发采用了自上而下（Top-Down）的方式，而且交付时间很紧张，但是系统规范却迟迟无法确定，甚至中间还不停地发生规范变更等情况。这些在最后都影响了系统的开发和使用。真是让人一声叹息[①]。

人类是会犯错误的生物，在这个大前提下，系统能做的事就应该尽量在系统一端处理掉，而不是对用户提出各种各样的要求，这一点很重要。对于系统来说，在需要的地方填 0 是很简单的处理。哪怕只是为了减轻用户负担、减少输入失误，系统开发者也应该要做出这样的努力。

另外，设计师经常会接到一些委托，要求对已经有一定完成度的系统进行改善，使之更加便于使用，但是这种状况下最多也只能改善外观而已。如果真的想从用户角度出发开发一个好用的系统，那么应该在最开始的时候就请设计师加入，一起参与开发。

---

① 如果在网上搜索"后期高龄者医疗 计算机"或者"后期高龄者医疗 界面"等关键字，会出来各种各样的信息，作为一个开发者我看到后觉得五味杂陈。

图 9-6 （左）2013 年 08 月，0000000001351 日元。（右）添加注意事项说明

不好用的转账页面：怎样使用半角片假名输入？

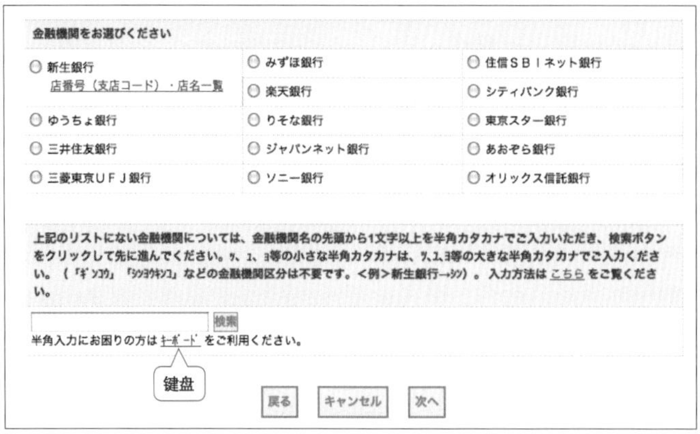

图 9-7　某银行的转账页面。如果在列表中没有找到目标银行，就需要在搜索栏中输入关键字进行搜索，但是需要用半角片假名输入（当时是 2011 年 11 月）

通过网上银行转账真的相当方便，我经常使用这个服务，已经习惯到想不起以前要亲自去银行转账时有多麻烦。图 9-7 就是通过网上银行在线转账的状态。

在选择银行的步骤中，因为我想要转账到冲绳银行的账户，而冲绳银行不在选择列表中，于是目光往下移，看到有一段"关于不在上面列表中的银行……"的说明，最后有一个搜索栏。因为不知道应该怎么搜索，所以就阅读了一下这部分说明。上面写着"对于不在上面列表中的银行，请用半角片假名输入银行名称，按下搜索按钮进入下一步"。在 Windows 系统中，默认可以输入半角片假名，而在 Mac 系统中，默认设定下是无法输入半角片假名的（现在已经改成允许用户自

己设定是否可以输入半角片假名了）。正在发愁要怎么办的时候，我又重新浏览了一遍网页，发现了"如果不知道该怎么输入半角字符，请使用键盘"这样一句话。

按下带有超链接的"键盘"二字后的状态见图 9-8。有好几排按钮，只要按下这些按钮就可以输入各种字符。在该输入界面上输入"オキ"（oki）[1]后按下 Enter 按钮，就会跳转到图 9-9（左）的画面。在这里按下"搜索"按钮后"冲绳银行"就作为候选项显示出来了，选择"冲绳银行"后会进入图 9-9（右）中所示的画面。接下来还需要用半角片假名输入支行名称。

----

[1]　半角片假名，"冲"字的日文发音。——译者注

图 9-8　用于输入半角片假名的界面（当时是 2011 年 11 月）

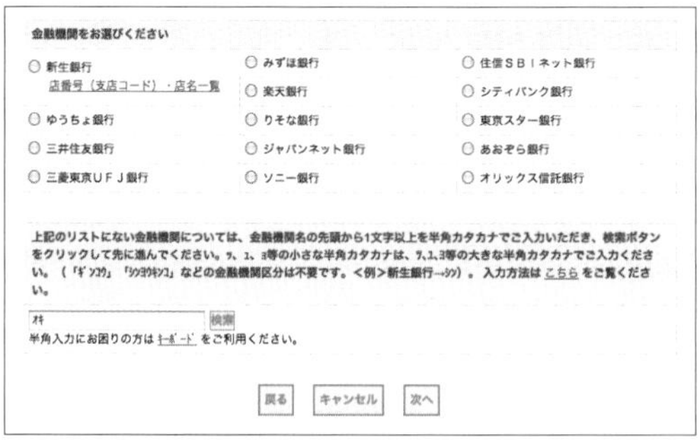

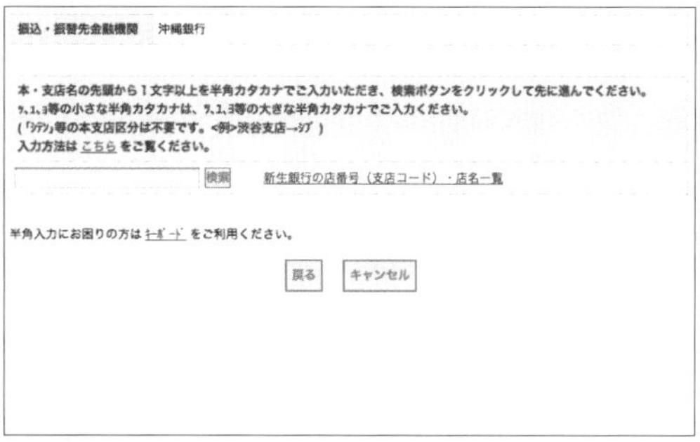

图 9-9 （左）成功输入"ｵｷ"！（右）接下来需要用半角片假名输入支行名称（当时是 2011 年 11 月）

支行名称的输入也完成后，显示的是指定收款人的页面（图 9-10 左）。在最上方的下拉框中我要从"普通""当座""贮蓄"[①]中选择一种存款种类，不过不知道为什么这里要附上"（フ：普通、ト：当座、チ：贮蓄）"[②]这样的说明。在下拉框中提供的选项是"フ""ト""チ"，不过我觉得直接将这几个选项设计成"普通""当座""贮蓄"不就好么。再往下看，发现关于指定账号有这样的说明：如果是 6 位数，请在开头加上 1 个 0；如果是 5 位数，请在开头加上 00。然后下面的收款人姓名也必须要用半角输入。同时这里也有提供输

① "普通"是普通活期存款；"当座"是活期存款的一种，用于结算票据、支票，根据日本法律规定，这种存款没有利息；"贮蓄"也是活期存款的一种，当账户余额达到一定额度即可享受比普通活期更高的利息。——译者注
② "フ"（fu）、"ト"（to）、"チ"（chi）分别是这三个单词的日文发音中的第一个片假名。——译者注

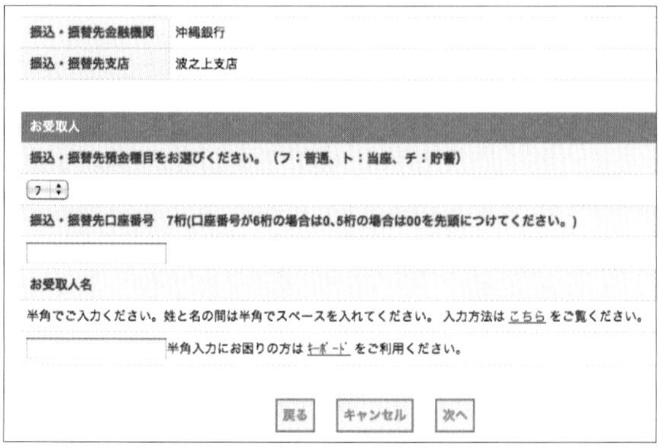

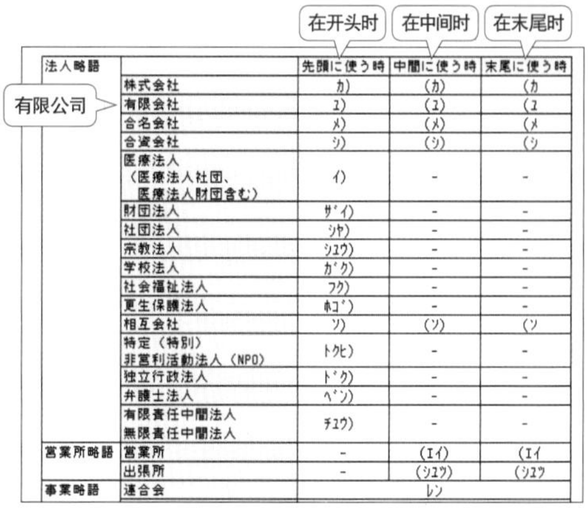

入半角字符用的键盘。

在这一步中，我在输入收款人姓名时遇到难题了。本次转账的收款人姓名是"ソラーれマスターリース（有）ロワジール 2 ロ"，但是不知道该怎么用半角片假名来输入"（有）"这个汉字。于是点击了"关于输入方法，请参考这里"这句话中带有超链接的部分，随即显示出图 9-10（右）这样的长达若干页的输入方法说明。

总之我知道了假设收款人姓名是"ソラーれマスターリース（有）ロワジール 2 ロ"，那么就应该输入"ｿﾗｰﾚﾏｽﾀｰﾘｰｽ(ﾕ)ﾛﾜｼﾞｰﾙ2ﾛ"。由于实在太麻烦了，所以我都有点开始烦躁了。虽然很多地方可能真的是无可奈何，只能这样设计，但是将全角片假名自动转换成半角片假名这样的处理网页系统应该还是可以轻松做到的。作为大型银行，希望他们可以设计出对用户更友善的界面。

法人略語		先頭に使う時（在开头时）	中間に使う時（在中间时）	末尾に使う時（在末尾时）
	株式会社	カ)	(カ)	(カ
有限公司 →	有限会社	ユ)	(ユ)	(ユ
	合名会社	メ)	(メ)	(メ
	合資会社	シ)	(シ)	(シ
	医療法人（医療法人社団、医療法人財団含む）	イ)	-	-
	財団法人	ザイ)	-	-
	社団法人	シヤ)	-	-
	宗教法人	シユウ)	-	-
	学校法人	カ゛ク)	-	-
	社会福祉法人	フク)	-	-
	更生保護法人	ホゴ)	-	-
	相互会社	ソ)	(ソ)	(ソ
	特定（特別）非営利活動法人（NPO）	トクヒ)	-	-
	独立行政法人	ト゛ク)	-	-
	弁護士法人	ヘ゛ン)	-	-
	有限責任中間法人／無限責任中間法人	チユウ)	-	-
営業所略語	営業所	-	(エイ	(エイ
	出張所	-	(シユツ)	(シユツ)
事業略語	連合会	レン		

图 9-10 （左）选择"普通"时应该选择下拉框中的半角片假名"フ"。下拉框里就不能直接写"普通"吗？（当时是 2011 年 11 月）。（右）关于输入方法的详细说明。看起来当"（有）"字处于收款人名称的中间位置时应该要输入"(ユ)"（当时是 2011 年 11 月）

补申 Excel：请按照 1 格 1 字书写，控制在 200 字以内

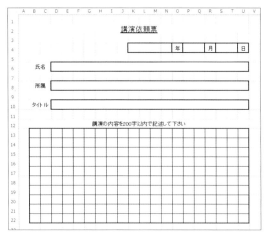

图 9-11 用 Excel 做成的虚构的演讲内容调查书

收到的要求是以少于 200 的字数来概述演讲内容，并用 Excel 文件提交。但是……
真的要在这些格子里一个字一个字地输入么……

Microsoft Office 的 Excel、Word 的确有些地方用起来不是很方便，但是目前这两款软件已经广泛普及，在各种场合下都可以使用，成为了我们日常生活中不可或缺的产品。我本人在写这本书时，就是使用的 Word（一开始交给出版社的编辑时文档大小甚至超过了 300 MB），在学术会议上发表演讲则是使用 PowerPoint，而在做预算执行计划、预算计划、会计处理时会使用 Excel，真的是在各方面都会用到它们。当然，这些软件在某些细节的设计上还是有不少想提意见的部分，不过总的来说已经帮了足够大的忙了。但是，问题是有时候这些软件会被错误地使用。

有一次某机构发来一份针对演讲内容的调查书要求我填写。图 9-11 就是当时那份调查书的示意图。对方要求在该文档里填写演讲者的信息、演讲标题以及演讲内容，然后添加到邮件的附件中给他们发过去。

这份调查书里的年月日、姓名、所属单位、标题的部分都没什么太大的问题，不过对于演讲内容，要求控制在 200 字以内，而且还用 Excel 的单元格制作了一张 20×10 的表格，刚好能写 200 个字。如果是将这张表打印出来，手写后提交倒也没什么问题。但是，要以 Excel 文档的形式提交的话，由于连续输入的文字都会在 1 个单元格里，所以只能在 1 个单元格里输入 1 个字，也就是一格一格地输入。比如要输入"中村"的话，需要进行如下操作：先用罗马字输入法输入"な か"（naka，中），然后转换成汉字，选中"中"字

后按下 Enter 键；再按下向右移动的按键将光标移到右边的单元格中，接着输入"むら"（mura，村），再转化成汉字，选中"村"后按下 Enter 键。这真不是一般的麻烦，都快把人逼疯了[1]。

结果当时我的做法是绕了好大一圈，具体如下：先用文本编辑器一边统计数字一边写完了 200 字以内的"演讲内容"，然后编写了一段程序，将这段程序生成的文字直接复制粘贴到表格里，就会自动达到 1 个字填入到 1 个格子的效果（显然，有编写程序的时间还不如老老实实地将每个字逐一输入到各表格中，这样可能还更快，但是我就是受不了做这种事）。

可能是由于经常有人提交的内容超过了规定字数，也有可能是工作人员直接将该机构内的一份纸质文档转换成了电子版发过来，于是就变成这种要求了。不管怎么说，希望相关人员在设计格式时可以多多考虑真正要往里面填写东西的用户。

---

[1] 有一些方法可以用来评估表单填写工作需要花费的功夫，其中比较为大众所知的是 Keystroke-level Model（简称 KLM）。该方法是将计算机操作分解成若干个人类基本操作的组合［K：按下并松开键盘上的 1 个按键（0.28 秒）。P：将鼠标移动到画面上的目标位置（1.1 秒）。B：按下并松开鼠标上的按键（0.1 秒）。M：将手从键盘上转移到鼠标上（0.4 秒）］，然后来进行时间评估。括号里的描述会根据系统环境发生变化，具体可以参阅《人机交互入门》一书（原书名为『ヒューマンコンピュータインタラクション入門』，椎尾一郎著，Science 出版社，2010 年。暂无中文版）。

	計		0		計		280

旅費等の明細（記入に当たっては、研究計画調書作成・記入要領を参照してください。）

年度	国内旅費		外国旅費		人件費・謝金		その他	
	事 項	金額	事 項	金額	事 項	金額	事 項	金額
2 5	成果発表 調査研究旅費 研究打合せ	250 100 200	成果発表	650	英文校閲 実験謝金	100 400	研究成果投稿 レンタル代	50 150
	計	550	計	650	計	500	計	200
2 6	成果発表 研究打合せ	250 200	成果発表	920	英文校閲 システム開発 実験謝金	150 200 400	研究成果投稿 レンタル代	300 100
	計	450	計	920	計	750	計	400

图 9-12　用 Word 做成的预算申请书

自己画表格，输入内容并且手动输入金额和总额。当然，如果某一个数字有变化的话，
所有相关的地方也都只能自己手动修改

图 9-12 是用 Word 做成的一份预算申请书。每一小项的金额和总计等都要输入，而这些都需要在别的地方先算好然后再手动输入到表格中。当然，如果有一部分项目的金额需要修改，那么总计的金额等相关部分也都必须要重新计算后再手动输入。另外，这份预算申请书中除了图 9-12 中的表格以外，还有需要填写差旅费总额的地方。如果表格中的金额有变更，那么差旅费总额的地方就也需要重新输入。我曾经因为数字变动后忘记修改其他相关项的情况，被负责这方面事务的行政人员指出过好几次（同样也是用于写文档的软件 TeX，就具有可以自动计算的功能，非常棒）。

用写文档的软件进行表格运算工作，或者用进行表格运算的软件来写文档，像这样乱用软件的情况并不少见。可能是因为负责这些的人觉得用这个软件来设计文档格式比较方便吧。但是为了避免计算失误以及繁琐的输入操作，希望他们也能尽量考虑到使用该软件输入的人方便与否。

现在有很多培训讲座是教人们如何熟练使用 Microsoft Office 的，有关部分也设置了不少这方面的等级考试。如果这些机构也能稍微提一下 UI 上的内容，比如呼吁"我们今后不要设计出要求用 Word 进行表格运算，或者用 Excel 写文档的格式哦！"那么世上这种让人为难的文档就会逐渐减少了。

关于这个问题，奥村晴彦教授在网上公开发表了一篇叫作《"神 Excel"问题》[1]的文章。里面收集了众多让人犯愁的 Excel 使用方法，非常有意思，有兴趣的读者可以去看看。另外，也有一些情况是只考虑了数据外观上的易读性而忽略了数据的计算处理，也就是说对于使用 Excel 等管理数据的人来说这些数据看起来很方便，但是计算机进行统计处理时却出现了困难。这方面的相关内容和解决方案在 Bad Data Handbook: Cleaning Up The Data So You Can Get Back To Work[2] 这本书中有所介绍，如果你有兴趣请务必一阅。

---

[1] 『「神エクセル」問題』，奥村晴彦著（http://oku.edu.mie-u.ac.jp/-okumura/SS2013.pdf）。

[2] Bad Data Handbook: Cleaning Up The Data So You Can Get Back To Work, Q. Ethan McCallum, O'Reilly Media, 2012。

BAD UI 申请书：请注意填写时不要出错！

BAD UI 世界的入场申请书

所有信息都是必要的，所以请毫无遗漏地填写
※ 请使用圆珠笔填写

| 申请日期 | 年 | | | 月 | | 日 | |

| 假名 | 名 | 姓 | 性别 |
| 姓名 | | | 1. F
2. M |

| 年龄
（满） | |

| 出生
年月日 | 月 | | 日 | | 年 | |

请注意填写时
不要出错！

邮政编码 [　　　　─　　　　]

假名

住址

电话号码

手机号码

假名邮件地址

※ 邮件地址请用大写字母填写

※ 申请时间和出生年月日中的年份，请填写西历的后两位数字
※ 电话号码和手机号码请靠右填写
□ 如果不希望根据申请内容收到相应的 DM，请在方框里打钩

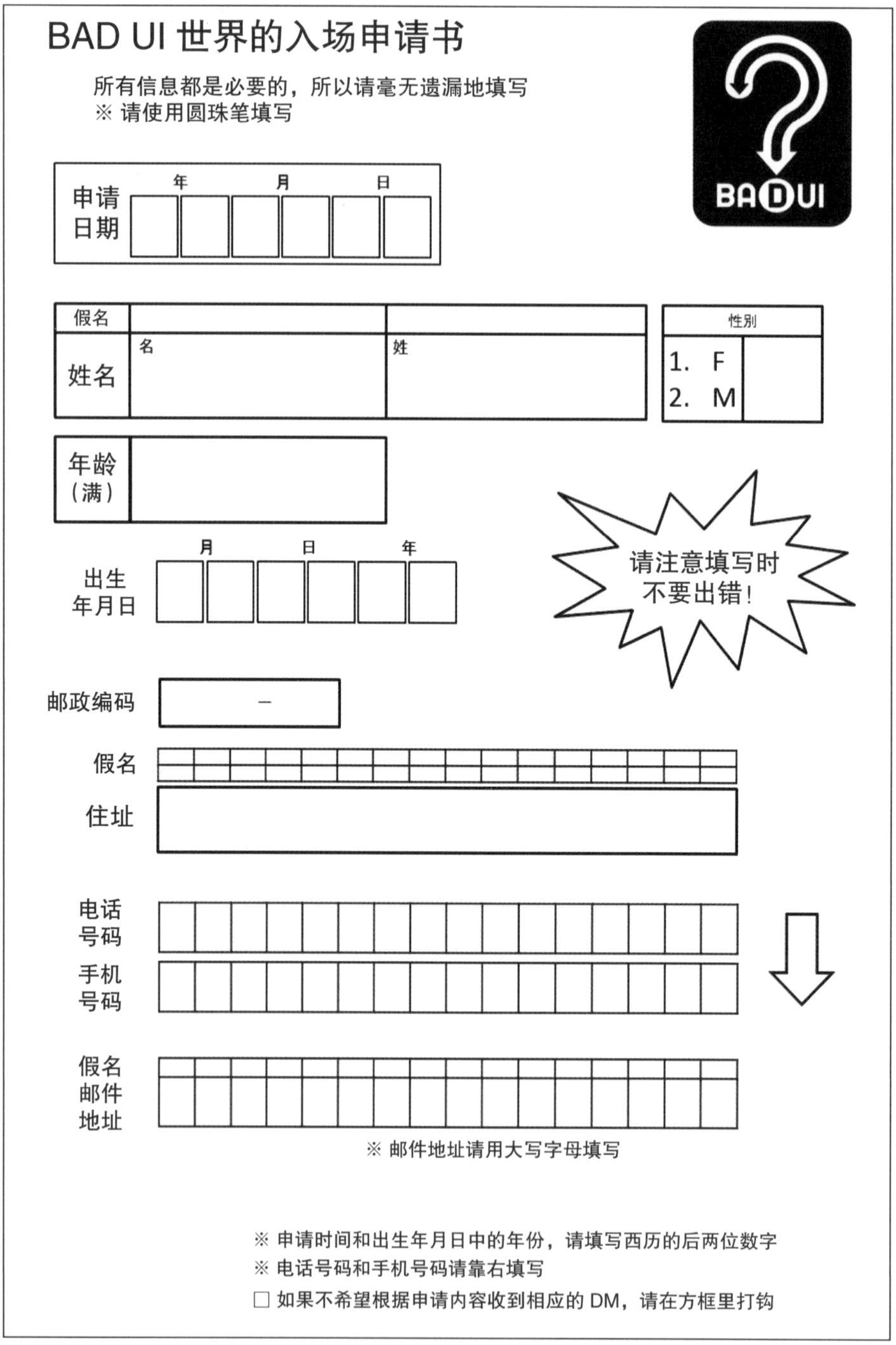

图 9-13　BAD UI 世界的入场申请书

你是否曾经在学校、公司或者政府机关等场所办理手续时被需要填写的表格格式难倒过？你是否曾经填写表格时一不小心填错了，于是反复使用双划线＋涂改带来修改，或者干脆重新去领一张新的表格，等到填写得自以为很完美后拿去给工作人员一看，却还是被指出一些错误？

图 9-13 是在前言中也出现过的集所有手写表格的"缺点"于一身的 BAD UI 申请书。请用圆珠笔试着填写一下，不用太多时间，只要花个 3 ~ 5 分钟就可以了。

先澄清一下，这份申请书本身是虚构的，是从我在日本国内遇到过的各种实际存在的填写表格中抽取出会导致表格成为 BAD UI 的要素，然后集合而成的。会有多少人能够完全填写正确呢？

我想表格上应该有很多会误导人的地方，下面就针对可能会出错的部分进行说明。

- 申请时间是按照年月日的顺序填写。其中填写年份的地方只有 2 位数的空格，所以就会想按照和历（平成）填写，但是实际上应该要填写西历的后两位数字（请参照申请书最下方的 ※ 部分）
- 姓名是按照名 - 姓的顺序填写。也就是说，当姓名是"中村聪史"时，应该填写"聪史""中村"（可能是直接采用了英语申请表中 First Name-Last Name 的格式）
- 性别是用"F""M"来表示，这两个字母分别是"Female = 女性""Male = 男性"的首字母。首先需要记住这两个单词在日本国内就是难点之一。而且，看起来好像是要让人填写字母，但是实际上这份表格中要求填写的是字母前面的序号（比如，如果是男性，应该填写的不是"M"，而是"2"）
- 在年龄的部分，可能会有人疑惑"（满）"是什么。而且，也有人不明白"满年龄"[1] 是什么意思
- 出生年月日的年，也和申请时间一样要求填写的是西历的后两位数字。但是，年月日必须按照"月 - 日 - 年"的顺序填写（格式看上去和申请时间是一样的，顺序却不一样，这就导致界面在一致性上出现了问题）

- 邮政编码初看没有问题，但是横线后面的空间偏小。现在是 2014 年，邮政编码的格式是横线前 3 位数，横线后 4 位数，所以这个横线放的位置不太合适。应该是直接沿用了过去的邮政编码的格式 [2]
- 地址栏没有太大的问题，就是填写注音假名的地方分成了 2 行，不是很好写
- 电话号码和手机号码的填写栏一般会想靠左填写，但是仔细阅读最下方的 ※ 部分，就会发现提示了"电话号码和手机号码请靠右填写"，所以应该要靠右填写（对于是否要写连字符并没有特别要求，所以是写不写都可以吗？）
- 邮件地址必须要用大写字母填写。邮件地址本身是没有大小写之别的，但是一般都会采用小写，所以越是经常写邮件地址的人越容易写错。而且，还要求对邮件地址中的每个字符都写上注音假名。比如"MAIL"，就要在分别在 4 个格子中填写"エム"（M 的日文发音）、"エイ"（A 的日文发音）、"アイ"（I 的日文发音）和"エル"（L 的日文发音），但是很容易一不小心就填写成"メ""イ""ル"（MAIL 这个单词的日文发音）。而且，对于填写邮件地址来说，这些注音格子根本不够用 [3]
- 申请书的最下方有一句"如果不希望根据申请内容收到相应的 DM，请在方框里打钩"，如果忘记打钩了就会收到各种各样的广告邮件。从隐藏在说明中的打钩框感受到了一种恶意的欺骗性 [4]

你的填写结果如何？我曾在研讨会等场合将表格分发给 200 名以上的学生，请他们用圆珠笔填写。进行挑战的结果是，还没有人能完全不出错，倒是有人将所有项目都填写错的。这种表格从观察对象的角度来说是很有意思的，但是如果是自己去填写就会希望能有所改善。

---

① 计算年龄的一种方法。以出生日为基点，从 0 岁开始计算，每满 1 年增加 1 岁，和我们常说的"周岁"是同一个概念。——译者注

② 过去日本的邮政编码是 5 位数，横线前 3 位，横线后 2 位，直到 1998 年才变成了 7 位数。

③ 如果提供这种表格的是与 IT 无关的机构倒还好说，但是实际上这正是摘自某 IT 企业发来的表格。可能是出于保证准确无误的想法才这样设计的，但是这种有问题的设计出自信息通讯类的企业之手还是挺让人愕然的……

④ 有些网上预订 / 购物系统中"接受邮件杂志"这一选项默认就是打钩的，所以如果没有注意到这一点而不去掉打钩的话，以后就会一直收到邮件杂志。

表格的制作时间和填写时间

Application form	
Date of Application	
First Name	
Middle Name	
Last Name	
Address	
Phone Number	
E-mail Address	
Date of Birth	(dd/mm/yyyy)
Signature	

申込用紙	
申請日時	
名	
姓	
住所	
電話番号	
メールアドレス	
誕生日	(dd/mm/yyyy)
印	

图 9-14 （左）原本的表格。（右）参照左边的表格格式制作的日语版申请表格

因为是直接把 First Name 和 Last Name 翻译过去，所以有很多人都写错了。而且，"名"后面还有一行原来是用于填写 Middle Name 的空栏，所以填写表格的人很难注意到空栏下面还有一行是专门用来填写"姓"的，从而会将完整的姓名都填写在"名"那一栏中

刚刚那样的表格很少会请专业的设计师来制作，一般都是行政人员或者总务人员来制作，或者是不负责这类工作的人突然被上司要求去制作。这里又要重复说明一下，BAD UI 绝对不是只有专业的设计师或者工程师才会制作出来。现在人们可以使用 Word 和 Excel 等工具轻松地制作出表格，也可以使用廉价的打印机大量打印出来，任何人都有可能成为 BAD UI 的创造者。正因为如此，所有人都能关注 BAD UI，注意到 BAD UI 的存在，观察 BAD UI 并考虑应该如何进行改善，以及怎么做才能消灭 BAD UI 才变得越来越重要。

假设你的上司让你设计一份要找 10 个人来填写的表格格式。那么，你在设计格式的过程中会为填表人考虑到何种程度呢？

假设小 A 收到上司的指示，要设计一个表格。他直接沿用了一份以前用于其他方面的英语表格（图 9-14 左），只是重新写了一下各项名称，花 10

分钟制作出了这样一份表格（图 9-14 右），打印出来后分给了 10 个人。

10 个人花在填表上的时间是平均每人 5 分钟（图中的表格看上去很简单，但是请想象还有其他需要填写的内容），然后小 A 从那 10 个人手里收回表格逐份确认。由于这个格式很容易让人填错，所以有 5 个人的填写内容存在不足之处或者笔误等情况。于是小 A 在那 5 个人的表格上标注出要修改的地方，返还给他们修改，等他们修改好以后再次确认。这里假设确认 1 份表格平均需要 1 分钟，对 1 个人指出修改点平均需要 2 分钟，每个人进行修改平均需要 3 分钟。那么，从小 A 开始设计到整件事情结束总时长（不包括打印和分发等时间）为 43 分钟，其中小 A 所花的时间为 35 分钟，小 A 和另外 10 个人所花的时间加起来达到了 100 分钟（图 9-15）。

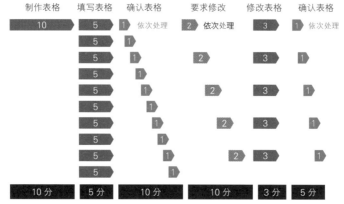

虽然整个过程的时长是 43 分钟,但是把所有人花费的时间都加起来则一共花了 100 分钟

图 9-15 所花费时间的计算

申 込 用 紙			
申請日時		年　　　月　　　日	
氏名	姓	名	印
住所			
電話番号			
メールアドレス			
誕生日		年　　　月　　　日	

图 9-16　从用户角度出发制作日语版申请表

假设小 A 花了 30 分钟来思考并完成了表格的制作（图 9-16），然后分发给 10 个人填写。由于该表格的格式简单易懂，所以填写时间的平均值缩短为 4 分钟，有填写错误的人也只有 1 个。如果请那个人修改所花的时间和刚刚一样，那么从小 A 开始设计表格到整件事结束总时长为 50 分钟，小 A 个人所花时间为 43 分钟，而小 A 和另外 10 个人加起来则一共花了 86 分钟（图 9-17）。

虽然总时长稍微增加了一点，而且小 A 个人所花的时间也增加了 8 分钟，但是总的花费时间却缩短了 14 分钟。在这个例子中，为了计算方便且让大家都能看明白，所以假设是有 10 个人需要填写表格，那么如果有 100 个人呢？

如果有 100 个人，改善前的时长是 268 分钟，总花费时间为 910 分钟；而改善后，时长变为 167 分钟，总花费时间则缩短到 590 分钟。也就是说，对于整个组织来说作业时间从 910 分钟成功缩短到了 590 分钟。即使只看小 A 一个人的花费时间，这里也同样从 260 分钟大幅度减少至 160 分钟。

也就是说，表格设计者只要多花 20 分钟来思考，整个组织就能少花不必要的 320 分钟（5 小时

20 分钟）。哪怕小 A 再多花 30 分钟来思考，即用了 1 小时来制作表格，只要能让每个人的填写时间减少 1 分钟，那么总的花费时间也能缩短 1 小时以上。

当然，这个世界并不是那么简单，实际上要缩短 1 分钟也没有那么简单。而且，要减少出错的人数可能也比较难。但是，只要稍微暂缓脚步，停下来想想自己制作的表格在别人的眼里是否简单易懂，就有可能减少出错的人数，提高整个组织的效率。

如果填写表格的人数超过 100 人，那么可以先做一版出来，请附近的几个人填写一下，确认没有容易被写错或者不易理解的地方之后再大批量打印（发出业务委托）。假如由于设计的表格格式有问题而出现了很多填写错误，如果能鼓起勇气将其修改成简单易懂的格式，那么填写表格的人就可以不用浪费时间在修改错误上，这也未尝不可。

请大家在设计表格时务必考虑到以上这些内容。期待着世上那些不便填写的表格能有所减少，哪怕只减少一点点。

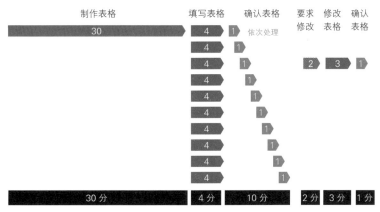

虽然整个过程的时长要 50 分钟，但是把所有人花费的时间都加起来则一共只花了 86 分钟

图 9-17　小 A 花了 30 分钟制作出了简单易懂的表格，在这种情况下所花费的时间

验证码：你不是人！

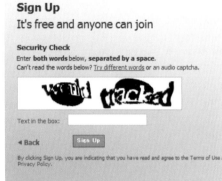

图 9-18 （左）Twitter 上的验证码（提供者：村田宪祐先生，当时是 2013 年 1 月）。
（右）Facebook 上的验证码（当时是 2013 年 1 月）

所谓的验证码（Captcha[①]）是一种检验系统。它会提出一个人类能够理解，但是靠计算机自动解析却很难回答的问题，如果用户输入的答案正确，那么系统就会判断该操作是人为操作。这是在网站上登录账号时，或者在微博上发表评论时，为了防止出现垃圾广告账号（以使用该账号进行各种不正当行为为目的，由计算机自动生成的账号）、发布带有垃圾广告的留言（目的是通过在微博等平台上大量发布带有网页链接的留言来提高知名度，使该页面出现在检索关键词的前几位，或者仅仅是让用户点击链接来增加点击量）、计算机自动大量抢购票券等情况的发生而引入的系统。

图 9-18（左）是在 Twitter 上登录账号时显示的验证码，而 Facebook 上登录账号时显示的验证码如图 9-18（右）所示，两者都需要用户输入其看到的字符。

因为验证码的强度（难度）越高就越难以通过计算机自动解析来回答，所以要想达到"防止通过程序实现大量自动登录"的目的，验证码的难度就成为了一个关键点。但是随着难度系数的增加，用户也愈发难以辨认了。原本是为了保证人类操作而使用的系统，结果却连人类自己都无法

使用，这种本末倒置的现象时有发生。

实际上我也经常会输入错误，有时候甚至会因为嫌验证麻烦而放弃登录。我的一个朋友本身对计算机就不是很了解，他只要在使用过程中遇到要输入验证码的情况，就会马上放弃使用该服务。

虽然屏蔽讨人厌的自动留言程序是很重要，但是考虑到已经出现了能破解验证码的新式自动留言程序，而且验证码本身也无法解决来自人海战术的攻击（比如会有很多人一直不停地输入验证码），我就不禁要想，难道就没有其他办法了吗？这种拉锯战的最终结果只能是出现人类无法使用的系统。而且，这种怕麻烦的人都不会去使用的系统有何存在意义，也是值得深思的问题。

在验证码认证系统中，如果无法识别图中的字符就会被判断为"这都看不懂的话说明你不是人！"这真够让人郁闷的。实际上，我是真看不出来图 9-18 所示的 2 个例子中分别都写了些什么，所以我可能也不是人……

另外，关于验证码认证，目前也有人在研究如何只要通过屏幕点击就能分别是人还是计算机在进行操作[②]。真希望现在这种对用户来说难度过高的验证码认证能够早日消失。

---

① Completely Automated Public Turing test to tell Computers and Humans Apart（全自动区分计算机和人类的图灵测试）的简称。

---

② http://www.google.com/recaptcha/intro/

候选单词和发送按钮：为什么会打字打到一半邮件就发送出去了？

图 9-19　输入"へんかん"（hen kan）[1] 后，打算从候选单词中选择"变换"时的状态。
为什么在输入过程中邮件就发送出去了？（提供者：岩木祐辅先生）

有很多 UI，虽然系统可以快速且准确地做出反应，但还是会由于画面空间等原因让用户使用起来有所不便。这里要介绍的就是这种 UI。

图 9-19 显示的是在智能手机上通过罗马字输入法输入"へんかん"，然后从候选单词中选择"变换"这个汉字单词时的状态。你看到在候选单词"变换"的旁边有一个 Send 按钮了吗？

据本案例的提供者所说，用该邮件 APP 写邮件时，从候选列表中选择单词时总是会不小心碰到 Send 按钮，所以时不时就会出现还在打字过程中就把邮件发送出去了的情况。由于空间有限，可能很多事情也是不可避免的，但是和硬键（非智能手机上的那种物理按键）相比，软键（画面上显示的按钮）更容易出现操作失误也是事实。因此希望设计者在设计按钮布局时可以多加注意。

图 9-20 是为了方便打字而将智能手机屏幕旋转 90 度后横放的样子。通过旋转，键盘空间变宽了，但是却看不到输入框了。

考虑到 Android 智能手机中屏幕尺寸的多样性（随着 iPhone 6 和 iPhone 6 Plus 的出现，苹果手机屏幕的尺寸也开始有多样化的趋势），我们无法要求 APP 开发者开发出各款手机都适用的软件，这也是当前一个相当严峻的状况。当遇到一个觉得不太好用的 Android 系统 APP 时，如果能想到这一点，体会开发者的难处，那么也许就能缓和一下你不满的情绪。不过智能手机上的官方 APP 还是希望能够调整到各款手机都适用的状态……

图 9-20　旋转智能手机后输入框就会消失不见。不过现在已经得到改善，可以输入了（提供者：三吉贵大先生）

---

[1]　日语平假名，对应的单词有"变换"（变换）、"返还"（返还）等。

紧急出口的重要性：要怎么取消？

图 9-21 （左）请注册。（右）使用 90 天的升级服务（当时是 2010 年 1 月）

有一天我在设置个人计算机时，屏幕上弹出了图 9-21（左）这样的一个警告页面，提示"防火墙未启用"。其中有一句写道"只需几步操作，您就可以获得 Norton Internet Security 提供的保护"，想着也许可以免费试用一段时间，于是就按下了"下一步"按钮。

画面显示跳转成图 9-21（右）的页面，其中提示了两个选项："继续使用 90 天的升级服务"和"已经购买产品。在下方框中输入安全密钥"。"是不是买计算机的时候开通了某个服务，现在可以使用了呢？""是可以免费使用 90 天吗？"没有过多细想，我就按下了"下一步"。因为没有被要求输入个人信息或者信用卡信息等，所以我就无所顾忌地进行了操作。

按下"下一步"后，出现了图 9-22 中的页面。如果已经有账号了，直接输入相应的邮件地址和密码即可。我想了一下貌似没有申请过账号，再往下看发现有"注册 Norton 账号"的选项。也就是说，必须要先注册。想着"果然还是要注册一下啊。不过我不想提供个人信息，而且注册又麻烦。算了，我还是使用其他杀毒软件吧"，于是我决定放弃注册。

但是就在此时问题出现了。整个页面居然没有"取消"按钮，也没有"返回"按钮。而且，画面右上角的"×"按钮在图 9-21 的步骤中还能使用，但是在此时却变成了灰色，不能使用了。怀着取消的念头试着按下了"下一步"，结果提示"请完成或者修正输入的内容"，画面并没有跳转。也就是说，这个 UI 并没有提供退出功能。

图 9-22 不能关闭！（当时是 2010 年 1 月）

最后，我只能同时按下 Ctrl + Alt + Delete 来启动任务管理器，强制关闭这个 Norton Internet Security，这才将窗口关掉。这种没有退出功能的系统可以说是典型的会让初次使用者充满不安的 BAD UI。

设计系统时，提供的界面要考虑到用户想要退出的可能性，这一点非常重要。实际上，在进行用户体验测试（可用性测试）时遵循的指导原则，即雅克布·尼尔森提出的"10 个可用性原则"中有一项就是"撤销重做原则"，其中明确要求了"要提供紧急出口"[①]（关于 10 个可用性原则，会在本章最后进行说明）。所谓的紧急出口，是指用户只要想彻底取消当前进行中的操作，就可以随时轻松实现的途径。比如，用户在某网站上注册用户时，如果突然不想注册了，那么一般情况下只要注册还未完成，就可以通过关闭网页来停止注册。或者在用智能手机写邮件时突然想起来要给朋友打个电话，只要按下 HOME 键就能返回主菜

---

① 可用性工程，Jakob Nielsen 著，刘正捷译，机械工业出版社，2004 年。

单画面，并在该画面中打开通讯录。像这样的紧急出口可以减轻用户的不安，是非常重要的存在。

与紧急出口有关的 BAD UI 中，有一些虽然最终能退出，但是在退出过程中需要花很多功夫来进行各种操作。你是否遇到过想要退订不知何时注册的邮件杂志服务或者某收费会员时，由于步骤复杂而感到麻烦的情况？图 9-23（左）是我在退订某收费服务时弹出的调查问卷。由于调查问卷的页面超级长，于是想跳过这一步不回答，但是却被要求回答所有问题。没办法，只能耐着性子进行回答，最后才显示出如果图 9-23（右）所示的"再次注册！"画面。费了那么多功夫才退订成功的，你以为有多少人会想着再重新注册加入啊……而且，虽说这个服务到月底为止是免费的，但是系统并不会自动退订，用户肯定会忘记然后下一个月又要缴钱。

如果是免费服务，那么退订时麻烦一点还觉得勉强可以接受，但如果是收费服务，希望服务提供方可以提供轻松退订的方法。

各位在设计 UI 时请一定要提供退出功能。

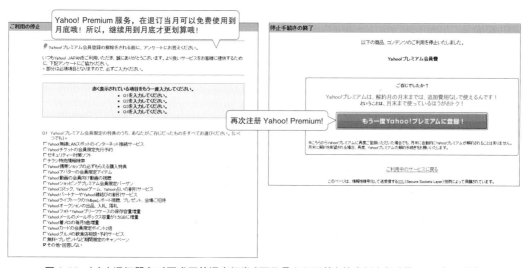

图 9-23　（左）退订服务时要求回答调查问卷（而且是必须回答）的案例（当时是 2009 年 3 月）。
（右）一旦在退订时让人觉得麻烦，就不会再有重新注册的想法（当时是 2009 年 3 月）

自动修改：为什么会被修改得偏离了原本的意图？

 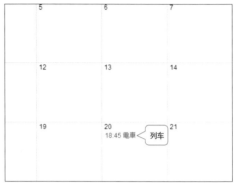

图 9-24　明确指定了上午 6 点，但是为什么会被改成 18 点（当时是 2014 年 6 月）

我平时一直在使用 Google 提供的各种服务。花很少的年费就可以使用各种服务这真的让人觉得很不错（顺便说一下，有的服务也可以免费使用，不过保存容量较小）。但是其中有一个功能无论如何也接受不了，那就是下面要介绍的 Google 日历。

如图 9-24（左）所示，因为我要在 20 日上午 6 点 45 分去乘坐列车，于是仿照例文输入了"06:45 列车"，但是不知道为什么，在输入结果中原本是上午 6 点的计划被改成了下午 6 点（18:45 列车）（图 9-24 右）。可能是系统自行判断上午 6 点不可能会有预定的计划，于是认为应该是下午 6 点从而进行了修改。真是让人郁闷的 UI。

自动修改的功能很多时候还是很有用的，但是有时候也会变成"多管闲事"。图 9-25 是大学发布的 Excel 表格，用来统计和管理学生的出勤情况，所以经常会被使用到。但如果为了表示 60 个小时而输入了"60:00"，就会被莫名其妙地被改成"12:00"（如果输入的是"60"，则会被改成"00:00"）。因此学生每次填写时都必须输入"60 小时"，或者修改输入格式（如果是 Excel 2013，需要按照以下步骤进行操作："设置单元格格式"—"数字"标签—"自定义"，从中选择"h:mm:ss"），可以说是一个很麻烦的 UI。希望至少官方发布的表格格式可以事先选择恰当的设定（顺便再吐个槽，既然都已经在使用 Excel 了，希望总时间可以使用自动计算功能来生成）。

图 9-25　明明输入的是"60:00"，不知为何被改成了右图中所显示的"12:00"。准确来说，是被修改成"1900/1/2 12:00:00"了

具有欺骗性的 UI

在数量上糊弄人的折线图：B 的支持率的下降速度缓慢？

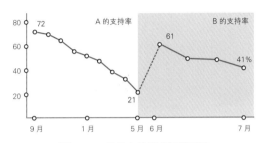

图 9-26　关于支持率的可疑图表

在电视上经常能看到一些有诱导舆论嫌疑的图表，也不知是故意的，还是无意的。

某电视台在报道时使用了一些图片来说明内阁支持率的变化，图 9-26 就是其中图表部分的示意图。请问，A 和 B 支持率的下降速度，哪一边看上去更快一点呢？乍一看觉得 B 先生支持率的下降速度比 A 的下降速度要缓慢一些。

不过这里应该注意的是横轴。A 支持率的统计时间是从 9 月到第二年 5 月，总共 8 个月；而相对的，B 支持率的统计时间是从 6 月到同年 7 月，才不足 1 个月的时间。所以实际上 B 支持率的下降速度相当之快，但是这个图表中却没有表现出这一点。

图 9-27 中关于增长率的图表同样是一个可疑图表。该图表会让人认为基站的数量从 2010 年 4 月到 10 月增长了 3 倍左右。而将从 2010 年 10 月到 2011 年 3 月（目标）的差量，和 2010 年 4 月开始的 6 个月之内的增长量进行比较的话，还会让

人觉得在 2011 年 3 月完全可以达成目标。

但是，请仔细看一下该图表中的数值。2010 年 4 月时基站的数量已经达到 60 000 个了，2010 年 10 月时是 71 281 个。也就是说 6 个月的时间其实只增长了 11 000 个，距离目标 120 000 个还需要再增加 49 000 个。所以如果要在 2011 年 3 月之前的 5 个月内完成目标，还需要努力增加很多。

这里有几个问题，第一个问题就是该柱形图表示的是什么？在这张图中，首先图标的起始值并不是 0。而且"4 月到 10 月"和"10 月到第二年 3 月"的柱形图在高度上看上去并没有差很多，但是从实际上的数值来说，却有将近 5 倍的差距。也就是说，纵轴并没有呈线性增长。另外，我从互联网档案馆中找到了图 9-27（右），从中可以看到这张图后来是怎么变化的。看起来目标总算是完成了，但是纵轴的值始终是个谜。

这个图表也不知道是不是有意做成这样的，但是平时生活中我们总是能看到有很多类似这样会误导用户的图表，希望大家注意。

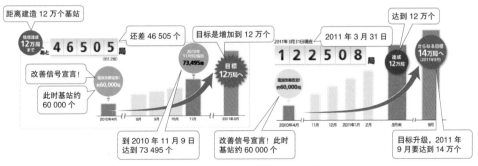

图 9-27　关于增长率的可疑图表[①]

---

① http://mb.softbank.jp/mb/special/network/pc/。

在数量上糊弄人的 3D 饼图：本公司的市场占有率更多？

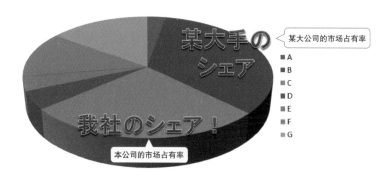

某大公司的市场占有率
- A
- B
- C
- D
- E
- F
- G

本公司的市场占有率

图 9-28　本公司的市场占有率有这么多！某大公司和本公司的市场占有率哪个更多

现在只要会使用 Excel 等表格运算软件，任何人都能简简单单做出美观的 3D 图表。从表现方式更丰富这一点来说，这是一件好事。但是目前 3D 图表经常会被用在错误的方向上，这也是令人堪忧的状况。

比如，图 9-28 是一个常见的 3D 饼图。假设这个图是销售人员用来比较"某大公司的市场占有率"和"本公司的市场占有率"的。当你看到这个图表时，会觉得某大公司的市场占有率和本公司的市场占有率哪个更多呢？两者之间又差了多少呢？

我在上课时提出上面的问题后，有一半以上的学生回答"本公司的市场占有率更多"。实际上，看上去的确是本公司的市场占有率在某大公司之上，而且会让人觉得"哦哦，我们公司即使和大公司相比也有过之而无不及嘛。真是太棒了"，但这样的印象是正确的吗？

图 9-29 是使用同一数据制作的 2D 柱形图和 2D 饼图。B 代表某大公司的市场占有率，C 代表本公司的市场占有率。看到柱形图后你是否感到很吃惊呢？从柱形图中可以看出，B 远远超过了 C。

采用同样的数据，为什么做成 3D 饼图后的效果会是某大公司（B）的市场占有率看上去比较小，而本公司（C）的市场占有率看上去比较大呢？

理由很简单。3D 饼图是从斜上方的视角看到的圆柱体。因此，正如图 9-30 所示，前面的圆柱体的侧面看上去也是上方饼图的一部分，结果就

让 C 看上去比实际情况更大。而且在这个图表中，"本公司的市场占有率！"这几个字同时覆盖在上方饼图和圆柱体侧面上，也就更加强调了这一部分。

大家在看到或者使用 3D 饼图时请注意一下这一点。有一次我从一位和金融相关的销售人员那里收到的资料中就有这种 3D 饼图。可是比较遗憾的是，在那个图表中他们的销售商品被放在了饼图的右上角，而比较对象被放了在下面，我心里不禁惋惜道"这不是看上去反而是比较少的一方了么……他们没有发现这点么？"还有一次在研究发表会上，学生在台上拼命表现自己的研究成果，可是使用的 3D 饼图留给人的印象却差于实际情况，当时我的心情相当复杂。各位请千万注意，不要犯同样的错误。

图 9-31 是某电视节目在说明"各年龄段的犯罪人数"时使用的饼图的模拟图。可以看到饼图的圆心竟不可思议地偏离了中心（这个模拟图是我根据报道内容使用网站 Wonder Graph Generator[1] 制作而成的）。实际在节目中使用的图表，圆心的偏离程度远超过你现在看到的这个，难以想象能做出这种图表的人的感官是有多么奇异。

顺便提一下，基恩·泽拉兹尼所著的《用图表说话》[2] 一书在介绍会招致误解的图表的同时，还介绍了如何使用图表来正确表达事物的技巧和方法。这本书中还有很多图表示例，非常简单易懂，如果你有兴趣不妨可以看看。

---

[1]　Wonder Graph Generator。http://aikeiab.net/wdgg/。

[2]　马晓路、马洪德译 . 清华大学出版社，2008。

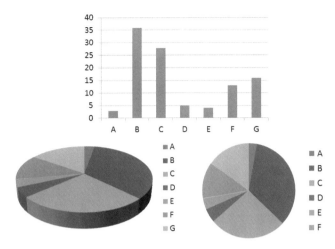

图 9-29　同一组数据分别使用柱形图、3D 饼图和 2D 饼图来表现

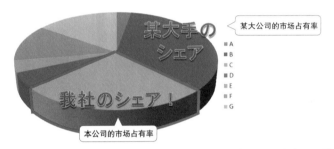

图 9-30　为什么本公司的市场占有率看起来更多？圆柱体的侧面部分看上去也属于饼图的一部分了

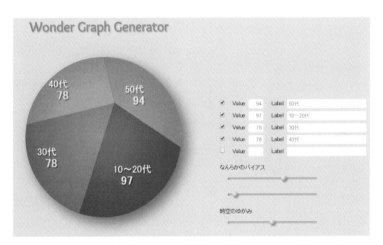

图 9-31　饼图的圆心不可思议地偏离了。该图中还有一个问题，那就是
只有十几岁和二十几岁的数值是被合并在一起的

确认的重要性：只是在查看候选时间，但是却被罚钱了

图 9-32 可以通过智能手机或者平板电脑进行预约的预约系统的示意图（信息提供者：AY）

随着信息通信技术的发展，现在人们随时随地都可以轻松使用网络在线系统来完成购物、列车、航班、酒店和会议室等的预约。

这里要介绍的 BAD UI 是提供该案例的学生所参加的某机动车驾驶培训中心的预约系统。据说该驾驶培训中心可以使用智能手机等来预约参加培训的时间，并且允许提前一天取消预约。如果是以前，学员必须亲自前往培训中心进行预约，而且如果要更改时间则必须在工作时间内打电话说明，想到这里我不禁要对技术的发展表示由衷的感谢。

这个预约系统的 UI 大概就是图 9-32 的样子（示意图）。纵轴是日期，横轴是时间，相交的那一格就是预约时间。如果是可以预约的时间，那么相应的格子会显示成深蓝色的按钮，上面写有"可预约"，通过智能手机的触屏操作按下该按钮即可完成预约。

问题是按下"可预约"按钮后马上就会预约成功。一般的预约系统都会进行类似于"您确定要预约该时间段吗？"这样的提示，但是在这个预约系统中并没有这样。由于可以通过智能手机或者平板电脑的屏幕来进行操作，所以难免有时会出现误操作，这一点就带来了不小的困扰。

还有一个更大的问题是，由于该机动车驾驶培训中心允许免费取消预约的截至时间是到前一天为止，而如果是当天取消的话则需要支付 5000 日元的罚款。也就是说，如果用户只是想浏览一下可预约的时间，结果不小心触碰到了当天的"可预约"按钮，那么当场就会预约成功，如果赶不上预约的这个时间则 5000 日元就要从钱包里飞走了，这给用户带来了不小的损失。

在前文中提到过的雅克布·尼尔森提出的"10 个可用性原则"里有一项叫"防错原则"。该原则就要求"为了防止用户进行误操作，需要提供确认提示"。在一般的网页预约系统中，用户按下预约按钮后，系统会显示确认页面，然后用户就会确认是否有误操作，这样就实现了预防误操作的目的。该系统完全没有考虑到这一点，所以才会出现这种让人困扰的局面。作为 BAD UI 的教材来说本案例非常有意思，但是对于无端被罚5000 日元的人来说一定是一肚子怨气吧。

这样的误操作对用户来说是不可避免的，所以希望设计者在设计系统时也能考虑到用户会出现误操作这一点。请各位在构建系统时务必以用户会出现误操作为前提，加入确认的步骤。

按钮型广告：明明按下的是下载按钮，但是为什么……

图 9-33 （左）被引导着按下了 Download 按钮……（右）突然想到就去确认了一下自己发布文件的下载网站（有将近 5 年没去看过了），发现多了一个免费下载的按钮，感到好伤心

图 9-33（左）是某网站上显示的网页广告。该网页是按下上一个页面中的下载按钮后显示出来的，用户处于等待下载开始的状态。但是有时候系统需要反应一段时间才会开始下载，或者根本就不会自动开始下载，于是用户会怀疑是下载失败了，随即开始寻找下载按钮。此时如果如图 9-33 所示，页面上有一个大大的写有"DOWNLOAD"字样的按钮，那么用户自然而然地就会去点击该按钮（旁边的箭头更加强了引导效果）。这简直就是一个以欺骗用户为目的的 UI。

图 9-33（右）是我开发的一个软件的下载页面。这上面也出现了带有"DOWNLOAD"的按钮广告，会对用户产生误导作用。但是因为有一阵子没去管这个软件了，而且之前有在自己的网页浏览器上导入会自动屏蔽广告的软件，所以一直都没有发现这个问题。如果继续放任不管的话，那么网页广告可能会在作恶的道路上渐行渐远（所以我删除了该广告，重新设计成了一个能看出这是广告的表现方式）。

说到广告，iPhone 和 Android 的 APP 上显示的网页广告中也有很多故意诱导用户进行误操作的恶意广告。比如图 9-34 这样在操作按钮旁边设置的广告，或者在滚动页面时突然弹出广告，而且显示在非常容易被误点击的位置等，有各式各样的手段。这种广告横行的现象，对广告投放者和用户来说，都不是大家希望看到的。通过这种做法能获益的只有将广告加入到 APP 中的开发者，实在是不可取。

具有欺骗性的 UI 的性质是恶劣的，这里面感受不到一丝爱意，我甚至都不愿意称之为 BAD UI。

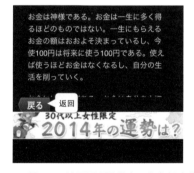

图 9-34　某 APP 的画面（提供者：永岛择真先生）

"返回"按钮下方紧挨着显示了一个广告。虽说是为了赚钱，不过这也实在是有点过分了

一不小心就会有疏忽的合约：可以免费解约的只有 2 年后的 1 个月内

我曾经在 6 年的时间里一直都很喜欢使用某品牌的 PHS（小灵通）。虽然这款 PHS 除了硬键上有 QWERTY 键盘以外，也没什么其他特别方便的地方，但是作为电话来说已经足够用了。而且可以轻松地编辑短信，在福冈和东京经历大地震时 PHS 也能正常通话，再加上号码很好记，所以在买了其他品牌的智能手机之后也没有把它扔掉，有一段时间是同时使用两部手机的。但是，最终那部 PHS 实在是太破旧不堪了，基本上我也不再用它来打电话了，于是就前往营业厅准备解约。

到达营业厅向工作人员说明来意后，我就开始办理各种手续。进行到一半的时候突然被告知如果现在解约的话需要支付 2100 日元的解约手续费，但是如果再使用 2 个月，也就是 10 月份来解约的话就可以免费。这完全出乎我的意料，着实吃了一惊。

首先，毕竟是 6 年前的事情了，当初办理业务时是怎么样的一个情况已经不记得了。甚至我都不记得当初办理的是 2 年套餐，也有可能当时只有那一种套餐。不过听到这些心情真是相当郁闷，想着"何止 2 年啊，我都用了快 6 年了（如果按照 PHS 的使用时间来说，都快 13 年了），怎么会有这种规定！"

不管怎么说，这部 PHS 在解约前的几个月几乎都没有使用，而且再使用 2 个月的话还会产生一定的费用，那还不如支付解约手续费来得划算，于是我付了手续费完成了解约。在去解约之前，我的心情一直是"毕竟使用了那么久，还是有点舍不得的"，但是结果却一盆冷水从头浇到脚，感觉很不好。我认为这种合约具有欺骗性。顺便说一下，新买的智能手机好像也是绑定了 2 年套餐，据说如果不在 2 年后的 1 个月之内去解约的话，就不能免费解约。这个世界真是越来越不美好了，希望过了 2 年之后解约就可以一直都是免费的。

在最开始选择智能手机的订阅服务时也存在同样的情况。工作人员会一个劲地推销"如果订阅这个服务，最初的手续费可以打折哦！只要在免费试用期间解约就不会有问题的！"但是最后在打电话去解约时却不得不等上一段时间，或者不记得到期了结果只能被迫支付多余的费用。事实上我就订阅过这样的服务，结果比预想的多花了数千日元。看来这种服务必须要在订阅的当天就解约。

当然，这并不仅限于手机相关的合约。Amazon Prime 有 30 天的免费体验活动，所以我就注册了一个试试。但是没想到 30 天后服务会自动续订，于是突然收到了 Amazon Prime 会员费用的支付账单，当时感到很心痛。注册时虽然有提示免费体验结束后会自动续订收费服务，并且还有在免费体验期间解约的方法说明，但是这些事很容易被忘记，于是就造成了损失。前面介绍过的 Yahoo! Premium 也会自动续订，所以也存在同样的问题。这方面希望能有所改善。

BAD UI 和 10 个可用性原则

前面介绍了很多 BAD UI 及其相关的内容，不过要避免 BAD UI 的出现的确是一件难事，从用户角度出发来设计各种 UI 也并没有那么简单。其实我在写这本书的过程中，同时也在大量生产 BAD UI。比如，在我的研究中会为了做实验而编写一些程序软件，但是由于标签、按钮等布局设计得不够简单易懂，所以一起帮忙做实验的人员经常感到使用起来很不顺手，于是只能又重新设计 UI。而且这种情况出现了可不止一次两次。另外，还曾经发生过课堂讲义中的问题或者测试内容不好懂导致学生们摸不着头脑的情况。

为了避免出现这种使用不便、难以理解的 UI，目前针对 UI 的设计以及开发有若干套公认的指导原则。这里要介绍的是尼尔森博士提出的 10 个可用性原则。具体内容如下（摘自《可用性工程》）。

1. **状态可见原则**：系统必须要在适当的时间内提供恰当的反馈，告知用户当前发生的情况。

2. **环境贴切原则**：系统必须要使用用户所熟悉的措词、表达方式、概念来保证用户可以理解。而且，必须要遵循现实世界中的准则，自然且符合逻辑地向用户提供信息。

3. **撤销重做原则**：因为用户使用过程中经常会出现误操作，所以需要提供明显的紧急出口，保证用户不必经过额外的对话即可马上退出。

4. **一致性原则**：不应该让用户因为表现上的不一致感到疑惑。比如，在同一网站内采用统一的网页设计，链接标签和页面标题保持一致，未点击链接和已点击链接通过不同的颜色来区分，严格按照 Windows 标准、Mac 标准、Web 标准来进行设计，等等。

5. **防错原则**：需要有恰当的出错提示，但与之相比更重要的是可以防止出错的设计。比如，设置初始值或者在表格中必须填写的项目上加上记号使之引人注目；不论用户输入的字符是全角还是半角，系统都可以在内部根据需求进行转换处理；重要的项目需要用户输入两次来确保正确性，等等。

6. **易取原则**：操作对象、动作、选项都应该是可见的。应该做到当从一个页面跳转到另一个页面时，用户不需要记忆任何信息。比如，在弹出式说明页面和链接标签上使用同一短语，或者在购物车中除了商品货号和简称之外同时还明确提示商品名称、数量、金额等。

7. **灵活高效原则**：通过向熟练用户提供高效的快捷操作方法来提高使用效率（但是可能入门级用户并不会意识到该方法的存在）。并且可以根据个人使用习惯制定个性化的快捷操作方法。

8. **易扫原则**：对话中不应该包含一些毫无关联或者无关紧要的信息。多余的信息和必要的信息之间会产生竞争关系，每增加一点额外的信息就会相应地弱化其他信息。对于网页的尺寸，应该控制在用户可以在 10 秒以内扫完的大小。

9. **容错原则**：出错提示应该使用通俗易懂的语言来准确地指出问题所在，并提供具有建设性的解决方案。如果有填写错误的项目，那么除了进行出错提示以外还应该在项目名称上做个记号来引人注目。如果有拼写错误，应该提示正确写法的候选项。

10. **人性化帮助原则**：虽然比较理想的系统是在使用中不需要用到说明文档，但是有时候还是需要提供帮助页面或者说明文档的。这一类信息应该可以简单搜索，并且着重关注用户方的任务，提供具体详细的操作步骤，同时还需要集中收纳在一个地方。

以上原则是针对计算机系统的，所以并不适用于本书中介绍的所有 UI。但是也有一部分是适用的，可以供大家参考。哪怕只考虑到以上几点，相信也能在一定程度上减少 BAD UI 的出现。请思考一下前文中介绍的所有 BAD UI 分别违反了以上原则中的哪一条。

客观地测量一个 UI 的可用性其本身就是一件很困难的事情。虽然有各种检验方法，但是这需要专业知识。不过，只要不是生产商品或者提供商业用途的服务，那么有时候哪怕不采用什么特别的方法，只是将上述原则放在心上，请其他人来试用一下或者提供点意见，也可以预防 BAD UI 的出现。

就算已经做出了 BAD UI，也请不要任其自生自灭，可以尽量去改善，直到其他人可以轻松使用、不再出现操作错误。

总结

本章介绍了考验记忆力的 BAD UI 和让人心累的 BAD UI 等。相信你已经理解了如果 UI 的内容超越了人类短期记忆或者长期记忆的极限会带来什么后果，以及目前有很多 UI 对用户来说都是一种考验，他们都在承受着不必要的压力。

另外，本章后半段还介绍了一些具有欺骗性的 UI。哪怕只是为了保护自己，也需要掌握这些知识。为了不会被市场上泛滥的各种欺骗手段蒙蔽，需要培养出一定的识别能力。如果你周围有人正在制作这种 BAD UI，请一定要制止他们。

最后本章在末尾的部分介绍了尼尔森提出的"10 个可用性原则"。这是用来判断用户能否轻松使用该 UI 的一种衡量标准。要从用户角度出发来测试可用性是一项困难的任务，而这种标准的存在则在一定程度上起到了很大的指导作用。本书中介绍的内容充其量不过是敲门砖，如果你有兴趣的话可以研究一下可用性的测试方法[1]、[2]。

① 可用性工程. Jakob Nielsen 著，刘正捷译. 机械工业出版社，2004。
② 用户体验与可用性测试. 樽本徹也著，陈啸译. 人民邮电出版社，2015。

练习

☞请收集需要用户记忆的 UI。同时也收集不需要记忆就可以使用的 UI，并思考为了达成这个目标需要在哪方面下功夫。

☞请从各式各样的网络广告页面中找出哪些是会引诱用户操作的。同时思考这种广告的问题所在。

☞请自行设计一组图 9-4（P.209）中介绍过的安全提示问题。并且思考怎样提问既可以不被他人猜到答案，本人又能够轻松回答。

☞请收集身边的各种申请表格，确认是否有容易填错的项目。并且思考那些容易填错的申请表格应该如何改善。

☞请从第 1 章到第 9 章里介绍过的各式 BAD UI 中选出若干案例，从 10 个可用性原则出发思考每个案例的问题所在。

☞请以你自己的观点对第 1 章到第 9 章里介绍过的各式 BAD UI 进行一个分类。你将按照什么标准来归纳呢？

后记：有趣的 BAD UI 的世界

前文回顾

前面介绍了那么多 BAD UI，你有何感想呢？这里再简单总结一下本书中讲到的内容。

第 1 章
线索

本章通过介绍门拉手、水龙头把手和触摸式按钮等各种 BAD UI，说明了与行为可能性有关的线索的重要性。相信通过这些案例的说明，你应该已经体会到如果 UI 上没有线索或者线索有误，用户会有多困扰。另外，本章还介绍了两个词："标识"和"可供性"。

第 2 章
反馈

本章通过介绍自动售券机、计算机系统、浴室的自动供水系统等各种 BAD UI，说明了反馈的重要性。如果一个系统不提供反馈，就无法了解它是否在正常运行，这会让用户感到不安。当界面要向用户传达一些重要信息时，比如出错提示，需要采用能吸引用户目光的方式在恰当的时间点提示简单易懂的信息。

第 3 章
对应关系

本章通过介绍由于房间里的开关和照明之间的关系、把手的扳倒方向和操作对象之间的关系、洗手间的标识和相应的门之间的关系等对应关系不明确或者对应关系错误而导致的 BAD UI 的案例，说明了对应关系的重要性。如果对应关系出现了问题，就会导致很多令人尴尬的情况出现，

比如想要打开附近的照明结果却关掉了另一个地方的照明，或者想要刷牙却变成了淋浴，又或者差点进错洗手间。对应关系明确这一点，对 UI 来说真的是相当重要的。

第 4 章
分类

本章通过介绍看不出对象和箭头之间关系的指示牌、让人陷入混乱的电梯按钮、招致误会的时间表等由于分类不到位，让用户搞不清楚哪些元素是一类而成为了 BAD UI 的案例，并借此说明了分类的重要性。另外还介绍了与分类相关的格式塔心理学，同时还简单说明了分类法则中的几个重点：相近法则、相似法则、连续法则、封闭法则。

第 5 章
使用习惯

本章通过介绍难以从形状、色彩分辨性别的洗手间标识，打开时点亮红色指示灯、关闭时点亮绿色指示灯的家用电器，"返回"按钮和"下一步"按钮错位的计算机系统等由于与用户以往经验存在差异而不便于使用的 UI，说明了 UI 设计与用户使用习惯不一致的危险性。相信通过本章你已经理解了，一旦 UI 与自身使用习惯不同，用户就会感到混乱。为了解决这个问题，需要事先了解该 UI 的受众。另外，本章还对最近常常听到

的一个单词 Human Error 进行了简单说明。

第 6 章
一致性

本章介绍了一些因缺乏一致性而导致用户操作困难的 BAD UI 的案例，比如在一个生活空间中明明代表的是同一个意思但是却使用了不同的颜色，按钮的位置与往常不同，数字的排列方式怪异等，据此说明了保持 UI 一致性的重要性。另外，本章还简单介绍了一些有助于保证一致性的标准化对策以及设计指南。

第 7 章
制约

本章通过介绍各式各样的 BAD UI，说明了针对自动售票机的操作顺序、USB 和电池的方向等存在多种操作可能性的 UI，向用户提示操作顺序和操作方法上的制约的重要性。另外，本章还介绍了物理性制约、常识性制约、文化性制约、逻辑性制约，进而简单说明了行为的 7 个阶段理论。

第 8 章
维护

本章通过介绍由于自然损耗或者文化变迁而变成 BAD UI 的案例，说明了定期维护 UI 的重要性。只以生活在本国的人们作为对象设计的 UI，在遇到大量外国游客时就会出现很大的问题，此时应该采取的对策在文中也有所提及。另外，本章还介绍了相关人员为了把原本难用的 UI 改善得简单易懂而进行的 DIY 改造案例。

第 9 章
苛求用户的 BAD UI

本章介绍了前 8 章中没有提到的"考验记忆力的 BAD UI""让人心累的 BAD UI""具有欺骗性的 UI"等对用户有着高要求的 BAD UI。尤其针对具有欺骗性的 UI，需要理解其问题所在并采取相应的对策。另外，本章还介绍了判断 UI 对用户来说是否好用的方法之一——10 个可用性原则。

本书按照以上章节结构介绍了各式各样的 BAD UI，你看完后有何感想呢？其实关于 BAD UI，除了这 9 章中所说明的之外，还有很多其他方面的内容。在本章中，我想就与 BAD UI 有关的其他方面进行简单介绍。

为什么会出现 BAD UI

图 10-1 （左）自行车道。（右）前方是……

前文中也多次提到过，形成 BAD UI 的过程中会有各种各样的情况。这里就针对 BAD UI 形成的原因进行整理。

关于形成 BAD UI 的原因，粗略地概括一下，可以分为以下 4 种。

- 预算上的原因

- 交货时间上的原因
- Top-Down 的问题
- Bottom-Up 的问题

预算上的原因是指，虽然理想中的 UI 非常美好，但是由于预算上的原因无法实现，结果就制作出了 BAD UI。比如，由于预算不足，于是套用了原本是为其他用途设计出来的 UI，导致出现了不具备实际功能的多余按钮，或者一个按钮兼具多种功能。因为是预算方面的问题，所以也无可奈何，不过还是希望钱能花在刀刃上，不要在 UI 上过分节省。

交货时间上的原因是指，由于 UI 的讨论、制作的时间过短导致产生了 BAD UI。如果不花时间去调查实际上会使用该系统的用户，不验证用户在某场景下会怎么想、是否向用户明确提示了正确的操作方法，那么做出来的 UI 就很容易变成 BAD UI。

Top-Down 的问题是指，由于听从了没有亲自到过现场或者没有考虑过实际用户的人提出的无理要求而制作出了 BAD UI。比如，图 10-1（左）是某观光城市里的一条自行车道。在原本是机动车道的地方新画了一条红线，并且还画了一个自行车的图标，表明这里是自行车道。接着请看图 10-1（右），自行车道的前方是一根电线杆。而且通过与电线杆的粗细进行比较可以发现，该自行车道非常窄。而两条红线之间的是机动车道，这相当于在说"自行车就这样朝着电线杆撞上去吧"。说到自行车道的宽窄，道路左侧的这条还算

说得过去，右侧红白线之间的空间在半途中还突然变得超级窄，非常不便。这个 BAD UI 可以说太不合理了，似乎能听到有人在大声疾呼："这里有 BAD UI！"像这样的 BAD UI，只要到过现场的人肯定能发现其中的问题，但是偏偏都是一些没到过现场的人发出的指示，而现场的人只能听从上级的命令，于是悲剧就发生了。当然，并不是说该案例就是这样产生的，也有可能另有他因，只是这个 BAD UI 不禁让人觉得原因就在此，于是在这里作为例子进行了介绍。另外，如果是 Top-Down 设计出的 UI，那么大多数都缺乏维护保养，所以也存在很多由于没及时修缮而产生的 BAD UI。

Bottom-Up 的问题是指，用户有什么要求都一律接受，结果就产生了莫名其妙的 UI。要设计出好的 UI，当然需要从用户的角度出发，但是如果全盘接受用户提出的要求，反而会让界面变成 BAD UI，这是很有趣的一件事情。前文中也提到过，我曾经开发了一个应用，公开发布后收到了很多用户的反馈。当时我按照用户的要求加入了很多可能有用的功能，结果这个应用反而变得不好用了。关于用户意见的采纳，也是一个值得思考的问题。

不存在完美的 UI

本书介绍的是各种 BAD UI，但是无论做出的 UI 有多么优秀，只要这个世界上还有像我一样的马大哈存在，就永远会有用户因为进行了错误操作或者不会用而感到不满。而且，有时候由于成长的文化环境不同、左撇子和右撇子之分或者男性和女性的差异等各种主观或客观上的原因，同一个 UI 对有的人来说好用，而对另一群人来说则很难用。比如，即使是一个 99.9% 的用户都认为好用的 UI，另外那 0.1% 的用户也会抱怨说不好用，这种情况并不少见。能让所有人都满意的完美的 UI 在这个世界上是不存在的。本书介绍的那么多 BAD UI 中，有一些可能只有比较奇葩的我才觉得不好用。

关于这方面，更重要的是要考虑现在打算制作的 UI 的受众是一群什么样的用户，应该让多少比例的用户感到满意，以及部分用户不满意会带来多大的影响。比如，如果有 50% 的用户都觉得不好用，那么这个 UI 应该是有问题的。但如果只有 10% 或者 1% 的用户觉得不好用，那么可能就算不上有问题了。

因此，在设计 UI 时很重要的一点就是在设计过程中思考受众是一群什么样的用户，这群用户能够接受什么程度的失败（这种失败会让他们觉得 UI 有多大程度的不便），以及有多少比例的用户会觉得好用。比如，假设用户中 99% 是女性，男性则只占 1%，那么基本上就应该设计成对女性来说好用的 UI，至于那 1% 的男性，则可以考虑通过其他辅助方法来补救。

另外，考虑使用不便的程度以及由此招致的影响范围也很关键。比如银行的 ATM 机，就可能有不同程度的使用不便。比如插卡口是需要稍微找一下才能找到，还是始终找不到，又或者是不小心将卡插反后，卡就会无法取出。而且使用不便可能导致的后果也会有所不同，比如是一不小心就会输错密码，还是一不小心就会取消操作，又或者是会忘记拿走取出的钱。假如 UI 的设计不当导致 10 个人当中有 1 个人会输错密码，那么也许可以认为没有问题；但如果是导致 10 个人当中有 1 个人会不小心取消操作，那么操作时间就会翻倍，在 ATM 机前等待的用户就会排起长队。再

比如浴室里淋浴花洒和水龙头的出水口切换开关，如果只是会让人因为不知道怎么使用而稍微发一下愁，那么也没有太大问题。但是如果用户会因为错误的操作而穿着衣服"洗了个澡"，甚至会被烫伤的话，那就是有问题并且急需改进了。

在考虑以上几点时，本书中介绍的这些 BAD UI 中的众多案例就能派上用场了。对照以往的 BAD UI，确认现在在设计的 UI 可能会引发的问题是否在可接受范围内。然后再进一步思考应该如何将 UI 中存在的问题的影响降到最低，以及需要提供什么样的服务支持才能保证不会出现严重后果（比如无法使用、器材损坏、违反法律法规、危及生命、带来巨大损失等）。

这里顺便介绍一下，为了让更多的用户都能够使用设计好的 UI，Ronald Mace 提出了一个概念——通用化设计（Universal Design，这个概念虽然多用于考虑到残障人士的无障碍设计上，但是其本身的含义更广。另外，这个概念也并不是以"所有人都能使用"为目标的）。关于通用化设计，有如下 7 个原则[①]。

---

① *THE PRINCIPLES OF UNIVERSAL DESIGN*。
http://www.ncsu.edu/ncsu/design/cud/about_ud/udprinciplestext.htm。

① Equitable Use：任何人均可平等使用
② Flexibility in Use：具有灵活性
③ Simple and Intuitive Use：简单直观
④ Perceptible Information：信息可被理解
⑤ Tolerance for Error：具有容错性
⑥ Low Physical Effort：身体负担小
⑦ Size and Space for Approach and Use：预留移动和操作所需的尺寸和空间

前文介绍的 BAD UI 中有很多就是忽略了这些原则，导致使用不便，给用户带去了困扰。

"通用化设计"一词有很多含义，我也没有完全掌握。有时候出于公平性的考虑而过度关注"所有人都能使用"这一点，反而会导致原本能正常使用的 UI 变得难用了。可见要设计出优秀的 UI 并非易事。

这里再重申一遍，世界上不存在完美的 UI。但是，在设计 UI 时，请一定要弄清楚目标用户是谁，然后判断对用户来说这个界面能否轻松使用。此时，BAD UI 就可以拿来作为参考，所以请大家平时注意收集 BAD UI，并充分利用起来。

BAD UI 和趣味

图 10-2　某温泉露天浴室里的购买啤酒专用电话。要按照"ビ""ー""ル"[②] 的顺序拨号

前文介绍了各种各样的有趣的 BAD UI，但其实如果能灵活运用 BAD UI，也是一件有趣的事。

图 10-2 是在某温泉旅馆的露天浴室中看到的购买啤酒的专用电话。只要按照"ビ""ー""ル"的顺序拨号就可以打电话给服务员购买啤酒。实际上要拨的号是"1""2""3"，但是这里却故意将数字盖住让用户操作。可能是因为考虑到如果连

---

② "ビール"（biiru）是"啤酒"一词的日文拼写。
——译者注

这个都无法做到，那么这样的人在露天浴室喝酒会很危险，所以才这样设计的，不过从结果来说这是一个有趣的设计。

图 10-3（左）也是一个很好玩儿的箱子——如果你能将金块拿出来就双手相赠。考虑到手的大小、金块的大小和洞口的大小，其实是无论如何也不能将金块拿出来的，但是这么有趣的设计就会让人不禁想试一下。

图 10-3（右）是某家居酒屋的鞋箱。这家居

酒屋的招牌菜是各种美味的鱼。鞋箱上都是带有鱼字旁的汉字，钥匙上写有相应的汉字以及读音。带外国友人来这家店时，他们都觉得十分新奇，非常开心。

说到灵活运用 BAD UI 的成功案例，必须要提到拼图。假设这里有一盒拼图要求你来完成，你会按照什么顺序来拼呢？如果拼图中画有什么特别的图案或者颜色，那么就可以先拼那一部分。但如果没有什么特色的话，应该很多人都会先找位于 4 个顶端的带有直角的碎片，以及位于最外圈

的一边是直线的碎片，然后再慢慢往里面拼。而在一种名为 LIBERTY PUZZLES（图 10-4）的木制拼图中，这种做法就行不通了。这种拼图的碎片形状各异，有人也有动物，非常有意思。

更加有意思的是，想要靠"从最外圈开始拼"这个常用策略来完成拼图也没那么容易。比如图 10-6（左）中，可以想得到左边的单块碎片和右边拼在一起的若干块碎片都是拼图的最外圈，但是应该很难从众多碎片中发现二者可以拼出一个 90 度直角吧。

图 10-3 （左）金块如果能从这里拿出来就送给你！（右）鞋箱的每扇门上都写有带有鱼字旁的汉字。钥匙上写有相应的汉字以及读音

图 10-4 （左）LIBERTY PUZZLES 的拼图碎片。形状有动物也有人，只是看着就觉得很有意思。（右）即将完成的作品

图 10-5 和上图不同的 LIBERTY PUZZLES 的拼图碎片。（左）感觉这两块碎片之间应该嵌入一块带直线的碎片（右）但实际上这里嵌入的是一块几乎没有直线部分的碎片

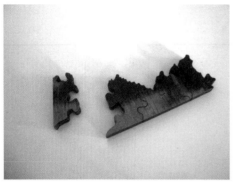 

图 10-6 （左）这个图案是在直角附近的，所以需要一块能嵌进去的带有直角的碎片，但是没有找到。
（右）原来这里不是直接使用带有直角的碎片，而是用有一边是直线的碎片拼出直角

图 10-7　质数尺（提供者：大西洋先生）

简单易懂的 UI 并不总是好的，有时候 BAD UI 也有优点，这就是京都大学的川上浩司教授等人提出的"不便益"（不方便，但是反而是有益的）概念。该概念的出发点是对于虽然各种工业制品带来了很多方便，但同时也失去了一些东西这种现象进行的思考。但请别误会，"不便益"并不是要否定技术、提倡自给自足的生活、赞美过去以及鼓励回到过去（详情请参考《不便中孕育出的设计》[1]以及网站"不便益系统研究所"[2]）。

不便益系统研究所研究并出售的产品中，"质数尺"是一个非常有趣的 UI（图 10-7）。这把尺子上的刻度只有"2、3、5、7、11"等质数，所以用户可能会为"1 cm、4 cm、6 cm 要怎么测量"而犯愁。不过实际上这是一把非常有趣的尺子。

用户必须要一边思考一边灵活使用，比如 1 = 3 – 2，所以可以用"2 cm 和 3 cm 之间的长度"作为标准来测量 1 cm；而 4 = 7 – 3，所以可以用"4 cm 和 7 cm 之间的长度"作为标准来测量 3 cm；同理，6 = 11 – 5，所以可以用"5 cm 和 11 cm 之间的长度"作为标准来测量 6 cm。当然，直接标明 1、4、6 的刻度使用起来更轻松，但是使用这把质数尺可以锻炼大脑，从数字游戏中获得乐趣。从这个角度来说，这个 UI 虽然使用起来不方便，但是是有益的。

同样的，前面提到的 LIBERTY PUZZLES 虽然作为拼图来说变得难拼了，但是趣味性却升级了，可以说是一种有趣的尝试。只要妥善运用 BAD UI 的要素，就可以设计出有趣的产品。

另一方面，BAD UI 也可以用于诈骗和欺骗。哪怕只是为了保护自己，也希望你可以掌握关于 BAD UI 的知识。

① 原书名为『不便から生まれるデザイン：工学に生かす常識を超えた発想』，川上浩司著，化学同人出版社，2011 年。暂无中文版。——译者注
② http://fuben-eki.jp/。

将 BAD UI 融入教育之中

每年我都会在京都大学、明治大学开办关于 BAD UI 的课程，教授关于 UI 的知识。这类课程的优点是，首先表面上看起来很有趣，其次思考、搜寻，以及向他人讲述也都是很有趣的事。而且因为到处都是可以吐槽的地方，所以大家都争相发言，课堂气氛相当活跃。另外，我会要求学生课后收集 BAD UI 并在下节课上说明，这种做法可以让学生去发现生活中的不便之处，并表达出来，对学生来说是一种很好的练习。在收集 BAD UI 的过程中需要着眼于现实社会，这能够培养学生善于观察生活的习惯。我还在高中上过几次课，大家在听讲过程中也都表现出对 UI 具有浓厚的兴

趣，可见 BAD UI 对各个年龄层的人来说都有一定的吸引力。

听说其他大学中也有一些课程用到了 BAD UI，比如关西学院大学的河野恭之老师、京都工艺纤维大学的仓本到老师、关西大学的松下光范老师、东京学艺大学的加藤直树老师、T-D-F 的圆山隆辅老师，等等。希望各位所在的大学、高中、初中、小学、工作单位也可以将 BAD UI 用于教育之中。

本书中提到的大多数 BAD UI 的案例都在"有趣的 BAD UI 的世界"以及"BAD UI 论坛"上发布了。如果只是用于上课的话，不需要征求谁的同意就能使用，所以请不要客气，尽量拿去用吧。如果到时候能告诉我你是怎么使用的就更好了，这将成为是我继续维护网站的动力。如果你发现了什么有趣的 BAD UI，也请不吝投稿。

写在最后

通过前文中的介绍，相信你已经明白，这个世界上有着各种各样的 BAD UI。其中有一部分 BAD UI 出现的原因是在设计师和工程师身上，但是也有一部分 BAD UI 的出现和他们完全没有关系，而是安装者等其他人的责任。而且即使都叫作 BAD UI，也是各有不同的。

前文介绍的案例中，是否有不少你都会觉得"这应该不算 BAD UI 吧"？

UI 是否好用是因人而异的。比如电梯上的按钮，到底是按照"纵向多列"的方式排列好还是按照"横向多行"的方式排列好，很大程度上也要取决于用户平时经常乘坐的电梯是什么样的。再比如，一般商店里出售的是右撇子惯用的剪刀，左撇子用起来就不是很方便。因此，让所有人都觉得好用的完美 UI 是不存在的。不过，明确锁定目标用户，探索最佳方案还是很重要的。

如果你是循序渐进地阅读到这里的，那么相信你也已经理解了什么样的 UI 才会被称为 BAD UI。比如射击游戏等，游戏操作本身比较有难度的不算 BAD UI。而如果是与游戏难易度无关的部分有问题，比如游戏的设定画面不易理解、系统设计导致选项选择困难等，这样的 UI 我们就称之为

BAD UI。另外，出于安全考虑而对某些操作进行了限制或者要求进行比较复杂的操作，这样的 UI 我们也不归为 BAD UI。

本书封面上的"失败"一词，不仅仅是指 UI 制作方的失败，也指用户使用上的失败、界面安装上的失败以及设计上的失败。本书的目的就是从这些失败中进行学习。成功有时没什么理由可言，但是失败则一定有它的原因。请各位在享受 BAD UI 所带来的乐趣的同时，思考 BAD UI 出现的理由。在这个过程中，你会体会到 BAD UI 真正有意思的地方，并学到很多知识。

有一些 BAD UI 可能会让你一肚子气，但是思考该 UI 变成 BAD UI 的理由后如果觉得可以理解，那么即使遇到 BAD UI 也会变得比较淡定，不会再感到烦躁不安。同时，思考 BAD UI 产生的过程也是一种锻炼，当自己有机会设计和制作 UI 时，能够帮助自己避免设计出 BAD UI。

让我们来尽情享受 BAD UI 所带来的乐趣吧。如果发现了什么有意思的 BAD UI，请一定要把它放到 http://up.badui.org/ 上告诉我。那么接下来，就请大家开心地度过有 BAD UI 陪伴的每一天吧。

致谢

首先，要对制作、安装本书中介绍的各种 UI 的各位深表感谢。其次，感谢明治大学综合数理学院先端媒体科学系的同学们、京都大学信息学研究生院的同学们以及人机交互方面的各位研究人员帮忙收集了本书中介绍的各种 BAD UI。尤其要感谢东京大学的曆本纯一老师最早开始使用 BAD UI 一词，感谢 Microsoft Research Asia 的福本雅朗老师介绍我在 Human Interface 学会的刊物上连载"BAD UI 诊疗所"一文，感谢明治大学的

福地健太郎老师和 niconico 学会的各位同仁给我提供了播放 BAD UI 相关视频"BAD UI Hour"的机会，感谢 T-D-F 的圆山隆辅老师、ISID 的绫塚祐二老师、京都工艺纤维大学的仓本到老师、筑波大学的大槻麻衣老师和我一起搜寻 BAD UI，感谢关西学院大学的河野恭之老师、关西大学的松下光範老师等将 BAD UI 运用到课堂上，多亏各位的支持本书才得以完成。同时还要衷心感谢给我提供出书机会的高屋卓也、精心编辑本书的胜

也久美子、负责校正的大西洋和安川英明。

最后，还要感谢在本书写作过程中给予我大

力支持的妻子美和以及我们的女儿。

UI 相关的图书

最后我想介绍几本有助于各位进一步学习 UI 的图书。当然，除了下面介绍的几本以外，还有很多好书。不同的人适合看的书也有所不同，希望你可以去图书馆翻阅或者在网上查看简介，找到适合你的书。

- *The Design of Everyday Things*. Donald Norman. Currency, 1990.[1]

  在本书中多次提到的唐纳德·A.诺曼的著作，其中对使用不便、不易理解的 UI 进行了解说，是一本拥有众多读者的好书。因为是 20 多年以前完成的著作，所以可能存在一些不足之处，比如案例比较过时、照片是黑白的，等等。但是内容很有趣，可以说是本领域内必读的一本著作。

- 易用为王：改进产品设计的 10 个策略 . Eric Reiss 著，李会丹、张杰译 . 人民邮电出版社，2013.

  这是一本关于可用性的书。全彩印刷，便于阅读，而且语调轻松诙谐，让人不禁想一口气读完。其中介绍的各种糟糕的 UI 与我所说的 BAD UI 有一些共通性，非常有意思。另外，这本书是针对 Web 界面的。

- 界面设计模式（第 2 版）. Jenifer Tidwell 著，蒋芳译 . 电子工业出版社，2013.

  这本书中将 UI 划分成多种模式，并分别通过具体案例来进行说明。第 2 版中大幅增加了内容，如果要完整地看一遍可能需要花不少时间，不过作为资料集来使用也是个不错的选择。

- コンピュータと人間の接点（计算机和人类的接点）. 黑须正明、暦本纯一著 . 放送大学教育振兴会，2013.

  所谓的"接点"指的就是界面，通过阅读这本书可以系统地学习人机交互界面。因为这是广播电视大学的教材，所以有一个优点，那就是可以一边听一边学。

- ヒューマンコンピュータインタラクション入門（人机交互入门）. 椎尾一郎著 . Science 社，2010.

  人机交互就是指人与计算机之间的互动。这本书中介绍的界面都以计算机为操作对象。同时还涉及了人的界面特性、本书中提到的界面相关的制约和一致性等、界面的测试方法、新一代界面等内容，读者可以从中广泛汲取到界面相关的知识。

- イラストで学ぶヒューマンインタフェース（图解人机界面）. 北原义典著 . 讲谈社，2011.

  可以通过插画来学习 UI 的图书。这本书中还提及了 UI 的最新研究，并扩大了说明的范围，所以如果你想对 UI 整体有所了解，这是一本好书。

- 好设计不简单 2：UI 设计师必须了解的那些事 . 古贺直树著，张君艳译 . 人民邮电出版社，2014.

  虽然有一些不足之处，比如案例中的画面设计略显陈旧，并且黑白印刷导致图片分辨不出色彩，但是阅读这本书可以系统地学习到在软件开发中应该如何制作出友好的 UI。

- 認知インタフェース（认知界面）. 加藤隆著 . OHM 社，2002.

  如果想要在理解用户的基础上从用户的角度出发设计界面，那么首先就要深入了解用户。这本书着眼于人类的认知，深度解析了"人类怎么看待世界""人类具备什么样的能力""人类如何判断所见事物"等问题，非常有意思，带有一点教科书的性质。

- *Game Interface Design*. Kevin D . Saunders, Jeanie Novak. Delmar Cengage Learning, 2012.

  这本书通过对各种游戏的说明来学习 UI。比如游戏中玩家分身操作的 UI 叫作剧情界面（Diegetic Interface）。虽然这本书定价偏高，但是如果你对游戏行业有兴趣的话，买了也绝对不会后悔。

---

[1] 本书内容多引自此书 1990 年的版本，更新后的版本请参考《设计心理学 1（增订版）：日常的设计》（唐纳德·A.诺曼著，小柯译 . 中信出版社，2015）一书。

- *Make It So: Interaction Design Lessons From Science Fiction*. Nathan Shedroff, Christopher Noessel. Rosenfeld Media, 2012.
  这本书在介绍科幻电影中出现的各种未来的 UI 的同时，一边想象一边思考人类要在拥有怎样的技术之后才能实现这些 UI，以及如何实现。

- 微交互：细节设计成就卓越产品. Dan Saffer 著，李松峰译. 人民邮电出版社，2013.
  这本书着眼于 UI 中最小单位的交互，整理总结出了微交互带来的影响。列举的案例都是紧跟时代并与当今社会接轨的，便于读者理解其重要性。

- 设计师要懂心理学. Susan Weinschenk 著，徐佳、马迪、余盈亿译. 人民邮电出版社，2013.
  这本书中汇总了与界面有关的心理学知识，列举了很多简单易懂的案例，阅读起来不吃力，可以用来作为参考。与本书中介绍的 BAD UI 对照着看的话，有助于理解。但其中一部分内容没有说明依据，需要注意。

- 用户体验与可用性测试. 樽本徹也著，陈啸译. 人民邮电出版社，2015.
  这本书采用简明易懂的方式阐述了如何开展系统的用户调查，对可用性测试有兴趣的读者不妨一读。

- 看不见的大猩猩. 克里斯托弗·查布里斯、丹尼尔·西蒙斯著，段然译. 中国人民大学出版社，2011.
  这本书通过实际案例和试验等，对与注意力、记忆、原因、可能性相关的错觉进行了科学的解释，告诉读者人类是如何犯错的、是如何产生误会的，以及人类的记忆是否是不靠谱的。本书中的案例是不是也都是我的错觉呢？

- *Thoughtless Acts? : Observations on Intuitive Design*. Jane Fulton Suri, IDEO. Chronicle Books, 2005.
  这本书通过照片来介绍人们在无意识中做出的

蠢事，有趣的同时又引人深思，让人忍不住想观察这个世界。

- 你的灯亮着吗？：发现问题的真正所在. Donald C. Gause、Gerald M. Weinberg 著，俞月圆译. 人民邮电出版社，2014.
  这本书通过各式各样的小故事说明了如何才能发现问题的真正所在。不过采用的示意图和案例等可能不是所有读者都能理解的，起码我自己就没有完全掌握。

另外，还有如下图书也可用来参考。

- 亲爱的界面：让用户乐于使用、爱不释手. Lukas Mathis 著，王军锋、杨蕾、曾小进译. 人民邮电出版社，2012.
- 点石成金：访客至上的 Web 和移动可用性设计秘笈（原书第 3 版）. Steve Krug 著，蒋芳译. 机械工业出版社，2014.
- About Face 3 交互设计精髓. Alan Cooper、Robert Reimann、David Cronin 著，刘松涛译. 电子工业出版社，2012.
- ユーザ中心ウェブサイト戦略：仮説検証アプローチによるユーザビリティサイエンスの実践（以用户为中心的网站策略：使用假设验证法的可用性科学）. 武井由纪子、远藤直纪著. SoftBank Creative，2006.
- 设计心理学 2：如何管理复杂. 唐纳德·A. 诺曼著，梅琼译. 中信出版社，2011.
- ヒューマンコンピュータインタラクション（人机交互）. 冈田谦一、葛冈英明、盐泽秀和、西田正吾、仲谷美江、情报处理学会著. OHM 社，2002.
- *The Psychology of Human-Computer Interaction*. Stuart K. Card, Thomas P. Moran, Allen Newell. CRC Press, 1983.
- 可用性工程. Jakob Nielsen 著，刘正捷译. 机械工业出版社，2004.
- インタラクションの理解とデザイン（交互的理解与设计）. 西田丰明著. 岩波书店，2005.

版 权 声 明

站在巨人的肩上
Standing on Shoulders of Giants

iTuring.cn

站在巨人的肩上
Standing on Shoulders of Giants

iTuring.cn